KB146734

색, 빛의 언어

Die geheimnisvolle Macht der Farben:

Wie sie unser Verhalten und Empfinden beeinflussen by Prof. Dr. Axel Buether

Illustrations part 1 by Dinah Kübeck

Illustrations part 2 by Heike Krauss und Rahel Brochhagen

Scientific Collaboration with Heike Krauss

색, 빛의 언어

Die geheimnisvolle Macht der Farben

악셀 뷔터 지음 | 이미옥 옮김

니케북스

차례

2부 – 색의 문화

일러두기

원서의 주는 미주로 처리했고, 옮긴이가 이해를 돕기 위해 덧붙인 말은 대괄호[ ]에 넣어 표기했다.

들어가는 말

색은 우리의 삶에 어떻게 영향을 줄까

"경험은 우리에게 모든 색이 저마다
특별한 기분을 만들어낸다는 사실을 가르쳐준다."
_요한 볼프강 폰 괴테

온 세상은 색으로 가득 차 있다. 알록달록한 색, 현란한 색, 부드러운 색. 또는 순수한 색, 요란한 색, 서늘한 색. 그리고 둔탁한 색, 짙은 색, 빛나는 색. 색은 이루 다 말로 표현할 수 없을 정도로 무궁무진하다. 우리는 그야말로 색으로 둘러싸여 있고, 이 색들로부터 직접적인 영향을 받는다. 색은 우리에게 뭔가를 전달하며, 우리를 끌어당기는가 하면 밀쳐내기도 하고, 우리 마음을 평온하게 진정시키거나 경고하기도 한다. 색은 자연의 전령이며, 그렇듯 우리는 색을 통해서 뭔가를 전한다. 색은 의사소통 수단으로서 큰 의미가 있을 뿐 아니라, 생존에도 중요하다. 만일 색에 생물학적 기능과 의미가 없다면, 우리는 그것을 알아보지도 못할 것이다. 색은 아름답기만 한 부속물이 아니라 우리가 생존하기 위해서 필요한 것이다.

색은 우리 자신과 세계를 인지할 때 영향을 주며, 우리 행동을 조절하기도 한다. 여기에서 생명체가 색을 인지하는 일은 결코 당연한 것이 아닌데, 왜냐하면 색을 보려면 생물학적 비용이라 할 수 있는 에너지 소비가 매우 많아지기 때문이다. 우리의 뇌는 뉴런이 사용하는 자원 가운데 대략 60퍼센트를 빛을 통해 정보를 받아들이고 내보내는 작업에 사용한다.[1] 1초도 안 되는 짧은 시간 동안 눈과 뇌 사이에서는 240메가비트에 해당하는 어마어마한 정보들이 교환되는 것이다. 이러한 데이터 양은 현대의 광대역 디지털통신망에도 부담이 되는 정도다.

색은 우리의 감각 가운데 가장 빠르고 성능이 좋으며 영향력 있는 감각적 매체라 할 수 있다. 색은 자연의 환상적인 비밀을 우리에게 드러내줄 뿐 아니라, 색 문화color culture의 발달에 대해서도 밝혀준다. 이때 색을 각각의 의미와 작용으로부터 분리해 생각할 수 없는데, 우리가 특정 색을 의식하자마자 뇌는 이미 해석해버리기 때문이다. 따라서 모든 사람은 완전히 자신만의 방식으로 색을 인식하고, 그리하여 색은 우리의 머릿속에서만 존재한다. 물론 빛의 도움으로 우리가 주변을 인지하게 되기 전까지 세상은 보이지 않지만 말이다.

색을 어떻게 지각하는지는 생물학적 · 문화적 요소들로부터 영향을 받는다. 따라서 색은 자연과 인간을 이해는 객관적 요소로 이용할 수 있다. 색은 세상을 향한 창이며, 우리가 세상을 인식하고 반응하고 느끼는 모든 감각과 조화를 이룬다. 나아가 색이 발휘하는 힘은 인간이라는 종에 국한되지 않는다. 색은 이 지구상에서 가장 거대한 의사소통 시스템이라 할 수 있다. 모든 자연의 색에는 명확한 생물학적 기능이 있으며, 이 기능에 대해 나는 동물과 식물의 세계에서 예시를 통해 설명할 것이다. 그리고 우리의 색 문화와 일상에 담긴 의미에 대해서도 소개할 것이다. 자연과 문화 사이의 심오한 관계는 이 책을 읽고 나면 너무나 당연하게 여겨질 것이고, 예전과는 전혀 다른 눈으로 주변 환경을 보게 되리라 믿는다.

색은 분위기를 만드는 환경요소라 할 수 있다. 다시 말해 우리를 피곤하게, 무료하게 그리고 아프게 만들 수도 있고, 또는 각성하게, 활발하게, 건강을 유지하게 할 수도 있는 요소다. 나는 연구팀과 함께 집중치료실에 입원해 있는 환자들과 직원들의 건강에 색이 미치는 효과를 알아보기 위해서 전 세계를 대상으로 대대적인 연구를 실시했다. 이러한 연구를 통해서 놀랍고도 고무적인 사실을 발견할 수 있었다. 분위기나 환경은 환자들의 안녕과 건강에 영향을 줄 뿐 아니라, 의약품 소비와 간호 인력의 질병 상태에도 영향을 주었다.

하지만 색은 더 많은 중요한 기능도 한다. 우리는 색을 통해 어느 방향으로 가야 하는지 알고, 자신의 정체성을 드러내며,

색에 따라 음식을 섭취하고, 색을 통해 구애를 펼치거나 몸을 숨기기도 한다. 맨 먼저 우리는 색을 눈으로 파악하지만, 그 이후에는 모든 감각을 동원해서 인식한다. 이는 연상을 불러일으키는 매우 효과적인 작용, 그러니까 무슨 냄새가 나고 무슨 맛인지 혹은 어떤 느낌인지 어떻게 행동할지에 대해서 끊임없이 우리에게 전달해주는 연상 작용 덕분이다. 철학자 파울 바츨라빅Paul Watzlawick의 말을 약간 달리 표현하자면 이러하다. 우리는 색을 통해서 의사소통하지 않을 수 없다.[2]

우리는 어린 시절에 색을 감정하는 법을 배우기 시작해서 평생 완성해간다. 색은 인격에 대해, 사회적 출신 배경과 정체성에 대해 정보를 제공하며, 우리 각자는 그야말로 색에 관한 전문감정가라 할 수 있다! 우리는 대부분 이 점에 대해서 잘 모른다. 뇌는 색과 관련된 모든 정보 가운데 대략 99퍼센트를 우리가 의식하지 못하는 상태에서 작업하기 때문이다. 색은 언어처럼 하나의 매체이며, 이 매체는 기억, 생각, 감정 같은 내면의 심리적 세계를 외부의 물질적 세계와 연결해준다. 따라서 개인마다 색에 대한 선호는 다르며, 주변 환경 색에 대한 반응도 천차만별이다. 이처럼 색에 관한 취향이나 해석이 개별적이라 해도 우리를 하나로 연결해주는 것은 자연이다. 우리가 살고 있는 자연, 우리를 색 문화의 일원으로 참여하게 하는 자연 말이다.

색이 자신의 삶에 미치는 영향을 이해하고 구체적으로 계획하고 싶은 사람은, 색이 지닌 의미를 분석하고 다양한 상황에서 그것들이 미치는 작용을 이해해야만 한다. 각각의 사용 목적에 맞는 올바른 색을 발견한 사람은 훨씬 편안하고 더 건강하게 살며, 더 많이 깨어 있고, 더욱 주의를 기울이며, 성과가 더 좋고, 더 집중해서 생각하고 배우거나, 조금 더 쉽게 휴식을 취할 수 있고, 수면의 질도 좋다.

색에 대한 지식은 다채로운 삶을 살아가는 힘이며 열쇠다. 이 책을 통해 무궁무진한 색의 세계에 도전해보기를 바란다.

1부
색의 본성

1장

색의 7가지 생물학적 기능

—우리는 왜 색을 볼까

"색이란 무엇일까요?" 나는 10여 년 전 독일 컬러센터 Deutsches Farbenzentrum의 회장으로 선출되었을 때 국제 전문가 회의에 참석해 과학계, 문화계, 산업계의 전문가 10여 명에게 이렇게 물었다. 그 결과는 모두를 깜짝 놀라게 했는데, 질문을 받은 사람들 모두 제각각 달리 색을 정의했기 때문이다. 자연현상, 감각, 물리 파동, 색전하, 색채 원자가colour valence [색을 감지하는 감각세포에 광선이 미치는 영향], 색채복사, 색소, 염료, 분위기, 표현 수단 또는 문화적 산물… 이처럼 우리는 색의 존재를 파악하기 위해 많은 관점을 필요로 한다.

색은 왜 존재하는지, 달리 표현하자면 색을 인식하는 것이 우리 인간에게 왜 그렇게 중요해서 뇌가 쓸 수 있는 에너지 가운데 가장 많은 양을 색을 인지하고 처리하는 데 소비해야 하는지를 알아내기 위해서, 색이 지닌 생물학적 기능을 보다 자세하게 관찰해야만 한다. 이를 위해 나는 생물학의 다양한 연구 영역을 살펴보았고 최초로 생존에 필요한 색의 기능을 중요한 특징에 따라서 분류했다. 앞으로 다루게 될 7가지 범주는 바로 색이 지닌 7가지 생물학적 기본 기능, 즉 방향감각, 건강, 경고, 위장, 구애, 사회적 지위와 의사소통이다. 이 책의 1부에서 나는 동·식물세계의 이런 기본적인 기능이 어떤 작용을 하는지 예를 들어 보여줄 것이다. 2부에서 인간에 의해 만들어진 색 문화를 다루기 전에, 색의 본질을 이해하는 것이 중요하다. 그래야만 왜, 어떻게 그리고 어느 정도로 색이 우리의 삶을 통제하는지 알 수 있기 때문이다. 생물학적으로 기본적인 7가지 기능 내에서는 어떤 기능이 다른 기능보다 더 중요하다는 우선순위 같은 것은 없다. 색의 기능들은 흔히 동시에 나타나는데, 생명의 발달과 유지에 모두 중요한 까닭이다.

방향감각
—색을 통해 유도하는 자연의 시스템

색은 자연에서 방향감각과 관련해서 가장 위대하고 무엇보다 가장 성능이 뛰어난 체계라 할 수 있다. 다채로운 색이 섞여 있는 자연을 보면 다양한 색만큼이나 다양한 동식물들이 공존하고 있음을 알 수 있다. 지구상에서 가장 많은 종과 가장 다양한 색채가 있는 생활권은 열대 우림지역과 산호초 군락지다.

살아 있는 동물 산호충들에 의해서 세계에서 가장 거대한 건축물이 만들어지며, 이 산호는 광합성을 하기 위해 알록달록한 미생물들로부터 포도당과 여타 영양분을 공급받는다. 매우 좁은 공간에 수십만 종이 사이좋게 또는 적대적으로 함께 살아가는 곳에서 성능 좋은 방향감각 시스템과 유도 시스템은 매우 중요할 수밖에 없다.[1] 이때 촉각, 후각과 미각 같은 근거리 감각들로는 충분하지 않은데, 이런 근거리 감각들은 복잡한 환경에서는 생명체에게 전체를 조망할 가능성을 주지 않기 때문이다.

청각 역시 별다른 소용이 없을 때가 있다. 위협이 발생했을 때나 먹이를 먹을 때, 배우자 또는 다른 개체들과 접촉할 때 식별할 수 없는 소리가 나거나 자신들보다 더 큰 소리에 의해 묻혀버리는 경우다. 아주 넓은 기차역 내에서 당신이 뭔가를 찾고 있다고 상상해보라. 이런 장소는 다채로운 색들로 가득하겠지만, 그래도 빨간색 외투나 노란색 택시 표지 또는 파란색 광고판처럼 눈에 띄는 색이 간단하고 신속하며 효율적으로 방향을 찾게 해준다.

어쩌면 당신은 한번쯤 이런 의문을 품은 적이 있을지 모른다. 산호초에 사는 많은 생명체들은 무슨 목적으로 이러한 색의 패턴으로 진화했을까? 작은 청록색 점들이 흩어져 있는 금색 비늘을 가진 생명체를 과연 누가 생각해낼 수 있겠는가? 눈 주위와 꼬리지느러미가 연녹색이며 몸통은 젤리 같은 레몬색 물고기는 왜 있을까? 지극히 평범한 은색 비늘 물고기에게 마치 튀어나올 것 같은 커다란 밝은 오렌지색 점이 있는 까닭은 무엇일까?

따뜻한 열대지방의 강에는 알록달록한 색을 띤 농어 시클리드가 1,700종 이상 살고 있다.[2] 시클리드는 바다에서 사는 많은 물고기처럼 커다란 검은 눈을 가지고 있다. 넓게 확대되는 동공은 물밑에서도 망막에 충분한 빛을 받게 해준다. 하지만 동공이 확대되면서 수정체의 초점거리가 길어지면, 낮에는 광선이 망막의 다양한 부위에 집중될 가능성이 많아진다. 이와 같은 문제를 자연은 매우 탁월하게 해결했다. 시클리드의 수정체는 동시에 여러 곳에 초점을 맞출 수 있는데, 초점거리에 적응함으로써 다양한 파장을 지닌 빛을 망막에 적절하게 연결할 수 있게 했다. 나아가 시클리드는 자외선을 인지하는 수용체도 가지고 있다. 우리는 자외선카메라를 통해 이들의 비늘에서 비밀스러운 패턴을 관찰할 수 있었다. 먼저, 단파의 컬러 스펙트럼은 시클리드가 먹이를 찾는 것을 용이하게 해주는데, 물벼룩 같은 매우 작은 해양생명체는 밝은 물 표면에서 더 잘 보이기 때문이다. 또한 배타적인 컬러 스펙트럼은 시클리드의 군집생활에 길라잡이가 되고, 덕분에 동족들을 더 빨리 그리고 더 확실하게 감별할 수 있게 해준다.

시클리드 암컷이 무엇을 기준으로 수컷을 찾는지는 최근 빅토리아해에서 실시한 실험으로 밝혀졌다.[3] 암컷의 눈이 단파의 빛에 예민하게 반응하면, 이들은 파란색 비늘을 가진 수컷을 선호한다. 반대로 장파에 반응하면, 주황색 비늘을 가진 수놈을 선호한다. 여기에서 보다시피, 반드시 가장 아름다운 것이 아니라 '마음에 드는' 짝을 선택하는 것은 말 그대로 보는 이의 눈에 달렸다. 이처럼 암컷의 선호가 중요한 역할을 하는 것을 두고 생물학에서는 "피셔의 제멋대로 된 선택Fisher's Runaway Selection"[4][로널드 피셔Ronald Aylmer Fisher(1890~1962)는 영국 출신의 통계학자, 유전학자, 진화이론가이자 우생학자였다. 찰스 다윈의 아들인 레너드 다윈의 영향을 받았다고 한다]이라고 부른다. 암컷의 색채선호는 수컷의 유전자를 선택하는 데 있을 뿐, 그 밖에 다른 장점은 없다. 수컷이 미적 기준뿐 아니라 개별적인 특징에 따라 구애받을 수 있다는 것은, 놀라운 상상일 뿐 아니라, 진화에서 자연도태의 원칙인 것이다. 시클리드 암컷은 자신이 선호하는 색으로 조합된 최고의 개체를 선택한다. 이런 암컷의 기이한 색채선호는 수컷의 환상적인 패턴처럼 후손에게 대물림된다.

복잡한 생활환경에서 개인이 선호하는 색은 방향을 아는 데 매우 효율적이다. 산호충이 우리 인간이나 다른 개체들의 눈에는 그저 알록달록해보여도 그 알록달록이야말로 산호충의 방향감을 책임지는 것도 없다. 색채 코드를 해독할 수 있는 수취자가 받아서 편안하게 느끼고 자신들에게 중요한 정보를 획득하는 것으로 종은 충분히 유지된다.

건강
–편안함과 영양 섭취

생물학적으로 우리와 가장 가까운 친척이라 할 수 있는 침팬지는 집을 짓지는 않지만 나뭇가지와 잎들로 잠잘 곳을 마련한다. 이런 보금자리는 빛이 충분히 들고 그늘을 제공하며 외부로부터 보호해준다. 침팬지의 생활공간은 우리 조상들이 좋아한 색들로 이루어져 있다. 우리가 편안함을 느끼려면 빛, 공기와 색이 필요하다. 가장 건강하게 살려면 녹색에서 살아야 하는데, 이는 연구를 통해서 이미 분명하게 증명되었다.[5] 녹색 공간에서는 삶의 질이 상승한다. 우리는 자연 속에서 자유롭게 움직일 때 가장 편안하게 느낀다. 정원을 내다보기만 해도 편안함과 건강에 긍정적인 영향을 받는다.[6] 녹색은 우리에게 그렇고 그런 평범한 색이 아니기 때문이다. 빛의 스펙트럼에서 녹색은 인지할 수 있는 모든 색조의 절반 이상을 차지한다. 이에 관한 자세한 내용은 나중에 살펴보겠다.

동물들은 살아가는 데 중요한 거주지뿐 아니라, 건강한 먹이를 찾기 위해서도 색에 대해 알아야 한다. 대체로 동물들은 먹이를 찾기 위해 많은 시간과 에너지를 소비한다. 따라서 멀리서도 먹이를 알아볼 수 있다면 큰 장점이 될 것이다. 먹이를 위해 소모하는 에너지가 헛되지 않을 테니 말이다. 이렇게 해서 아낀 시간을 잘 익은 과일, 버섯 또는 딸기나 영양가 있는 신선한 풀밭을 찾는 데 사용할 수도 있다. 자연에서 야생 딸기나 버섯을 발견해본 사람이라면, 분명 어떤 느낌인지 알 수 있을 것이다. 만일 사람들이 완전하게 익은 과일의 색을 식별하지 못한다면, 딸기밭에서 수확하는 일도 매우 힘들 것이 분명하다.

색채를 인식함으로써 얻는 장점은 굳이 식물성 먹이를 구할 때만 한정되지 않는다. 신선한 빨간색은 동물성 먹거리의 영양소가 풍부한지는 물론 소화가 잘될지를 판단하는 데 확실한 기준이 된다. 박테리아와 균류는 죽은 뒤에 조직이 빨리 분해될 수 있는 효소를 방출한다. 다른 많은 육식동물처럼 우리도 이와 같은 산화과정을 색의 변화를 통해서 식별할 수 있다. 그리하여 우리는 의도와 달리 입맛이 도는가 하면, 먹고 싶어 죽을 지경이었다가 구토를 느끼는 반응을 하게 된다. 육식동물의 신진대사는 분홍색 가금류, 진홍색 소고기와 심홍색 생고기에 직접 반응한다. 고기가 회색으로 변하면, 식욕도 줄어든다. 따라서 공장에서 생산되는 고기들은 유통 전에 항상 색이 입혀지곤 한다.[7] 회색-녹색 또는 회색-노란색은 부패과정의 흔적으로, 우리의 신체는 이런 것을 보면 의도하지 않더라도 구토를 느끼게 된다. 이것은 자연적인 보호반응으로서, 다른 많은 동물처럼 우리 인간도 이런 반응을 통해서 중독, 박테리아로 인한 병원체, 기생충으로부터 자신을 보호하는 것이다.

색은 건강한 음식을 먹을 수 있게 해주는 자연의 충고이며, 이것이 바로 색이 지닌 생물학적 기본 기능이다. 우리는 섭취하고자 하는 식품의 영양가, 숙성도와 소화하기 쉬운지를 판단하기 위해 감각을 이용하고, 또 많은 동물이 그렇게 한다. 만일 우리 눈에 색이 먹음직해 보이지 않는다면, 그 밖의 특징들, 예를 들어 후각과 미각 등에 더 이상 관심을 가지지 않을 것이다.

색은 우리를 위해서 더 많은 일을 한다. 색은 냄새, 식감, 맛처럼 우리의 자율신경계에 영향을 주는데, 음식을 선택하는 일을 돕고 앞으로 소화라는 과정을 치를 신체에 준비를 시키기 위해서다.[8] 영양분이 풍부한 음식을 떠올리게 하는 색을 보면 우리의 신진대사는 지혈당으로 반응한다. 위액과 침이 분비되면, 우리는 식욕을 느낀다. 우리가 메뉴판의 다채로운 그림이나 음식 광고를 볼 때 마찬가지로 식욕이 생긴다.

경고
–두려움과 도발 사이에서

인간과 동물은 경고색에 반사적으로 반응하는데, 이 반응은 번개처럼 빠르고, 직관적이며 매우 감정적이다. 왜냐하면 이런 반응이야말로 색이 지닌 생물학적 기능이기 때문이다. 어떤 사건이 일어나 눈에 보이는 순간까지는 1초밖에 걸리지 않는다. 그러나 심각한 위험을 피하려면 1초라는 시간도 매우 길 수 있는데, 우리가 그에 반응할 시간도 더해야 하기 때문이다. 다행스럽게도 우리는 위험을 재빨리 피하는 행동에만 의지할 필요는 없다. 우리의 신경계는 반사적인 보호메커니즘을 동원할 수 있기 때문이며, 이러한 메커니즘은 더 불리한 상황이 되지 않도록 우리를 보호해준다. 예를 들어 말벌이 가까이 다가올 때 당신의 반응을 주의해서 살펴보라. 노랑-검정으로 조합된 이 말벌의 색을 보면, 우리는 직관적으로 뒤로 물러선다. 이 말벌로 인해 고통을 당할지도 모를 만남을 피하는 것이다. 아무런 해를 입히지 않는 다채로운 색들을 띤 곤충들은 그 어떤 경고를 보내지도 않기에 우리는 말벌의 경우보다 덜 방어적으로 행동한다. 깜짝 놀라게 하는 색이나 그런 색의 조합은 최대한 주의를 끌고 감정을 유발할 뿐 아니라, 1초도 안 되는 짧은 시간 안에 의도적이지 않지만 방어나 도주 또는 회피 반응을 하게 만든다.[9]

경고색은 주의 깊은 관찰자가 아니어도 목숨을 위협하는 위험을, 그러니까 질병이나 부상 그리고 죽음을 빠르고 효율적으로 경고한다. 나아가 몇몇 동물 종은 적을 깜짝 놀라게 하는 효과적인 무기도 개발했다. 이처럼 진화로 인해 생겨난 발명은 특히 나무를 타는 개구리에게서 잘 나타난다. 이들은 대략 170종이 존재하는 것으로 알려져 있다. 이 개구리들은 매우 작음에도, 인간이나 동물 모두 이들에게 상당한 주의를 기울인다. 이러한 종들 가운데 3분의 1은 피부에서 치명적인 독을 생산해 화살독개구리라는 이름이 붙었다. 이처럼 양서류 중 몇몇 종은 화학적 전투재료를 만들어낸다. 죽이기 위해서가 아니라, 잠재적인 적에게 공격하지 말라는 경고를 하려고 빨간색, 노란색, 오렌지색, 녹색 그리고 파란색 색채신호를 검정색 배경에서 빛나게 함으로써 깜짝 놀라게 한다. 복잡한 환경조건이나 빛이 적은 곳에서조차 위험을 간과하지 않도록 하기 위해, 심지어 형광색을 동원하기도 한다.

하지만 적을 깜짝 놀라게 하는 이른바 경악의 원칙은, 적이 달아나 자기 동족들에게 자신이 겪은 경험담을 알리는 경우에만 성공적으로 작동했다고 볼 수 있다. 브라질의 브루노 두구머리개구리(학명 aparasphenodon brunoi)에게는 1그램으로 80명의 인간 또는 30만 마리의 쥐를 죽일 수 있는 강력한 독이 있는데, 이런 독을 아무도 모른다면 무슨 소용이 있겠는가! 따라서 브루노 투구머리개구리는 자신의 몸에 있는 뾰족한 가시와 돌기를 이용해서 공격자에게 매우 적은 양의 독만 묻힌다. 그러면 공격자는 브루노 투구머리개구리의 끔찍한 반격을 통해 개구리의 따끔한 경고를 잊지 않게 된다.[10] 이후 공격자는 번쩍이는 검은 피부와 형광오렌지색으로 번들거리는 점을 가진 모든 종류의 동물을 피해 다닐 것이다. 나아가 다른 경고성 색도 알아차리고 조심할 것이 분명하다.

말벌 역시 공격자들에게 주의를 주기 위해 독침을 쏜다. 말벌을 무서워하는 반응은 다른 사람들에게 언어로 위험을 표현하는 것보다 더 실감나게 말벌을 경고하는 셈이 된다. 우리가 공포반응을 감정적으로는 물론 신체적으로도 감지하는 것은, 뇌가 가지고 있는 거울뉴런 덕분이다. 경고색의 효과는 특히 우리의 감정 기억 깊숙한 곳에 묻혀 있다.[11]

경고색은 전혀 해를 입히지 않는 나비와 같은 곤충에서도 발견된다. 나비의 날개에 있는 커다란 점은 쫙 찢어진 눈을 모방한 것으로, 나비를 잡아먹는 적들은 정말 이런 것에 속아 넘어간다. 이처럼 경고 목적의 모방을 생물학에서는 위장술이라고 부른다. 젖뱀(밀크스네이크)과 남미 돼지코뱀 같은 뱀 종류들은 두려움과 경악을 유발하기 위해 고농도의 독을 지닌 산호뱀의 검정-흰색-빨강 색채코드를 이용한다. 검정-노랑으로 경고하는 말벌의 의상은 곤충의 왕국에서 허풍을 쳐야 할 때 매우 탐나는 경고색이다. 꽃등엣과, 하늘솟과, 호넷나방·진홍나방종에 속하는 나비의 애벌레들은 적들이 자신을 물지 않도록 하려고 인지도 높은 경고성 의상을 이용한다. 하지만 이와 같은 위장술은 한 거주지에 모방자들이 너무 많지 않아야 가능할 것이다. 포식자들이 그와 같은 허풍을 알아채는 날에는 속임수를 쓴 녀석들은 곧장 목숨을 내놓아야 할 수도 있다.

그런데 우리가 조금 더 거리를 두고 다른 측면에서 관찰하면, 모든 위험에는 매력이 따른다. 가령 독거미나 검은과부거미에서 볼 수 있는 검정과 형광빨강의 조합은 매우 위협적으로 보인다. 그런 경고색으로 매력을 발산하려 하거나 주변을 꾸미고자 하는 사람은 드물 것이다. 하지만 젊은 사람들을 위한 제품들, 가령 운동화와 티셔츠 같은 경우 그러한 색들의 조합이 매우 성공을 거두고 있다. 색이 발산하는 효과를 판단할 때는 항상 어떤 맥락에서 나타나는지가 중요하다.

위장
-사라지는 기술

생물학에서 위장이라고 불리는 은폐의 기술은 자연 전반에서 일어나고 있다. 너무 약하고, 너무 느리거나 움직이지 못하는 동물은 위험한 포식자들의 공격이나 위협으로부터 안전을 도모하기 위해 잘 숨어야 한다. 위장술은 낮 동안 가장 효과적으로 작동해, 동물들이 적의 눈에 띄지 않게 한다. 대부분의 동물은 주로 머무는 장소에서는 쉽게 발견되지 않는다. 위장술로 주변 환경의 색깔에 완벽하게 동화되었기 때문이다. 심지어 맹수조차 낮 동안 방해받지 않고 휴식하고 달빛 아래서도 들키지 않기 위해 은폐할 수 있는 색을 중요하게 여긴다. 우리가 매일 옷을 갈아입듯 색을 바꾸는 고도의 기술은 소수의 동물, 예를 들어 오징어, 문어와 카멜레온에게서만 찾아볼 수 있다. 이런 동물들은 색소 세포를 이용해 몸의 색을 주변 환경에 적응시킨다. 그것으로 충분하지 않을 경우, 오징어는 발견되지 않으려고 먹물이라는 멜라닌(흑색 내지 갈색 색소)을 내뿜어 몸을 숨긴다.

반대로 해파리는 몸이 쉽게 발견되지 않도록 색소를 완전히 포기해 투명한 상태다. 하지만 북극곰의 반짝이는 하얀 털처럼, 색소를 포기하는 것이 전혀 다른 결과로 나타날 수 있다. 북극곰의 털이 눈부시게 반짝이는 효과는 속이 빈 투명한 털에 닿는 빛이 눈에서처럼 반사되고 부서지기 때문이다. 춥고도 온통 흰색으로 덮인 세계에서 흰 털을 가진 이 맹수는 이곳에 사는 스라소니와 흰 올빼미처럼 완벽하게 위장하고 있다. 그 밖에 눈토끼, 북방족제비와 북극여우 같은 동물들은 계절에 따라 털의 색을 바꾸는데, 겨울에는 흰색이었다가 여름에는 갈색이 된다.

그러나 대부분의 동물은 위장을 위해 모래나 흙 색의 멜라닌을 사용하는데, 이 색소는 인간의 몸에도 있다. 색소가 피부, 털, 깃과 비늘에 균등하게 분포되어 있지 않으면, 무늬가 형성된다. 진화는 창의적인 우연에 의해서 진행되지만, 장기적인 관점에서 볼 때 생명체는 가장 효율적인 패턴이 유전적으로 보존되는 데 주력한다.

위장술은 사냥감에게만 있는 게 아니라, 사냥꾼도 이런 기술을 가지고 있다. 맹수는 속도나 인내심이 자신보다 뛰어난 먹잇감에 가능하면 가까이 다가가기 위해서 효과적인 위장술이 필요하다. 호랑이나 표범 같은 고양잇과 동물들은 특히 먹잇감의 눈에 잘 띄지 않는다. 맹수 한 마리가 바람 방향을 거슬러 먹잇감에 접근하면서 풀, 덤불이나 잡목을 은폐용으로 사용하면, 그들 몸에 있는 불규칙한 줄무늬나 얼룩 모양이 분산되면서 먹잇감의 눈을 교란시킨다. 그런데 이처럼 혼란스럽게 만드는 속임수가 맹수들에게는 매우 비효율적일 수도 있다. 맹수들은 색을 감지하는 능력이 매우 뛰어나기 때문이다. 맹수들에게는 무늬가 있는 먹잇감의 형체가 대체로 변함없이 보인다. 그래서 사람들은 오랫동안, 왜 얼룩말이 그토록 맹수의 눈에 잘 띄는 줄

무늬를 하고 있는지 이해할 수 없었다[신화론적으로 얼룩말은 파리가 위험한 질병을 옮기는 지역에서 번식했기 때문이라는 분석이 있다]. 얼룩말의 목숨을 위협할 수 있는 병원체를 가진 모기와 체체파리 같은 곤충들의 겹눈은 얼룩말의 줄무늬를 알아차리지 못하는데, 따라서 이들이 얼룩말 위에 앉기란 매우 힘들다.[12] 이렇듯 어떤 색으로 은폐할지는 관찰자의 눈에 달렸다.

적들의 시선으로부터 몸을 숨기기 위해 세세한 부분까지 환경에 적응하는 위장의 대가大家를 한번 살펴보자. 열대 섬인 어센션섬에 사는 갯벼룩은 모래알 크기로 몸을 맞추고, 연한 노란색과 갈색과 붉은색을 띤 모래사장의 색에 너무나 완벽하게 적응해서, 굶주린 게와 맹금들의 날카로운 눈에도 보이지 않는다. 물떼새처럼 두려움이 없는 새들은 얼룩무늬가 있는 알을 강과 호수의 자갈밭에 그냥 내버려두는데, 이 알들은 근처에 있는 돌들과 매우 비슷해 보인다. 한편 대벌레목은 착각을 불러일으키는데, 이들 몇몇 종류는 갈색 나뭇가지나 녹색 잎사귀를 너무나 완벽하게 모방하는 바람에, 이들이 움직이면 마치 식물이 움직이는 것처럼 보일 정도다.

구애
–색의 아름다움

당신은 분명 공작의 옷자락을 보고 감탄한 적이 있을 것이다. 이 동물이 꽁지깃을 반원 모양으로 쫙 펴면, 수많은 알록달록한 눈이 우리를 쳐다보는 듯하다. 하지만 수컷의 화려한 복장 위에 있는 눈의 숫자와 면적을 가지고 이 수컷의 후손이 생존할 확률을 예언할 수 있다는 사실은 몰랐을 것이다![13] 공작 암컷은 본능적으로 수컷의 화려한 복장에 담긴 비밀에 반응하고 그에게 더 많은 기회를 제공한다. 진화생물학에는 이에 대한 설명도 있는데, 바로 '좋은 유전자 가설good genes hypothesis, female choice'이다. 색은 여기에서 유전자코드의 명함으로 간주되며, 색은 해당 종에게 보다 건강하고 보다 튼튼한 후손을 낳으리라는 예언으로 통한다.[14] '아름다운 색'은 그때그때 관찰자에게 활력이나 생명력을 보여주는 유전적 특징이라 할 수 있다.

아름다움이 지니는 생물학적 기능은 또한 전혀 다른 방식으로 나타나기도 한다. 즉 독특한 집을 짓기 위해 알록달록한 잎사귀, 꽃과 과일로 장식하는 바우어새의 예술작품이 바로 그것이다. 수컷은 보금자리를 눈에 띄지 않게 꾸밀수록, 둥지의 색채를 위해 더 많은 수고와 세심함을 기울인 것이다. 완성된 둥지의 아름다움으로 수컷은 암컷에게 돋보일 수 있고 이로써 자신의 유전자를 후손에 전할 가능성을 얻는다.[15] 바우어새의 집은 흔히 전체가 한눈에 보이게 지어지는데, 이렇게 하면 암컷이 다른 수컷들의 보금자리와 비교할 수 있고 경쟁을 유발할 수 있기 때문이다. 색을 충분히 찾아내지 못한 수컷은 이웃의 색을 이용하기도 한다.[16] 이렇듯 아이디어를 훔치는 것은 인간만의 일이 아닌 셈이다. 가장 창의적이고 예술적인 보금자리를 지은 수컷은 10여 마리의 암컷과 짝짓기를 할 수 있다. 창의적이지 못한 수컷은 대가 끊기게 된다. 아름다움은 불멸을 위해 치러야 하는 대가이다.

생물학자들은 이보다 더 나아가서, 바우어새의 건축술은 부차적인 성별 특징이라고도 말한다. 생활환경을 직접 만듦으로써 이곳에 사는 이들은 매력적이고, 열망할 가치가 있으며, 활동적으로 보이게 된다. 녹색, 오렌지색 또는 노란색같이 밝은 꽃들의 무리는 둥지의 틀을 이루는 회갈색 색조의 풀과 나뭇가지와는 흥미로운 대조를 이룬다.[17] 보금자리의 구조와 장식은 각각의 요소가 나름의 효과를 내면서도 전체적으로 어우러지게 된다. 모든 색, 대비, 색조를 숙고해 배치했다면, 여기에서 뭔가를 빼거나 더하면 전체적인 조화를 무너뜨릴 수 있다. 대체 바우어새는 무엇이 아름다운 색이며 그것으로 어떻게 아름다운 둥지를 지을 수 있는지를 어디에서 배웠다는 말일까?

아주 간단하다. 바우어새는 목표집단의 행동에 영향력을 행사하고자 색을 선별하고 조합한다. 암컷이 파란색을 선호하면, 보금자리는 당연히 이 색을 바탕으로 지어진다. 예를 들어 새틴 바우어새는 파란색 꽃, 과일과 꽁지깃을 수집하는 것을 더 좋아하고, 이것들을 예술적인 장식품으로 만들어낸다. 많은 새가 화가처럼 행동하기도 한다. 그러니까 과일을 이빨로 씹어서 나온 염료를 자신의 깃털을 이용해 둥지에 색칠하는 것이다. 바우어새는 파란색이 조금 더 눈에 띌 수 있도록 분홍색 꽃잎이나 보라색 깃털을 혼합함으로써 대조가 되는 색채를 만들어내기도 한다. 또한 바우어새는 문명의 쓰레기들도 사용한다. 만일 바우어새가 병뚜껑, 잔이나 숟가락 같은 알록달록한 물건들을 부리에 물고 있다면, 이러한 플라스틱 쓰레기로 예술적인 장치를 만들고 있는 것이다. 동물의 세계에서만 볼 수 있는 수백 가지 독특한 재료를 함께 이용해서 말이다.

사회적 지위
–색의 사회적 위계질서

눈에 띄는 색은 무리에서 우위에 있다는 사실을 보여주는 생물학적 특징이다. '장애handicap 가설'에 따르면, 가장 눈에 띄는 색채를 뽐내는 수컷들은 이미 그것으로 암컷에게 좋은 기회를 얻는다. 왜냐하면 눈에 띄는 색은 활력이 있음을 보여주기 때문이다.[18] 그런 수컷들은 상당한 용기를 가지고 있음을 암컷에게 입증해 보인 셈이 된다. 눈에 띄는 색을 드러낸다는 것만으로 지속적인 권력투쟁을 유발하는 경쟁을 부추길 뿐 아니라, 잠재적인 적들의 구미를 자극하기 때문이다. 자신의 화려한 색을 드러내는 동물은 그에 부합한 높은 지위에 앉을 만큼 능력이 있어야만 한다.

이와 관련해서 무리에 속한 모든 개체의 사회적인 행동을 관리하는 순계류鶉鷄類[조류에 속하는 목으로, 닭, 꿩, 뇌조 등이 있다]의 서열에 대해서 살펴보기로 하자. 사회적 공동체에 소속된 개별 구성원들이 분명하게 인지할 수 있는 서열로 인해 이득을 보는 곳에서는, 색을 통해 구축된 위계질서가 진화상으로 유용하다는 것을 보여준다. 대략 250종이 있는 것으로 알려진 순계류의 경우 성적 이형성sexual dimorphism[같은 종에 속하는 두 성이 생식기 외의 다른 부분에서도 다른 특징을 보이는 상태]이 매우 두드러진다. 특수한 위치에 있는 수탉과 암탉 무리는 색을 보고 분명하게 알아볼 수 있다. 어린 암탉의 색은 암탉의 위장색인 회갈색과 아주 비슷한데, 경우에 따라 특수한 색이 더해지기도 한다. 늙고 병든 동물의 색은 창백하고 바래 있다. 지배적인 위치에 있는 수컷들은 알록달록할 뿐 아니라, 덩치도 더 크고, 더 무겁고, 더 힘이 세다. 이런 수컷들은 집단 내의 질서를 유지하고, 결속시키고, 외부의 공격에 대한 안전을 담당한다. 이를 위해 그들은 사회적 위계질서에서 맨 위에 있다.

알록달록한 색채가 가장 강렬하게 나타나는 부위는 화려하고 기다란 꽁지깃과 대체로 깃털이 없는 볏, 목과 귀부분이다.

이런 부위들은 혈액도 풍부하게 흐르고 흥분할 때 눈에 띌 정도로 부풀어오른다. 집에서 키우는 닭과 같은 많은 종의 볏은 항상 빨간색이다. 암탉의 볏은 알을 낳을 때 가장 많이 부풀어 오르고 붉어진다. 그리하여 알을 낳게 될 암탉은 다른 그룹과는 명확하게 구분되는, 자신들만의 계급집단을 만든다.

수컷들의 모습을 보면 색의 사회적 기능이 보다 분명하게 드러난다. 우월한 수컷들의 머리와 목은 눈에 띄게 색이 드러나는 반면, 낮은 위계에 속하는 수컷들은 확실히 색이 바래 있고 그로 인해 암컷들에게 기회를 얻지 못한다. 이 수컷들은 자신들의 운명에 따라, 암컷들을 정복하는 화려한 색채의 수컷들을 지원해준다. 이는 공동체의 사회적 결속을 유지하고 종을 장기적으로 보존하기 위해 반드시 필요한 것이다. 여기에서 가장 흥미로운 점은 변색으로, 몸이 약해졌을 때나 질병에 걸렸을 때 또는 우두머리가 죽었을 때 관찰된다. 권력투쟁에서 승리를 거둔 수컷에게는 비교적 짧은 시간에 화려한 외모를 가질 수 있는 유전적인 변화가 일어난다. 하위 우성 표현형phenotype에서 우성 표현형이 되는 것이다.[19] 색은 위계질서 내의 위치를 말해주는 상징으로서, 새로운 지배자는 바로 이 상징으로 무리 안에서 자신의 지위를 명확하게 제시한다. 이 책의 2부에서 다루게 될 텐데, 보라색의 상징은 닭들의 색에 따른 위계질서와 놀라울 정도로 일치한다.

의사소통
–색이라는 언어

색이 행동을 강력하게 통제하기 때문에, 동식물계에서 색채 코드를 교환한다는 것은 이미 그들의 언어가 아닐까 하는 의문이 생긴다. 감각 매체에 대화 기능이 있음을 해명하는 작업은 내가 하고 있는 색채 연구의 핵심이기도 하다. 그러니까 색에 대한 나의 연구는 생물학에서 출발해서 상징적인 의미까지 다루고 있다.

모든 생명체는 그들끼리, 그리고 주변 환경과 끊임없이 상호 교환을 하고 있다. 동식물계의 신호체계에 대한 새로운 지식을 접하면, 언어는 인간의 발명품만이 아니라, 진화의 기본적 조건이라는 통찰을 갖게 된다. 현대의 식물기호학과 동물기호학은, 모든 생명체는 주변과 소통하고 있고 이를 위해 동원할 수 있는 모든 수단을 이용한다는 사실을 보여준다.[20]

색은 가장 성능이 우수한 자연의 의사소통 수단이며, 이는 유기체가 소비하는 에너지 비용에서도 나타난다. 즉 신체에서 색소를 생산해서 분배하고, 색을 보기 위해 뉴런의 능력을 동원할 때 들이는 에너지 소모에서 이미 증명되고 있다. 가장 많은 에너지가 시각적 인상을 생산할 때 드는데, 이것은 물론 우리에게 더 많은 것을 얘기해준다.

색은 감각적 재료이며 사진의 프로그램 코드이다. 오늘날 스마트폰에 장착된 카메라의 화면을 클릭함으로써 생성해 전 세계에 있는 수신인들에게 실시간으로 전송할 수 있는 사진 말이다. 식물과 동물은 자신의 목표에 부합하는 훨씬 간단한 의사소통 수단들을 많이 이용한다. 동물들의 색채언어는 복잡한 사회 공동체에서 언어가 아닌 다른 형태의 의사 전달 방법도 얼마나 잘 작동하는지를 보여준다. 모든 개체는 자신의 감정과 생각과 행위를 색을 통해 표현할 수 있고 원하는 효과를 얻어낼 수 있다.

원하는 대로 몸 색을 바꿀 수 있는 카멜레온은 동물왕국의 마법사로 잘 알려져 있다. 하지만 그들이 왜 그렇게 하고 어떻게 해서 색을 바꾸는지는 오랫동안 불가사의로 남아 있었다. 그러나 자연의 비밀에 대한 관심이 증가하면서, 그와 같은 기호체계가 우리가 사용하는 언어문화의 기초라는 사실이 점점 분명해졌다.

카멜레온의 색채언어는 의미심장한 신호 역할을 할 뿐 아니라, 의미론적 · 문장론적 구조도 가지고 있다. 파충류들은 같은 언어를 사용하는 공동체에 구체적인 의미를 전달하기 위해서, 그리고 이를 통해 어떤 행동을 요구하기 위해서 변색을 이용한다. 이런 신호를 수신한 동물은 상대가 보낸 메시지를 이해했는지, 또 어떻게 이해했는지를 색이라는 신호를 통해서 답한다. 이들의 대답은 서로 다른 형태로 전달될 수 있으며, 이에 따라 대화가 지속되거나 단절될 수 있다. 이와 같은 언어공동체에 소속된 모든 구성원은 색의 코드를 알고 있고, 서로에게 의사를 이해시키고 전달하기 위해서 이를 사용한다.

카멜레온을 서식지에서 발견하기란 쉽지 않은데, 이 파충류의 몸 색이 주변에 완벽하게 적응하기 때문이다. 다른 동물들과 달리 이들은 주변에 뭔가 의사를 전달하고 동족들과 소통하려는 목적으로 표피의 색을 바꿀 수 있다. (우리도 색으로 대화를 할 때 그렇게 하지만, 완전히 다른 수단을 쓴다.) 카멜레온의 놀라운 변색 능력은 몸의 표피를 이루는 두 층의 '똑똑한' 재료 덕분이다. 보다 깊숙한 피부층에 색소세포chromatophore가 있는데, 이것은 나노 결정으로 이루어진 바둑판 모양으로 형성되어 있고 간섭 효과를 통해 눈부신 오색영롱한 색을 만들어낸다. 전형적인 변색은 이러한 바둑판의 간격이 변함으로써 발생하는데, 바둑판 간격은 혈압과 근육의 긴장 같은 생리적 요소를 통해서 조절한다. 이렇게 함으로써 카멜레온은 적극적인 커뮤니케이션은 물론 소극적인 커뮤니케이션까지 할 수 있다.[21]

만일 카멜레온이 어떤 접촉도 하고 싶지 않고 조용하게 지내고 싶으면 몸을 주변의 색에 적응시킨다. 우리 인간 역시 타인의 주의를 끌거나 방해받고 싶지 않을 때, 눈에 띄지 않는 색의 옷을 입는다. 반대로 카멜레온이 감정적으로 흥분하면 눈에 띄게 색이 뚜렷해지는데, 이로써 주의 깊은 동료들은 이를 놓치지 않고 직관적으로 메시지를 이해하게 된다. 환상적인 위장술의 배후에는 사실 분노와 공격 혹은 호감과 사랑이라는 감정이 숨어 있을 수 있다. 권력다툼을 할 때 파충류는 자신이 가진 모든 색채코드를 동원해, 우월과 복종 사이에서 특정 태도를 경쟁자에게 보여준다. 밝은 빨강, 노랑 그리고 오렌지색 같은 신호색은 흔히 눈부시게 혼합되어 나타나기도 하는데, 결투할 경쟁자에게 싸울 준비가 완전히 되어 있다는 신호이자 경쟁자가 오해할 수 없는 경고성 신호이기도 하다. 이와 반대로 싸움을 피하고 싶거나 끝내기 위해 도망을 가겠다고 알리는 당사자는 뚜렷하지 않은 색을 전달하는데, 대비가 없는 흐릿한 색을 보인다.

카멜레온 암컷은 수수한 색으로 알아볼 수 있으며, 파스텔톤이 지배적으로 많다. 암컷이 교미를 원할 때는 암컷 특유의 색이 강력하게 두드러진다. 즉각 분홍색을 떠올린 사람은, 우리 인간의 색채언어와 공통점을 발견한 셈이다. 수컷은 암컷이 색으로 보내는 신호를 통해서 흥분하고 접촉할 용기를 갖게 된다. 새끼를 밴 암컷들은 이와 반대로 자신의 부드러운 색 위에 어두운 패턴을 추가하는데, 이로써 성급하게 구애하는 수컷들에게 관심이 없다는 것을 드러내고 앞으로도 유혹하기 위해 접근하는 행동을 거절한다. 수컷들은 암컷들에게 자신의 아름다움을 통해 눈에 띄고 열망하는 대상이 되기 위해 선명한 빨강, 형광오렌지와 형광녹색 그리고 볼거리가 풍부한 색채의 조합을 사용한다. 생기 있는 색들이 구애할 때 가장 효과적인 전략이기 때문이다. 나아가 수컷들은 매력적인 암컷에게 특수한 색 신호를 이용해서, 교미에 관심이 있는지 정중하게 물어본다. 그러면 매력적인 암컷 측에서는 색깔로, 자신에게 접근하는 시도를 어떻게 간주하는지를 알려준다. 이를 통해 수깃은 계속 접근을 시도하는 것이 유리할지 아니면 이번 암컷에게는 아무런 성과가 없을지를 알아차린다.

희미한 색들은 매력이 적은데, 주로 늙고 병에 걸린 개체들이 이런 색을 채택한다. 어린 동물들은 아직 경쟁을 위한 싸움에 뛰어들지 못하는데, 베이지색, 황갈색과 검은색 사이에 있는 눈에 띄지 않는 복장을 아직 벗어던질 수 없는 까닭이다. 이들은 색소세포가 피부층에서 형성되는 시기까지, 그러니까 '말을 할 수 있는' 시기가 올 때까지 기다려야 한다.

카멜레온은 자신이 선택한 색을 통해 무리의 위계질서에 대한 찬성이나 거부 의사를 전달할 수 있다. 색채언어는 성년만이 사용할 수 있는 도구이다. 대부분의 동물처럼 우리 인간도, 흥분한 상태에서 카멜레온들끼리 전달하는 대화를 거의 이해할 수 없다. 그들의 질문과 대답은 대체로 너무나 짧은 순간에 일어나는 터라 인간의 눈처럼 재빠르지 못하고 색채에 둔감한 눈에는 잘 안 보이기 때문이다. 카멜레온은 안전하게 색으로 대화하는 대가들이다. 그들은 우리보다 4배나 빠르게 보며, 1킬로미터 떨어진 거리에서도 사물의 명암을 구분하고 예리한 해석을 내린다. 밖으로 돌출되어 회전할 수 있는 눈 덕분에 이들은 342도 파노라마처럼 주변을 관찰할 수 있다. 과거와 미래를 동시에 볼 수 있는 셈이다.

색의 7가지 생물학적 기능

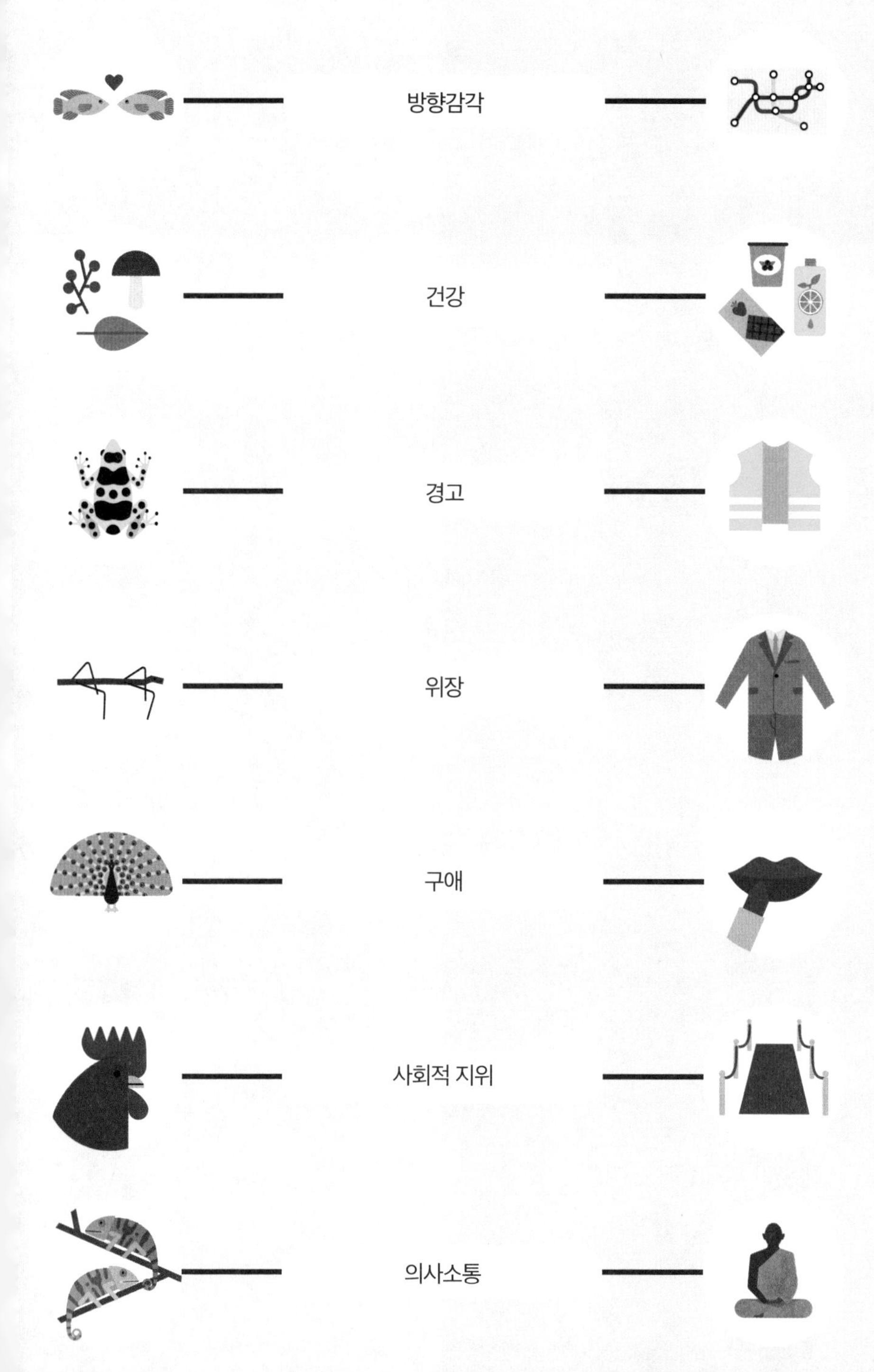

2장

지구상에서 가장 거대한 의사소통 시스템

—우리의 색각은 어떻게 진화해왔을까

색을 보는 기적

우리가 지구상에서 색을 보는 것은 믿을 수 없는 우연들 덕분인데, 이는 가히 기적이나 섭리라고밖에 말할 수 없다. 최초의 기적은, 우리의 눈과 태양 사이의 거리를 고려할 때 일어난다. 햇빛은 1억 5,000만 킬로미터 떨어진, 이른바 끝없이 멀리 있는 우주에서 여행해 대략 8분 후 지구에 도착한다. 지구는 이 빛을 대기와 지표에서 반사해 우주로 방출한다. 태양의 핵융합을 통해서 1초당 3.8×10^{26}와트라는 상상할 수 없는 에너지가 우주 곳곳에 닿는다. 지극히 민감한 우리 눈의 망막에 닿을 때까지 이 에너지는 완벽한 양이라 할 수 있는 1,367와트로 감소한다. 이처럼 이른바 태양상수[지구 표면의 $1cm^2$의 면적에 1분 동안 도달하는 태양 복사 에너지의 기준값]는 색을 볼 수 있는 능력이 발달되는 전제조건을 만들었다.

태양을 중심으로 돌아가는 지구의 공전궤도로 인해 빛의 여정은 대략 3퍼센트 차이가 난다. 우리는 여름과 겨울의 차이를 직접 체험하는데, 이는 계절에 따라 에너지량이 다르므로 우리가 색을 보는 데 영향을 준다는 의미이기도 하다. 빛이 드문 계절에 눈으로 볼 수 있는 색 공간은 확실하게 줄어들고, 그리하여 휴가를 위해 탔던 비행기에서 내리면 휴가지의 파란 하늘과 햇빛에 부서지는 찬란한 색들이 마치 날벼락을 맞은 것처럼 보인다. 햇빛을 받는 면적의 에너지 수치를 살펴보면, 태양빛의 밝기는 대략 10만 럭스[빛의 조명도를 나타내는 단위]에 달한다. 인공조명으로 우리는 평균 500럭스 정도를 만들어내는데, 이는 태양빛에 비하면 1퍼센트도 안 되는 에너지이다. 낮에 보는 색은 조명 아래에서 볼 때와는 완전히 다른 이유다. 당신이 옷을 구입한다면, 거울에 비치는 모습을 믿으면 안 되고, 해가 비칠 때 바깥에 나가봐야 한다. 물론 거꾸로 행동해야 할 때도 있다. 욕실 내부 공간에 깔 타일을 아름다운 햇빛을 받으며 선택한다면, 아마도 나중에 결과를 보고 깜짝 놀라게 될 것이다. 빛은 밝기뿐만 아니라, 다채로운 색조와 광택 또는 투명도와 채도 같은 색 고유의 특성까지 바꾼다. 그러므로 색의 효과를 제어하려면 항상 제대로 된 빛으로 사물을 관찰해야 한다.

그런데 우리의 이웃 행성의 밝기는 어떨까? 태양 주위를 지구보다 1.5배 멀리 떨어져서 돌고 있는 화성은 생명체가 없고 추울 뿐 아니라, 우리가 볼 수 있는 색이 전혀 없다. 이는 지구보다 밝기가 60퍼센트 낮기 때문만은 아니다. 생명체가 없는 곳에서는 다양한 색이 생겨날 수 없는 것이다. 색을 보는 데 있어서 이보다 더 끔찍한 것은 태양과의 간격이 더 좁은 경우다. 금성에서는 지구에 비해 태양상수가 거의 2배가 되는데, 이로 인해 금성의 표면 온도는 중간값이 464도가 된다. 이렇듯 생명체에 유해한 환경은 0.25초 이상 한 곳을 쏘는 레이저 장치와 비슷해서 우리의 망막에 돌이킬 수 없는 손상을 입힐 수 있다. 현대적인 레이저 장치의 경우 빛을 쏴서 40밀리미터 두께의 강철까지 절단할 수 있다. 마치 기적처럼, 태양에서 방출되는 에너지 세기와 지구와의 거리의 비율은 그야말로 우리가 색을 보기에 완벽하다.

무엇이 색이라는 현상을 불러일으키는가 하는 의문을 많은 탁월한 물리학자들이 오늘날까지 연구하고 있다. 아이작 뉴턴Isaac Newton은 영국왕립학술원에 입회할 때 자신의 색이론에 대해서 강연을 했다. 변하지 않는 극미립자에 관해서 말이다.[1] 뉴턴은 극미립자이론(입자론)을 1704년 주요 저서인 《광학 *Opticks*》에 실었다.[2]

그로부터 대략 100년 후 토머스 영Thomas Young과 오귀스탱 프레넬Augustin Fresnel이 파동설로 전혀 다르게 설명하기에 이르렀다. 이들은 색을 에너지의 진동, 즉 해수 표면의 파도와 비슷한 간섭 패턴을 만들어내는 진동으로 보았다. 이러한 빛의 굴절 원칙이 어떻게 작동하는지는 기름이 고인 웅덩이의 변화무쌍한 색에서 관찰할 수 있다. 태양의 복사스펙트럼은 기름막을 통과해 부서진 다음 그 아래 물층에 의해 반사된다. 이것은 또다시 기름막을 통과해서, 공기층에 의해 반사되고 기름층을 통과해 되돌아간다. 지속적으로 반사하는 방향이 바뀜으로써 파동이 생기는데, 이 파동은 파도처럼 계속 만나고 겹겹이 쌓이게 된다. 그러다 물마루가 물고랑을 만나면, 에너지는 해체되고, 기름막은 투명하게 남는다. 파동이 쌍방으로 강력해지면, 우리는 색을 인지하게 되는 것이다. 파장이 바로 색조를 결정한다.

진폭은 명도와 채도 같은 색조의 특징에 영향을 미친다.

이로써 물리학에서 빛과 색의 관계가 설명되었다. 하지만 갑자기 모든 것이 전혀 달라졌다. 알베르트 아인슈타인Albert Einstein은 광파도 입자처럼 움직인다는 사실을 입증함으로써 1921년 노벨상을 수상했으며, 파동-입자 이중성wave-particle duality[양자역학에서 모든 물질은 입자와 파동이라는 두 가지 성질을 동시에 지닌다는 뜻이다]에 관한 개념을 우리에게 심어주었다. 아인슈타인이 발견한 '광전효과photoelectric effect'[금속 등의 물질이 고유의 파장보다 짧은 파장 즉 높은 에너지를 지닌 전자기파를 흡수했을 때 전자를 내보내는 현상을 말한다. 빛에 의해서 방출되는 전자이기에 광전자라 부른다]에 따르면 전자의 에너지는 빛의 세기에 달린 게 아니라, 우리가 색으로 인지하는 빛의 파장에 달렸다. 앞에서 언급한 뉴턴의 극미립자에서 갑자기 광자가 된 것은 광양자 혹은 빛 입자로서, 전자기적 상호작용을 설명한다. 오늘날 물리학에서 색은 빛의 전자기적 파동스펙트럼으로 이해함에도, 색의 본성은 여전히 수수께끼 같은 현상으로 남아 있다. 색은 파동과 입자의 특성을 모두 가지고 있다. 파동현상으로 태양의 복사에너지는 공기가 없는 우주 공간에서는 전혀 보이지 않는 상태로 퍼져나가고, 우주는 우리에게 빛이 없는 검은색으로 보인다. 만약 별 사이의 모래먼지라는 입자들을 포함하는 복사에너지가 천체나 지구의 표면에 의해서 상호작용을 하면, 우리는 복사에너지를 빛과 색으로 감지할 수 있다.

우리가 색을 인지하는 데 빛이 미치는 영향을 생각해보면 그것은 기적이거나 행운이며, 여기에 두 번째로 놀라운 우연이 등장해야 한다. 우리가 눈으로 보기 위해서 햇빛의 전체 에너지 스펙트럼이 필요하지는 않다. 태양광의 에너지스펙트럼은 파장이 0.005나노미터로 가장 짧은 감마선부터 저주파 방사선으로 확장되고 10만 킬로미터의 파장까지 이를 수 있다. 우리는 비교적 좁은 영역, 그러니까 380~780나노미터 사이에 있는 영역에서만 색을 인지한다. 하지만 바로 이와 같은 나노영역에서 햇빛은 최고로 강렬하다. 따라서 환경에 대한 정보를 가장 균형 있게 잘 수용할 수 있는 파동이 바로 우리가 눈이라는 감각기관을 통해서 색을 인지할 때의 파동인 것이다! 약간 짧은 파장의 빛, 이를테면 100~380나노미터 영역에 있는 자외선이 보다 강렬해지면, 이 복사는 우리 망막을 파괴할 수도 있다. 그리고 만일 조금 더 긴 파장이 더 강렬해지면, 스마트폰은 정보를 더 잘 수신하겠지만, 색을 보는 목적에는 불필요하다.

이제 마지막으로 세 번째 놀라운 우연에 대해 얘기해보자. 이 우연을 통해 색은 진화과정에서 지구상에서 가장 거대한 의사소통 시스템으로 발전할 수 있었다. 식물의 세포벽 섬유와 동물의 조직 섬유는 지름이 300~500나노미터인데, 이는 대부분의 색을 눈으로 볼 수 있는 바로 그 영역에 해당한다.[3] 우리가 색으로 감지하는 가시광선의 파장은 식물의 세포막이나 인간과 동물의 피부세포 같은 유기체의 분자 크기와 놀라울 정도로 일치한다. 그리하여 우리는 색뿐 아니라, 색에 암호화되어 있는 내용도 매우 상세하게 볼 수 있는 것이다. 생동하는 자연에서 엽록소분자는 생명체의 기본적인 구성요소일 뿐 아니라, 우리 눈의 시각용 색소와 생화학적으로는 물론 유전적으로도 매우 유사하다.

만일 우리가 태양의 에너지장을 환경에 관한 정보를 보내주는 송신자로 본다면, 색을 식별하는 망막 세포, 즉 '색각 세포'는 그야말로 완벽한 수신자이다. 따라서 햇빛은 우리의 주요 에너지 원천일 뿐 아니라, 동시에 지구상에서 가장 중요한 데이터 자원이다. 색을 보는 능력이 발전함으로써 비로소 우리는 햇빛이라는 정보원이 가진 잠재력을 우리의 인식을 위해 이용할 수 있게 되었다.

색을 보는 과정을 열쇠-자물쇠 원칙으로 상상해보라. 태양의 복사는 지구상에 에너지장을 만들어내며, 이 에너지장에 물질적 구조가 반영된다. 이와 같은 투사된 이미지는 오로지 암호를 해독하는 열쇠를 가진 사람에게만 보인다. 우리 눈의 시각용 색소가 색으로 암호화된 주변 세계의 내용물을 볼 수 있는 열쇠를 만드는 것이다. 과학자들은 그와 같은 우연들을 고려해서 숙고했고 지금도 마찬가지다. 아인슈타인은 이와 관련해서 정확하게 다음과 같은 말을 남겼다. "사람들은 심오한 종교적 무신론자가 된다. 이는 어느 정도 새로운 종류의 종교이다."[4]

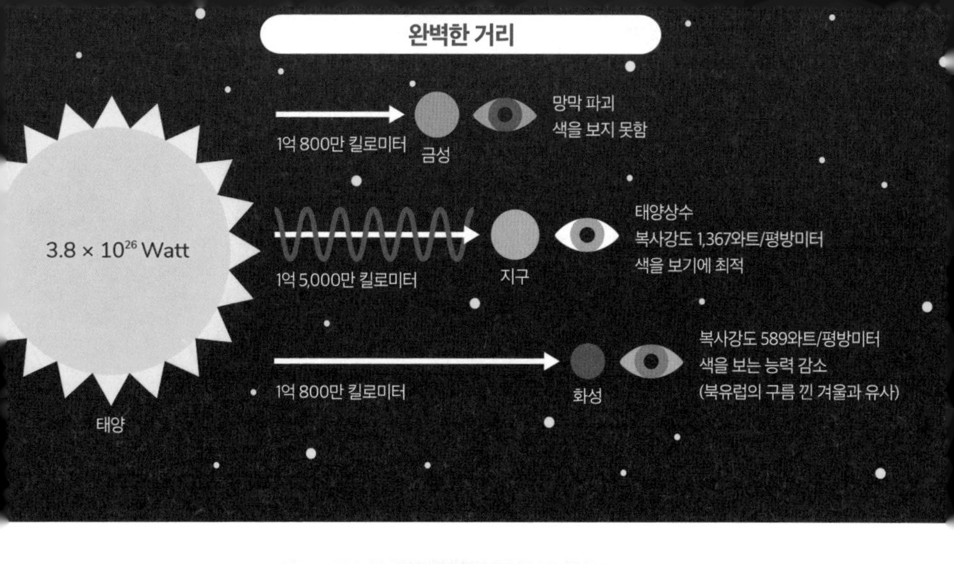
완벽한 거리
3.8 × 10²⁶ Watt
태양
1억 800만 킬로미터
금성
망막 파괴
색을 보지 못함
1억 5,000만 킬로미터
지구
태양상수
복사강도 1,367와트/평방미터
색을 보기에 최적
1억 800만 킬로미터
화성
복사강도 589와트/평방미터
색을 보는 능력 감소
(북유럽의 구름 낀 겨울과 유사)

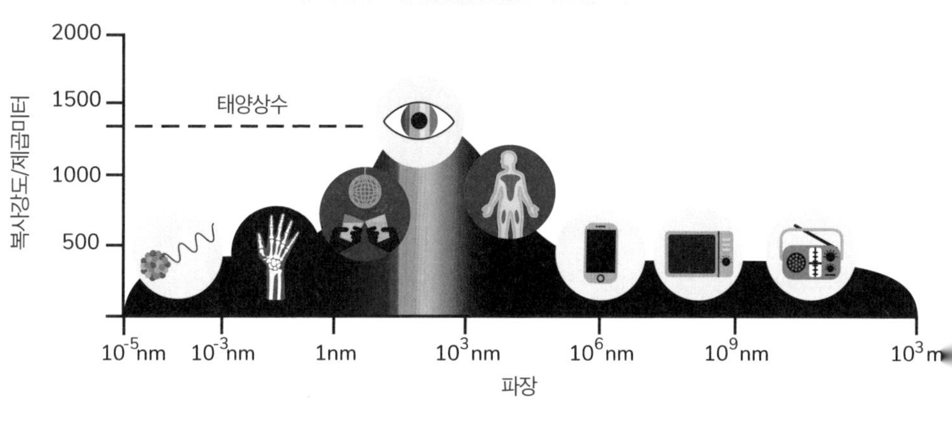
최상의 수신
2000
1500
1000
500
복사강도/제곱미터
태양상수
10-5nm
10-3nm
1nm
103nm
106nm
109nm
103m
파장

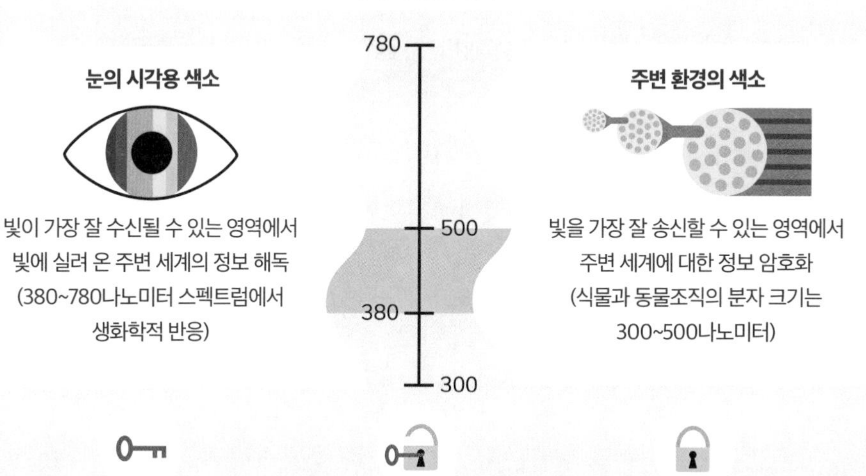
최적의 암호 해독
눈의 시각용 색소
빛이 가장 잘 수신될 수 있는 영역에서
빛에 실려 온 주변 세계의 정보 해독
(380~780나노미터 스펙트럼에서
생화학적 반응)
780
500
380
300
주변 환경의 색소
빛을 가장 잘 송신할 수 있는 영역에서
주변 세계에 대한 정보 암호화
(식물과 동물조직의 분자 크기는
300~500나노미터)

생명의 본질적 구성요소로서의 색소

지구상에서 색이라는 것이 어떻게 나타났으며 왜 우리가 색을 보게 되는지를 이해하기 위해, 현대의 진화생물학을 살펴보는 것이 도움이 된다. 색에 비밀스러운 힘이 생겨난 원인이 생명 그 자체에서보다 더 분명하게 설명되는 곳이 없기 때문이다.

진화론의 창시자 찰스 다윈Charles Darwin은 이미 저서 《종의 기원*On the Origin of Species*》(1859)에서 색의 생물학적 기능에 대해서 다루었다.[5] 하지만 그가 살던 시대에는 우리가 이미 답을 알고 있는 많은 질문이 해결되지 않은 상태였다. 진화를 통해 지구상에 다채로운 색이 생겨났다는 사실은 자연을 더 잘 이해하기 위해서 중요할 뿐 아니라, 동시에 우리의 색 문화가 발전한 데 대해 과학적 설명을 가능하게 해준다. 자연이 다채로운 색으로 진화하고 우리가 볼 수 있는 색도 다채로워진 데는 목적이 있었으리라는 통찰은 일상에서 색의 유용성을 훨씬 잘 이해하게 돕는다. 진화이론가인 에바 야블론카Eva Jablonka와 매리언 램Marion J. Lamb은 그 맥락을 다음과 같이 정리했다. "오늘날 진화는 더 이상 유전적인 차원에서만 일어나지 않으며, 우성학적, 문화적 그리고 상징적인 차원에서도 일어나고 있다."[6]

색소는 생명체의 기본적인 구성요소다. 대략 30억~40억 년 전에 전 세계의 바다가 파래로 뒤덮여 있을 때 이미 색소는 중요했다. 이 시기 지구의 표면은 여전히 황폐하고 텅 비어 있었다. 남조류cyanobacteria라고도 불리는 단세포들은 지구상에서 가장 오래된 생명체에 속한다. 남조류는 움직이고 영양분을 섭취하고 종을 유지하기 위해 탄수화물을 필요로 하는데, 탄소와 물처럼 에너지가 부족한 재료들로부터 탄수화물같이 에너지가 풍부한 생체분자를 생산하기 위해서 햇빛을 이용한다. 남조류는 오늘날 식물이 광합성을 할 수 있게 하고 전형적인 녹색을 만들어내는 엽록체의 전신이자 조상이라 할 수 있다. 광합성은 오늘날까지 엽록소라는 색소를 통해 일어나고 있으며, 이 엽록소는 햇빛을 흡수하고 변환해서 단세포에게 유용한 형태로 제공된다. 동시에 색소는 유기체를 위해 에너지를 탐색하고 변환시키고 공급하기도 한다. 인간의 눈에 있는 시각용 색소를 포함해서 지구상에 있는 모든 색소는 이처럼 오래된 원형으로부터 나왔고 이런 법칙에 따라 작동한다.

생명체 최초의 색소라 할 수 있는 엽록소는 단세포가 주변 세계와 접촉할 수 있는 가능성을 열어주었다. 엽록소는 또한 오늘날에도 살아 있는 남조류에 주광성phototaxis[생명체가 빛을 따라 움직이는 능력]을 주며, 이를 위해 남조류는 원통형 세포 표피가 가진 렌즈 기능을 이용한다. 세포체로 들어갈 때 빛은 굴절되어 맞은편 세포벽에서 반사된다. 이런 식으로 단세포는 햇빛을 받았을 때 자신들의 몸이 어떤 위치에 있는지에 대한 정보를 얻고, 방향을 설정하는 데 이용한다. 만일 당신이 호수에서 수영을 즐기다가 청록색 녹조들을 발견하면, 조심해야 한다. 수천 종이 넘는 박테리아 가운데 몇몇은 독성을 내뿜는데, 이는 피부 가려움증, 결막염과 귀통증을 유발할 수 있으니 말이다. 녹조를 삼키면, 발열, 구토와 호흡곤란이 생길 수 있다.[7] 여기에서도 오늘날 우리가 색을 보는 것이 어떠한 이점이 있는지 알아차릴 수 있겠다. 하지만 색소가 보이기까지 오랜 진화과정이 있었다.

보고 보이는 것

대략 5억 년 전 캄브리아기 종들의 폭발로 인해 지구상에 식물과 동물들이 퍼져나갔을 뿐 아니라, 오늘날 우리가 당연하게 여기는 다채로운 색도 만들어졌다. 지구상에 있는 다채로운 색의 바탕이 되는 진화의 원칙은 '보고 보이는 것'이다. 식물들은 동물들과 커뮤니케이션을 위해 효과적인 색소가 필요했다. 동물들 역시 식물세계에서 방향감각을 갖추고, 식물들의 종류를 이해하고 그리고 다른 종들과 구분하기 위해 효과적인 색소가 필요했다. 시각용 색소는 빛에 민감한 염료로서, 간단한 생명체뿐 아니라 복잡한 생명체에게 주변에 대한 정보를 주고 이에 따라 행동을 결정하게 해준다.

지구상에서 다채로운 색의 발전은 색을 인지하는 능력이 함께 진화하지 않았다면 생각할 수도 없는 일이다. 색을 보기 위한 기나긴 여정은 이른바 안점eye spot이 생성됨으로써 시작되었고, 이 안점은 단세포동물에게서도 찾아볼 수 있다. 우리가 지질lipide라고 표기하는 신호분자는 특별한 피부세포에서 생명체를 통해 정보작업을 실행한다. 빛에 내재된 색 정보의 암호는 카로틴 같은 색소를 통해 해독되는데, 이는 기본적으로 오늘날까지 바뀐 게 없다. 색채신호의 처리 작업은 점점 복잡해졌고, 따라서 점점 복잡한 신경계, 눈과 뇌가 형성되어야 했다. 가장 효과적인 색을 두고 벌였던 경쟁은 그야말로 환상적으로 진행되었고, 그 결과 우리는 오늘날 지구상에 사는 대략 870만 종류의 동식물에 감탄할 수 있게 되었다. 진화의 승자는 가장 강한 자들이 아니라, 가장 창의적인 자들이었다.

동식물계가 발전하면서 점점 새로운 색소와 시각용 색소들이 생겨났다. 세상은 점차 갖가지 색으로 채워졌다. 유전자의 우연한 돌연변이를 통해서 변종들이 생겨났는데, 모든 새로운 색소와 시각용 색소는 다시 사라지지 않기 위해서 일상에서 유용하다는 것을 입증해야만 했다. 유기체들은 점점 더 넓은 주변을 볼 수 있게 되었고 자신들 또한 다른 생명체에 의해 다르게 보이게 되었다. 눈이 발전하자 색소의 기능도 확장되었다. 색소는 단세포의 경우처럼 에너지 탐지기, 에너지 변환기와 에너지 공급기로만 머물지 않았고, 점차 커뮤니케이션 매체가 되었다. 식물과 동물은 표피와 눈에 있는 시각용 색소에서 소통 가능한 색소가 발전함으로써 서로 의사소통을 할 수 있게 되었다. 하지만 식물은 왜 오늘날까지 믿을 수 없을 정도로 다양한 색을 발전시켰음에도 눈은 없는 것일까?

색을 보는 능력은 새롭게 얻은 원거리 감각으로부터 이득을 얻을 수 있는, 움직일 수 있는 생명체, 다시 말해 동물에게서만 개발되었다. 식물은 동물과 의사소통하고 이를 통해 자신의 목적을 달성하도록 동물을 도구화하는 과제는 특정한 색소만 있어도 충분했기에 식물에게는 눈이 필요 없었다. 그와 동시에 향기 성분과 맛 성분이 개발됨으로써, 색소와 비슷한 기능도 생겨났는데, 이에 관해서는 나중에 다루기로 하겠다.

지구상에서 가장 대규모 커뮤니케이션 시스템이 어떻게 작동하는지 이해하기 위해 꽃을 피우는 종자식물을 한번 살펴보면, 이 꽃식물 덕분에 지구가 다양한 색채를 갖게 되었다고 해도 과언이 아니다. 꽃식물의 진화는 대략 3억 2,000년 전 카본기에 식물 게놈이 2배가 되면서 시작되었다. 이와 같은 진화는 오늘날까지 30만 종 이상을 만들어냈다. 식물들은 다양한 꽃과 열매를 염색하기 위해 여러 목적에 부합하는 효과를 지닌, 비교적 소수의 색소만을 이용한다. 향이 좋은 파랑, 보라, 빨강의 안토시아닌은 가루받이 매개동물을 유혹하는 데 사용될 뿐 아니라, 해를 입히는 자외선으로부터 꽃과 열매를 보호하며 산화방지제로서 세포의 손상을 막아준다. 마지막에 언급한 특징은 또한 노란색과 오렌지색 카로티노이드와 엽황소에도 해당된다.

플라본과 플라보노이드는 꽃, 과일과 채소에서 발견되는데, 이들의 노란색, 황록색 그리고 파란색 변종은 가루받이 매개동물을 유혹할 뿐 아니라, 균류와 바이러스를 통한 전염을 막는다. 갈로타닌과 카테킨 같은 또 다른 색소들은 적들이 식물을 먹어버리지 못하도록 진화되었다. 밝고 연한 색조는 소량의 색소만을 포함하고 있으며, 반대로 어둡고 얼룩덜룩하게 뒤섞인 색은 색소를 매우 많이 포함하고 있다. 흰색 꽃과 과일들은 흔히 스펙트럼 가운데 자외선 영역만을 반사하는 색소를 포함하고 있다. 이와 같은 색으로 암호화된 메시지는 오로지 유용한 곤충과 새 종류 같은 올바른 수신자들만 감지할 수 있다. 유감스럽게도 우리 인간은 거기에 포함되지 않는다. 하지만 사진작가 크레이그 버로스Craig Burrows가 블랙라이트를 이용해 자연에서 발견한 마법 같은 사진들을 관찰하면, 그것이 변조된 것이긴 하지만, 자외선의 색에 대한 참으로 인상적인 아이디어를 얻을 수 있다.[8]

꽃식물들이 거둔 엄청난 성공의 기반에는 색의 힘이 있다. 이들은 색을 통해서 아주 멀리 떨어진 곳까지 자신의 씨앗을 퍼뜨리도록 동물들이 움직이게 할 수 있었다. 가루받이를 담당한 동물은 그 보상으로 건강한 영양분을 얻었는데, 곧 이 영양분은 많은 새로운 종들의 생명을 유지하는 데 기본이 되었다. 꽃과 열매가 영양분이 가장 많아지고 색도 가장 매력적인 때는, 이들의 씨앗이 멀리 운반되기 시작할 때이다. 하지만 지극히 아름다운 식물의 색이 전하려는 메시지가 의도한 대로 효과를 내려면, 올바른 수신자에게 전달되어야 한다. 동물들은 식물의 꽃들이 전송하는 메시지를 받기 위해 색을 읽는 능력을 발달해야만 했고, 이는 새로운 시각용 색소, 눈의 형태와 신경계의 유전자들을 발전시켰다.

식물이 무성하게 자란 서식지에서 원하는 것을 얻으려면, 동물들은 녹색을 띤 중간 파장영역에 대한 암호만 풀면 충분하다. 이 영역은 시각용 색소인 로돕신rhodopsin으로 발견할 수 있으며, 이 색소는 오늘날에도 환형동물의 안점부터 매우 발달한 척추동물의 눈에까지 있다. 로돕신의 최대 흡수 영역은 대략 빛 파장이 500나노미터인 영역이다. 그럼에도 황혼 무렵 세상이 왜 녹색으로 보이지 않는지는 이미 색채를 식별하는 감각인 색각에 대해서 많은 비밀을 얘기해주고 있다. 왜냐하면 다채로운 색은 빛의 다양한 복사스펙트럼의 비교를 통해서만 만들어지기 때문이다. 그리하여 우리는 빛의 파장 가운데 단 하나의 영역만 파악할 수 있는 동물들의 감각계를 단색형 색각Monochromacy[색을 구별할 수 있는 능력이 없음]이라고 부른다. 박쥐와 같은 야행성 동물은 이런 상태에 매우 잘 적응하는데, 황혼 이후 복사강도여도 회색을 보는 데는 충분하기 때문이다. 우리 조상들에게 색을 보는 능력은 중생대에 포유류가 낮에 활동을 하면서부터 비로소 발전하기 시작했다. 오늘날에도 우리가 달빛에서 뭔가를 볼 수 있는 것은 아주 옛날까지 거슬러 올라가는 진화과정에도 남아 있는 능력 덕분이다.

우리 조상들의 세계가 알록달록해진 것은 시각을 담당하는 유전자가 2배나 늘어나고 변종이 생기면서부터였다. 이 변종 유전자는 시각용 색소 로돕신의 생화학적 변종들을 만들어냈다. 우선 S-요돕신Iodopsin과 M-요돕신이 개발되었는데, 이것들은 동물들에게 파란색과 노란색 사이에 있는 단파와 중간파 색채스펙트럼을 열어주었다. 말, 개, 고양이 같은 대부분의 동물을 우리는 이색형 색각Dichromacy[색을 두 종류의 기본색으로 구별]이라고 부르며, 이들은 이것으로 잘 살아간다. 우리 인간과 비교할 때 이 동물들은 많은 색을 포기해야만 하지만, 그 대신에 공간적으로 훨씬 멀리까지 냄새를 맡는다. 이런 후각적 능력은 시각에 비해 훨씬 개별적이며 풍부한 정보를 얻게 해준다.

색을 보는 능력의 진화과정에서 그야말로 획기적인 도약은 바로 L-요돕신의 개발이라 할 수 있는데, 이로써 녹색과 빨간색 사이에 있는 장파의 색채 영역이 동물세계에 열렸다. 우리 인간은 영장류의 친척인 협비원류와 같이 삼색형 색각Trichromacy에 속하는데, 망막에 색의 수용체로서 세 가지 원추를 가지고 있는 동물이다. 하지만 이로써 색각의 진화가 완성된 것은 아니다. 사랑앵무와 벌새 같은 사색형 색각Tetrachromacy[삼색형보다 빨간색과 녹색 사이의 색을 더 잘 구분할 수 있다]은 네 번째 요돕신 변형을 통해서 자외선도 감지할 수 있다. 벌새의 경우 특수한 꽃과의 공진화 원칙이 특별히 잘 연구되어 있다. 우리 인간은 유감스럽지만 밝은빨강, 오렌지, 분홍과 특수한 자외선 색조를 감지할 수 없다. 하지만 식물들은 가루받이를 위해 동물을 유혹할 목적으로 그와 같은 색조를 이용한다. 수분 시 그다지 생산적이지 않은 것으로 입증된 사색형 색각 동물들에게 꿀을 도둑맞지 않도록 유혹적이지 않은 색의 꽃을 피우는 것이다.[9]

색각의 진화는 여전히 진행 중이다. 그리하여 우리는 화려한 날개색이 돋보이는 나비를 보고 감탄할 수 있다. 이 종들은 오색형 색각Pentachromacy에 속한다. 심지어 구각목[연갑강에 속하는 갑각류목의 하나이며, 갯가재도 여기에 속함]처럼 미래세대를 연상시키며 반짝이는 바다생물은 12개의 다양한 요돕신을 가지고 있다. 오늘날 우리는 색이 화려한 동물들이 이와 같은 재능을 동족과 소통하는 데만 이용하지 않는다는 사실을 잘 알고 있다. 그들은 더 많은 색각으로부터 더 많은 정보를 얻음으로써 주변에서 일어나는 사건에 지극히 신속하게 반응한다. 반응이 너무나 신속해 이를 지켜보는 우리에게는 마치 마른하늘에 벼락이 떨어지는 것처럼 보이기도 한다.[10] 산호초들의 발전은 전 세계 대양에서 색을 보는 능력이 진화하게끔 한 원동력이었고, 꽃식물들은 이와 같은 기능을 육지에서 맡았던 것이다.

색채신호가 강물처럼 넘쳐나게 되자 색을 처리하는 능력도 지속적으로 필요하게 되었고, 따라서 더욱 복잡한 눈의 형태와 신경계가 발전하게 되었다. 유전자 돌연변이와 새로 개발된 시각용 색소들은 뇌가 발전하는 데 가장 강력한 원동력이 되었다. 우리는 오늘날 태아가 발생하는 시기에, 인간이 되어가는 태아의 눈이 뇌에서 바깥쪽으로 젖혀지는 모습을 구경할 수 있다.[11] 그 어떤 능력도 색을 보는 능력보다 생명체로부터 생물학적 자원을 많이 요구하지는 않는다. 색을 인지하는 능력의 진화는 생명의 역사에 있어서 40억 년 동안 60번에 걸쳐서 실행되었고, 이 과정에서 특별한 눈들이 만들어졌고 사라지기도 했다. 전체 동물의 약 95퍼센트가 눈을 가지고 있다. 그들 가운데 대부분은 색을 보고 색을 통해서 자신의 환경을 이해할 수 있다. 따라서 색은 지구상에서 가장 규모가 큰 소통 체계를 만들었을 뿐 아니라, 진화과정에서 창조성의 원동력이기도 했다.

만일 색이 올바른 수신자에게 발견되고 이들이 유용한 행동을 한다면, 색에 대한 투자는 무엇보다 의미심장한 투자가 된다. 세상의 색들은 지속적으로 변화의 과정을 겪는데, 이 과정에서 새로운 색과 색들의 조합들이 생겨나는가 하면 또 다른 색들은 사라진다. 진화과정에서 생명체는 고유의 색을 몸에 지님으로써 매우 다양한 메시지를 직접 전달하기도 한다. 이는 동물들의 피부, 가죽, 깃털과 비늘의 색에만 해당하지 않고, 식물들의 꽃, 잎과 열매의 색에도 해당한다. 색은 또한 주변 세계의 조건에 적극적으로 적응함으로써 표현형phenotype[발현형질이라고도 하며 유전인자와 환경적 요소의 상호작용에 의해 결정됨]에서 발전해 나타날 수도 있다. 보퀴치요voquicillo 같은 덩굴식물들이 증명하듯이, 색의 변화는 종종 놀라울 정도로 짧은 시간에 나타난다. 이 식물은 나무에서 불쑥 자라나서, 낯설고 이상한 잎들의 색과 형태를 모방함으로써 굶주린 동물들의 시선에서 벗어나고자 위장한다. 자체적으로 잎들이 자라나는 나무에서만 잎의 동화가 생겨난다. 반대로 줄기 부분에서 식물들은 자신만의 특징을 유지한다. 따라서 하나의 생명체가 색에 적응하는 것은 유전자형genotype[하나의 생명체가 상속받은 유전적 특성 전체]을 통해서뿐 아니라, 표현형에서 행동에 작용하는 신호를 통해서도 나타날 수 있다. 바로 여기에 우리 인간의 독특한 색 문화가 급속하게 발달한 원인이 있다.

3장

눈에서 뇌에 이르는 빛의 여행

—우리는 색을 어떻게 볼까

생명체와 무관한 곳에는 색도 없다. 왜냐하면 빛의 복사에너지는, 누군가 그 안에 포함된 정보를 해석하고 유용하게 이용할 수 있을 때만 인식의 근원이 될 수 있기 때문이다. 이 장에서 나는 당신을 여행에 초대할 것이다. 그러니까 외부의 빛에서부터 시작해 눈, 해마와 기억이라는 중간 정류장을 거치며 의식적으로 색을 체험하는 여행이다. 또한 이를 통해서 색을 가치중립적으로 보거나, 감정을 배제하고 보는 것, 내용 없이 보는 것이 왜 불가능한지도 드러난다.

화가 로버트 라우셴버그Robert Rauschenberg는 자신의 단조로운 그림 '화이트 페인팅'을 완성하기 위해 롤러에 흰색을 묻혀 칠했을 때, 보통 사람들이 집 안에 있는 벽을 칠하는 것과 동일한 방법이라는 사실을 의식했다. 대부분의 관람객들과 많은 미술비평가들은 그의 그림이 다분히 선동적이라 느꼈고 그래서 조롱하고 비웃었다. 하지만 색이라고 결코 다 같은 색은 아니다.

미국의 작곡가 존 케이지John Cage는 흰색 표면을 "여러 형태로 변하는 빛, 그림자, 심지어 먼지 입자들이 내려앉을 수 있는 비행장"[1]으로 봤다. 색은 그것에 대한 우리의 인식과 결코 분리될 수 없다. 이는 물론 미술관 방문에만 해당하는 게 아니라 삶 전체에 적용된다. 만일 당신이 슈퍼마켓에 가서 식품을 구입하고, 백화점에 가서 새로운 외투를 구입하거나, 인터넷에서 거실에 설치할 새로운 장식품을 구경한다면, 선택할 때 자신도 모르게 색에 영향을 받게 된다. 색의 힘은 매우 비밀스럽게 작용하는데, 우리가 내린 결정의 원인을 스스로도 거의 알아차리지 못하기 때문이다. 색의 인지와 관련해서 우리가 경험하는 것의 대부분은 무의식적으로 일어난다. 소위 이와 같은 암시적 지식은 우리의 삶에 특별히 중요한데, 우리의 선택은 색에만 해당하는 게 아니라, 인물과 장소 그리고 물건을 좋아하거나 싫어하는 결정을 내릴 때도 마찬가지로 적용되기 때문이다.

무지개의 비밀

우리의 여행은 대기에서 나타나는 빛의 현상에서 시작하는데, 이는 우리의 시간관념뿐 아니라 행동을 하고자 하는 충동과 같은 감정적인 상태도 조절한다. 하늘의 색채는 빛의 세기, 공기의 질, 기후와 온도 같은 환경요소와 관련해서 믿을 수 있는 척도이다. 뇌는 신진대사와 호르몬 조절 같은 중요한 신체 기능을 무의식적으로 대기의 빛과 공기 상태에 맞춘다. 이를 이해하기 위해 굳이 밖에 나가볼 필요도 없다. 잠시 창밖을 내다보기만 해도, 파란색 하늘이나 구름이 잔뜩 끼어서 회색을 띤 하늘이 정신과 육체에 어떤 지대한 영향을 주는지 알 수 있다.

지구의 오존층은 거대한 반사막과 같은 기능을 하는데, 짙은 파란색으로 하늘을 채울 뿐 아니라, 건강에 해를 입히는 자외선을 차단하기도 한다. 오존층이 온전할 때, 우리는 이른 아침과

늦은 저녁에 하늘에서 강렬한 파란색을 볼 수 있다. 하지만 대기의 색채에 대한 책임이 오로지 오존에만 있는 것은 아니다. 대기는 무엇보다 질소, 산소, 증기와 먼지로 형성되기 때문에 하늘의 색은 우리가 호흡하는 공기가 건강에 어떤 작용을 하는지를 알 수 있게 해주는 믿을 수 있는 척도이다.

날씨가 좋고 공기가 깨끗하면 하늘은 파란색을 띠는데, 이 현상을 발명자의 이름을 따서 레일리 산란Rayleigh scattering[영국의 물리학자 존 윌리엄 스트럿 레일리가 1871년에 이 이론을 도입했다]이라고 부른다. 햇빛의 스펙트럼에서 단파의 파란색은 공기분자에 의해서 흩어지는 반면 다른 성분들은 뚫고 나간다. 한편 증기가 늘어나면 하늘은 흰색이 되고 마침내 음울한 회색을 띠게 된다. 우리는 이와 같은 빛의 변화와 공기의 변화를 무기력과 우울증 같은 증상으로 감지하곤 한다. 특히 짙은 회색의 구름은 우리를 답답하고 불안하게 하는 효과가 있는데, 흔히 먹구름은 악천후와 극심한 공기의 변화를 미리 알려준다. 그런가 하면 무지개라는 자연현상은 구원받는 순간을 경험하게 한다. 성경에도 노아의 대홍수 뒤에 무지개에 대한 묘사가 나오는데, 결코 우연이 아닐 것이다.

수많은 유명한 철학자들, 예술가들, 연금술사들과 훗날 자연과학자들이 수천 년간 무지개 색의 비밀을 밝혀내기 위해 노력했다.[2] 무지개를 보면 우리는 직관적으로, 이 색의 조화가 결코 우연이 아니며, 내적인 질서를 따르고 있음을 감지하게 된다. 그래서 나는 이처럼 놀라운 자연현상에 대하여 잠시 살펴보고자 한다. 무지개는 광학뿐 아니라, 무엇보다 색이라는 본질을 알 수 있게 해주는 현상이다.

많은 신화와 종교에서 무지개는 하늘과 땅 사이, 신과 인간 사이, 개인과 세계 사이를 연결하는 다리라는 상징으로 표현되었다. 이집트의 여신 이시스 숭배에서 발견할 수 있는 마야-샤크티[전통적인 힌두교에서는 여신들을 세 가지 힘과 동일시했는데, 샤크티(에너지), 프락크리티(태초의 원소), 마야(환상)이었다]의 7개의 베일에 관한 오래된 신화를 보면, 이미 무지개 색의 비밀에 놀라울 정도로 가깝게 접근하고 있다. 이 전설에 따르면 여신들은 무지개의 창조적인 에너지를 사용해 눈에 보이는 전 세계를 그 색들로 직조했다고 한다. 중국의 도교에서도 무지개는 밝고 남성적인 양이 어둡고 여성적인 음과 합일하는 표시로 간주했고, 이로부터 다산성과 조화가 나온다. 도교의 경우에 색은 빛과 어둠의 관계로부터 탄생하며, 이를 바탕으로 수천 년이 지난 뒤에 괴테가 자신의 색채론을 확립했다.[3]

기독교의 경우 무지개는 무엇보다 신이 대홍수 뒤에 인간에게 보낸 화해의 신호다. 창조자와 피조물 사이의 연결을 다시 구축하기 위해서 말이다. 부처 역시 하늘에서 인간에게 내려오면서 무지개에 나타나는 일곱 색의 계단을 이용했다고 한다.

심지어 세상의 다른 끝에 가더라도 무지개라는 마법은 효과가 있다. 오스트레일리아 원주민들은 무지개가 몽환시夢幻時[현지어로 추쿠르파Tjukurpa라고 하며, 이는 오스트레일리아 토착 신화에서 정령들이 창조된 고대의 신성한 시대를 말한다]에 속해 있다고 여긴다. 무지개가 구체적으로 나타난 형체인 무지개뱀Rainbow Serpent은 여성적인 신으로서 땅을 창조했으며, 이와 반대로 남성적인 신은 하늘을 창조했다. 몽환시 자체도 인간의 무한한 정신적 창조과정이다. 오스트레일리아 원주민들에게 무지개 색은 육체와 정신, 현실과 상상을 연결하는 다리를 만든다.[4] 이와 같은 설명은 색의 본성을 이해하는 데는 존 로크John Locke의 설명보다 훨씬 적절하다. 영국의 의사이자 철학자였던 존 로크는 17세기에 색을 부차적인 성질이라고 깎아내림으로써 물리학적 세계상에서 추방했다. 하지만 응용물리학을 잠시만 살펴보면 알 수 있듯이 오늘날 로크의 판단은 더 이상 유효하지 않다. 스마트폰 화면에 나타나는 색상은 유기발광다이오드(OLED) 에너지의 흐름과 마찬가지로 실재한다. 색은 물질적 세계와 정신적 세계를 연결하는 다리이며, 이는 언어와 음악과 같은 감각매체와도 공통적이다.

자연과학적 시각에서 보면 무지개는 광학적 현상이며, 우리에게 지극히 단순한 방법으로 에너지와 색 사이의 관계를 드러내준다. 무지개는 태양이 이미 우리 등 뒤에서 다시 빛나는 동안, 즉 태양을 등지고 서서 멀리 있는 강우전선을 관찰할 때 만들어진다. 무지개는 진짜일까 아니면 환상일까? 햇빛과 빗방울은 실제로 존재하는 것이 확실하지만, 보는 각도에 따라 무지개는 다르게 보인다. 무지개의 눈부신 색은 닿을 수 없는 지평신처럼 우리와 함께 움직이며, 따라서 무지개 밑으로 통과한다는 것은 불가능한 소리다. 무지개의 형태는 우리의 움직임에 따라서 보다 평평하게 또는 더 가파르게 된다. 태양이 지평선 깊숙이 위치하면, 무지개는 반원을 이룬다. 이따금 상공에서 무지개가 완전한 원으로 보일 때면, 기쁨도 두 배가 된다.

이미 알아차렸을지도 모르지만, 무지개는 사실 눈에 보이는 모든 세상이 그렇듯이 우리 뇌가 투사한 결과다. 왜냐하면 우리가 관찰할 수 있다 하더라도, 심지어 우리의 외부에 있으며 우리의 개입 없이 존재하는 세상에 대한 상상조차 개연성을 바탕으로 뇌가 창조한 것이기 때문이다.[5] 색은 빛이 나타나는 형태로서 우리에게 자연을 관찰하게 해주는데, 미립자라는 소우주에서부터 우주라는 대우주에까지 이른다. 2014년 물리학자 슈테판 헬Stefan Hell은 초고해상도 형광현미경 분야에서 놀라운 성과를 냄으로써 노벨상을 수상했는데, 이 발견은 생물학적 연구는 물론 의학적 연구에서도 완전히 새로운 통찰력을 갖게 해주었다. 레이저 광선을 쬔 암 종양 세포들을 현미경을 통해서 형광 색채로 관찰할 수 있는 것이 바로 그의 발견 덕분이다. 망원경을 통해 관찰하면 모든 별이 갑자기 알록달록하게 빛나는데, 광구光球로 불리는 별들의 표면이 우리 태양과 마찬가지로 스펙트럼에 따른 빛을 방출하기 때문이다. 천체물리학에서 색과 별들의 광도 사이에 항상 존재하는 관계는 별들 간의 거리,

별들의 움직임, 온도, 밀도와 화학적 맥락에 대해 추론할 수 있게 해준다. 별들의 알록달록한 스펙트럼은 우주의 발생과 발전에 대한 가설을 정립하고, 무한한 공간에서 생명체의 흔적을 기대할 수 있게 해준다.

관찰자의 눈에 들어오는 색

척추동물의 눈을 보면, 점 형태인 동공이 열리면서 빛이 그 안에 떨어지고, 뒤편에 좌우와 위아래가 반전된 작은 상이 만들어진다. 많은 사람이 분명 이와 같은 암실투영장치camera obscura, 또는 바늘구멍 사진기라 불리는 것의 효과에 대해서 잘 알고 있을 것이다. 이미 아리스토텔레스Aristoteles도 알고 있었으며 르네상스 시대부터는 원근법을 표현할 때 사용하곤 했다.[6] 신학자이자 자연철학자, 천문학자였던 요하네스 케플러Johannes Kepler는 16세기에서 17세기로 전환하던 시기에 이미 그와 같은 망막 사진의 신빙성을 의심했는데, 이는 그가 시대를 얼마나 앞섰는지를 증명하는 것이다. 사진의 투사는 눈의 내부에 있는 시각적 과정은 매우 잘 보여주지만, 시각적 지각이 어떻게 작동하는지에 대해서는 아무것도 증명하지 못한다. 이에 대한 설명은 기계론적 세계상이 마침내 몰락하게 되는 19세기 말까지 기다려야만 했다.

물리학자이자 생리학자였던 헤르만 폰 헬름홀츠Hermann von Helmholtz는 자신의 삼원색론[망막에 부딪히는 파장에 대한 반응에 따라 원추세포에서 파란색, 녹색, 빨간색을 분류한다는 이론]에서 우리가 색을 인지하는 생물학적 기초와 정신적 기반을 설명했다. 그는 다양한 신경세포의 색채 결합가Farbvalenz[헬름홀츠에 따르면, 이 색채 결합가는 색조, 채도, 명도 이 세 가지로 알아볼 수 있다]에 대해 이미 언급한 바 있는데, 우리의 뇌가 이 결합가를 평가하고 이로써 눈에서 인상을 감지한다. 그는 빛이 망막에 부딪히는 빛의 모든 효과를 이 색채 원자가라는 개념에 포함시켰다.

검은색의 동공은 세계를 향한 우리의 창문이다. 이 동공은 원 모양 근육인 홍채로 둘러싸여 있고, 이 홍채는 망막에 떨어지는 빛의 양을 조절하기 위해 마치 조리개처럼 1~9밀리미터 영역에서 여닫을 수 있다. 밝은 대낮은 초승달이 뜨는 밤에 비해 10억 배 이상 더 밝은데, 그러면 동공은 아주 작은 점만 남을 때까지 작아진다. 반대로 어두워지면 동공이 커지게 되어 많은 빛이 들어오게 된다. 카메라의 플래시처럼 한 다발의 빛이 갑자기 눈으로 들어오면, 동공이 붉게 보인다. 이처럼 동공이 빨간색으로 되는 적목현상은 때로는 우리를 낯설고 당황스럽게 한다. 왜냐하면 붉은 동공은 상대방의 뇌, 구체적으로 말해서 상대방의 망막을 직접 볼 수 있게끔 하기 때문이다. 눈이라는 감각 기관이야말로 뇌의 핵심적 요소이다. 색의 신호를 해석하는 지극히 어려운 일을 하기 위해서 우리의 망막은 많은 에너지를 필요로 하며 매 분마다 0.5리터의 피를 끌어들여야 할 정도다. 그래서 혈액순환에 장애가 생기면 순간적으로 눈앞이 깜깜해지는 것이다.

빛은 빛의 전자기 스펙트럼이 각막에서 최초로 굴절되어 다발이 되면 눈의 내부로 들어간다. 탄력성 있는 수정체에서 빛은 두 번째로 굴절되고, 몇 밀리미터밖에 안 되는 광선다발이 망막의 중앙에 집중된다. 모든 색의 인상은 그것을 평가하는 작업에 에너지를 많이 투자한 결과이며, 이런 평가 작업은 망막에서 시작되어 의식 능력이 있는 뇌의 부위에서 끝난다. 빛이 보낸 정보가 신경세포에 의해서 평가받기 전에, 전자기파는 빛을 우선 신경자극으로 변환시켜야만 한다. 이런 일을 전담하는 세포들을 시세포 또는 광光수용체라고 부른다. 눈의 내부는 홍채의 전면에 있는 개방부분과 시신경의 후반부까지 대략 1억 3,200만 개의 시신경들로 덮여 있고, 사람에 따라서 그 수는 상당한 차이가 있다. 대략 1억 2,500만 개에 달하는 신경세포들은 막대 모양을 닮아서 막대세포, 혹은 간상세포[약한 빛을 감지하여 사물의 명암을 구별하는 세포]라고 불린다. 중요한 건 우리 조상들이 밤에 활동했던 시대로부터 물려받은 오래된 이 간상세포로는 낮에 거의 아무것도 볼 수 없다는 사실이다. 우리가 간상세포로 회색 단계에 있는 사물을 볼 수 있다고 하는, 널리 퍼졌던 생각은 오늘날 틀렸음이 입증되었다.[7] 간상세포들은 망막 주변에 분포하며 약한 빛에 민감하다. 우리가 빛을 감지할 때 가장자리를 차지하는 회색 영역은 시각적인 인상을 구축하는 데 그다지 중요하지 않다. 따라서 뇌에 의해 가장자리는 보이지 않게 되었다. 시야에 회색 영역이라는 것은 없으며, 대비가 높은 색을 인지할 뿐이다. 지극히 많은 간상세포가 밝은 빛일 때 무엇보다 시야에서 움직임을 기록하며, 이로써 눈의 초점을 망막의 중앙에 집중시키는 데 도움을 준다.

망막의 중앙에는 대략 700만 개의 색각 세포들이 있으며, 원뿔 형태를 참작하여 이를 원추세포[빛을 받아들이고 색을 구별하는 세포]라고 부른다. 낮에 보는 모든 것은 바로 이 세포들 덕분이다. 알록달록한 색의 세계뿐 아니라, 회색에 속하는 매력적인 세계도 마찬가지다. 그래서 우리는 드로잉, 흑백사진이나 흑백영화를 볼 때, 자연적인 인상이 아니라 인위적인 형태의 시각적 인상임을 지극히 잘 알고 있다. 하지만 이런 것에 우리는 익숙해질 수 있다. 1970년대에 컬러사진과 컬러영화가 나오기 시작했을 때 처음에는 불평하는 사람들이 많았다. 관객뿐 아니라 제작자 역시, 컬러영화는 가짜 예술이며 진정한 예술을 앗아갔다고 생각했다. 바로 익숙한 세계와 인위적인 세계 사이의 괴리가 흑백사진의 미적인 매력을 만들었던 것이다. 우리가 관찰한 사물들의 색은 언제라도 우리의 상상 속에 현존할 수 있다. 흑백사진을 추후에 채색하는 작업은 우리가 얼마나 정확하게 올바른 색을 결정하는지를 보여준다. 화가처럼 경험 많은 채색 전문가들은 그림과 영화에 채색할 재료를 선택할 때 흔히 의도적으로 당시의 시대에 걸맞은 색깔을 고른다. 왜냐하면 해당 시기에 유행한 색이 색을 기억하는 우리의 뇌에 저장되어 있는 까닭이다. 색각 세포들은 밝기와 어둠의 수치도 기록하는데, 흑백 이미지뿐 아니라 컬러에서도 그렇게 한다.

원추세포에 영양이 부족할 경우 색각 세포가 더 이상 작동하지 않게 된다. 이럴 경우 사람은 낮에도 건강한 사람들이 반달이 떠 있는 밤에 볼 수 있는 정도로만 보게 된다. (자력구제단체들은 이 경우 시각장애인과의 소통을 권하고 있다.[8]) 진화는 미리 대비를 해두었다. 10만 명 가운데 오로지 한 사람만이 완전한 색맹이며, 이런 사실은 인간이라는 종이 생존하기 위해서 색이 얼마나 중요한지를 보여준다.

색의 생리학적 순서

앞서 나와 함께 여행을 떠나자고 제안했는데, 이 지점에서 망막의 중심으로 가보자. 이곳에서는 색을 받아들이기 위해 에너지를 사용한다. 검은색 동공이 열리면서 뭔가를 보게 되면, 우리는 시각적 인상을 정확하게 황반에 고정시킨다. 황반은 대략 3~5밀리미터 크기의 지극히 예민한 망막의 영역을 말한다. 가장 내부에 있는 영역이며 약 1.5밀리미터 크기의 중심와(중심오목)에는 제곱밀리미터당 약 15만 개의 색각 세포들이 집중되어 있다. 생물학적으로 우리 몸에서 가장 소중한 부분이다.[9] 이곳의 신경세포들은 색각 세포들과 1:1 비율로 존재한다. 망막은 결코 평범한 감각기관이 아니다. 뇌의 일부를 안전하게 옮겨놓은 곳이다. 바로 이곳에 뉴런의 연산능력이 투입되는데, 시각적 투사를 통해 얻은 정보능력을 다시 한번 향상시키기 위해서다. 색상 대비, 색상의 깊이와 해상도가 더 강해지고 높아지면 대상이 점점 더 뚜렷해진다. 우리는 보는 순간에 가장 흥미롭고 우리의 감정과 사고가 활발하게 집중하는 것을 망막의 중앙에 고정시킨다. 예를 들어 당신은 지금 막 읽고 있는 단어들을 이와 같은 망막의 영역에 고정시킨다. 그곳에 단어 하나 이상을 고정시키지는 않는다. 뭔가를 보기 위해, 우리의 눈은 항상 시력이 미치는 범위, 즉 시계視界에서 움직인다. 그와 동시에 우리의 뇌는, 개별적인 인상들의 전체를 동일하고 대비가 뚜렷하며 완전 컬러인 시각적 인상으로 녹아들게 한다.

본다는 것은 우리가 생각하는 것 이상으로 독서하는 과정이나 그림을 그리는 과정과 연관이 있다는 것을 알 수 있다. 당신이 뭔가를 스케치한다면, 이미지, 사람들, 사물과 공간 등 모든 것을 보기 위해서 그야말로 오랫동안 쳐다봐야 한다는 점을 바로 알아차릴 수 있다. 이와 같은 과정은 지극히 빠른 속도로 일어나기 때문에 우리는 이런 과정이 일어나는지 의식조차 할 수 없다. 우리의 뇌는 시선을 분산할 때 에너지를 매우 절약하는 편이다. 우리는 눈으로 전체 시계를 스캔하지 않고, 오로지 몇 군데만 감지한다. 나머지는 우리의 뇌가 계산하고 보완하고 시뮬레이션하는 것이다. 시선추적 장치로 관찰하면 어떤 식으로 진행되는지가 즉각 드러난다. 이는 색을 인식해 해석한 내용 때문이 아니라, 색 그 자체 때문이다. 우리는 많은 색을 다른 색에 비해서 더 빨리, 더 오랫동안 그리고 더 강렬하게 인지한다. 망막의 구조에는, 실제로 검은색, 흰색, 빨간색, 녹색, 파란색과 노란색이라는 여섯 가지 생리학적 기본색이 있다. 색각 세포의 분포는 이러한 색이 우리 삶에 어떤 의미가 있는지 알려준다.

망막에 있는 광수용체가 마치 깔때기처럼 분포되어 있다고 상상해보라. 그러니까 망막 중심에 지극히 색을 잘 인식하는 원뿔이 밀집해 있고, 반대로 망막 주변에는 막대기들이 주를 이루어 시선을 안내한다고 말이다. 망막의 중심이 아닌 곳에는 약 10퍼센트의 원추세포가 분포되어 있다. 그래서 이 각도에서는 모든 것이 선명하지 않고 잿빛이다. 깔때기의 뾰족한 부분을 보면 매우 흥미진진해지는데, 여기에는 빨간색-원추가 지배적으로 많기 때문이다. 이 빨간색-원추는 외부의 녹색-원추 그리고 파란색-원추와 점점 더 많이 혼합된다. 따라서 꽃과 잘 익은 과일의 빨간색은 그 자체로 마법처럼 시선을 끌어당긴다!

식물의 녹색 톤의 의미는 우리가 모든 색각 세포의 지각 스펙트럼을 관찰할 때 나타난다. 스펙트럼의 가운데 있는 녹색 영역이 중첩되어, 녹색이 생리학적으로 표현할 수 있는 모든 색상의 절반 이상을 포함한다. 반면 파란색의 비중은 현저히 낮다.

색각 세포 가운데 대략 9퍼센트반이 난파인 파란색 빛을 흡수한다. 게다가 망막의 가장 내부에 있는 중앙에는 파란색-원추가 없는데, 그 때문에 이 색은 진정시키는 효과가 있고 매우 드문 경우에만 우리의 주의를 불러일으킨다. 파란색은 하늘과 바다의 색이며, 항상 배경을 이루고 따라서 섬세하게 묘사될 필요가 없다. 이와 같은 이유로 파란색 글씨, 무늬와 세부적인 것들은 특별히 선명하지 않다. 빨간색 스펙트럼의 색들에 비해 특별히 선명해 보이지 않는다. 한번 시험해보라. 우리는 모든 시세포로 밝고 어두운 것을 인지하며, 그리하여 검은색과 흰색은 생리학적 기본색 목록에 당연히 속해 있다. 그런데 노란색이 왜 여섯 번째 기본색에 속하는가. 이에 대해서는 곧 알아보기로 하자.

시각용 색소의 비밀

"소중한 친구여, 모든 이론은 회색이라네. 그러나 삶의 황금나무는 초록색이지."[10] 이렇듯 삶에 대한 지혜를 괴테의 메피스토펠레스는 지식에 굶주린 학생에게 전달한다. 우리 세계의 색은 어떻게 탄생하게 되었냐는 질문에 괴테는 어떤 대답을 했을까? 자신의 문학작품보다 색채이론을 더 높이 평가했던 괴테는 평생 이와 같은 수수께끼의 자취를 쫓았다. 하지만 그는 이런 추적을 하면서 뉴턴의 프리즘 실험에 지나치게 집중하는 바람에, 다른 해결책을 완전히 간과하고 말았다.[11] 괴테와 뉴턴은 이로써 색에 대해 깊이 고민했던 이들의 기나긴 대열에 서게 되었다. 아리스토텔레스, 데카르트René Descartes, 버클리George Berkeley, 흄David Hume, 로크John Locke와 칸트Immanuel Kant 같은 철학자들, 또는 알베르티Leon Battista Alberti, 아베를리노Antonio di Pietro Abelino, 다 빈치Leonardo da Vinci와 룽에Philipp Otto Runge 같은 예술가들 역시 색이 등장하게 된 비밀을 풀지 못했다.[12] 1964년이 되어서야 생화학자이자 생리학자 조지 월드George Wald가 마침내 해결 방법을 발견했다. 그는 이러한 공로로 노벨상을 받았다.[13] 우리는 그가 발견한 비밀스러운 재료를 보게 될 것인데, 바로 이 재료로 자연은 색이라는 기적을 완성했던 것이다.

색을 인지하는 현상을 이해할 수 있는 열쇠는 생화학에 있으며, 보다 구체적으로 말하면 인간을 비롯한 동물에게 있는 시각용 색소 요돕신에 있다. 요돕신은 특수한 단백질과 색소포色素胞, chromophor의 화학적 결합물로, 색소포는 우리 망막의 색각 세포들에서 발견된다. 앞에서 언급했던 열쇠-자물쇠 원칙을 기억한다면, 색소포는 바로 잠그는 암호를 가지고 있는 것이다. 우리가 어떤 색을 인지할 수 있으려면, 우리 눈의 시세포들이 신호의 암호를 풀 수 있는 적합한 색소포를 가지고 있어야 한다. 요돕신은 우리 인간처럼 삼색형 색각을 가진 경우에만 있다. 빨간색-원추는 시각용 색소인 L-요돕신을 포함하고 있고, 이것은 장파인 560나노미터 영역에서 분해된다. 녹색-원추의 M-요돕신은 중간파 영역인 530나노미터에서 반응하고, 이와 달리 파란색-원추의 S-요돕신은 단파 영역인 420나노미터에서 반응한다.[14]

진화생물학적으로 가장 오래된 것은 S-요돕신에 관련된 유전자이다. 이 유전자의 발달은 대략 5억 년 전에 완성되었고, 그리하여 황청색맹은 모든 사람 가운데 대략 0.001퍼센트에서만 나타난다.[15] 빨간색과 녹색 유전자는 X염색체 바로 뒤에 있으며 유전자 서열이 98퍼센트까지 일치하는데, S-요돕신 유전자의 발전과는 전혀 달라 보인다. 오늘날 우리는 이 유전자가 3,000만~4,000만 년 전에야 비로소 2배로 늘어났다고 본다. 인간 남성은 X염색체를 하나만 갖고 있기 때문에, 전체 남성 중 8~9퍼센트가 적록색맹을 갖게 된다. 그중 일부는 스펙트럼의 빨간색 영역과 녹색 영역 간 차이를 비교적 크게 만들어서 구분할 수 있게 돕는 엔크로마 안경을 통해 부족한 부분을 보완할 수 있다. 인터넷에 올라온 많은 동영상을 보면 시각장애를 가진 사람들이 갑작스러운 색 폭발로 인해 깜짝 놀라는 반응을 재미있다는 듯 소개한다. 하지만 여기에서 감정적으로 놀라는 반응보다 오히려 정보의 방대한 양에 대한 그들의 놀라움이 더 중요한데, 가시적인 주변 정보들의 양과 질이 폭발적으로 늘어나기 때문이다! 반면 여성의 경우에는 색맹이 거의 없는데, X염색체를 두 개 가지고 있어서 필요할 때 즉각 건강한 염색체를 동원하면 되기 때문이다. 따라서 여성들은 색을 볼 때 유전적으로나 생리학적으로 장점이 있다. 이 책의 2부에서 이 점에 대해 더 자주 다룰 것이다.

낮이나 조명이 밝은 데서도 이처럼 시각용 색소들 덕분에 우리는 밝고 어두운 것을 볼 수 있다. 만일 세 가지 요돕신 모두가 동일하게 자극되면 우리는 회색을 감지한다. 그런데 이와 같은 자극이 비교적 낮다면 검정색을 인지하고, 반대로 비교적 높으면 흰색을 보게 된다. 강력한 빛을 받아 눈이 부시면, 번쩍거리는 흰색을 감지하게 되는 것이다. 시각용 색소가 다시금 충분히 재생되면 바로 우리의 보는 능력은 돌아온다. 언뜻 보면 이와 같은 과정은 세 가지 잉크 카트리지에서 색소들을 다양하게 혼합해서 사용하는 컬러 인쇄와 비슷하다. 하지만 완전히 똑같이 작동한다고는 할 수 없다. 광선의 광양자가 눈에 있는 시각용 색소를 만나자마자 효소를 폭발적으로 발생시키고, 이 효소를 통해서 해당 원추의 얇은 막이 변하게 된다. 그리하여 색채 수용체 세 가지 형태 모두가 스위치처럼 작동하여 신경세포들에게 빛의 에너지에 대한 신호를 보낸다. 여기에 참여하는 시각용 색소들은 반응과정에서 와해되어 새롭게 형성되는데, 재생과정이 완료되면, 색채 수용체들은 다시금 시작할 준비를 한다.

주변에서 변화하는 색들을 주의 깊게 관찰하면, 눈의 내부 깊숙한 곳에서 일어나고 있는 이런 작업들을 볼 수 있다. 가능하면 햇빛을 받고 있는, 또는 컬러 디스플레이처럼 자체로 빛을 발하고 있는 색 표면을 30초 동안 집중해서 보라. 이때 시각용 색소가 소비되면서 색조의 강렬함, 채도와 파괴력이 어떻게 점차 감소하는지를 경험할 수 있다. 색조가 약간 빛이 바래면, 흰색 표면에 시선을 집중해보라. 그러면 이제 보색으로 착색된 잔상을 감지할 수 있는데, 이것은 다 써버린 시각용 색소를 재생할 때까지 점점 희미해진다. 이른바 연속 대비라는 것의 원인이다. 이러한 시도를 해보면, 색채를 보는 것이 어떻게 해서 작동하며, 왜 그리고 어떻게 모든 색이 상호작용을 하는지 이해할 수 있다.

색과 빛의 상호작용

우리의 시각용 색소들은 빛의 파장에 따라서 다양하게 반응할 뿐 아니라, 빛의 세기에도 다양하게 반응한다. 이는 일상에서도 잘 알아차릴 수 있다. 예를 들어 조명의 세기를 바꾸거나, 새로운 전등을 구입하거나, 낮에 들어오는 빛의 양을 바꾸기 위해 창문이라든가 커튼이나 블라인드를 조절할 때다. 해가 뜰 때 우리의 시각용 색소에 어떤 일이 생기는지 잠시 보기로 하자.

낮이 되면 세상의 색들이 갑자기 생겨나는 게 아니고, 어두워진다고 해서 색들이 한꺼번에 사라지지도 않는다. 인간과 같은 영장류에게 낮은 먼동이 트면서 시작하고, 이때 망막의 간상세포들이 처음으로 깨어나서 세상은 어렴풋한 회색으로만 보인다. 시각수용체인 로돕신은 빛에 매우 예민하고 상상할 수 없을 정도로 적은 양의 광자에 노출되어도 분해된다. 눈은 떴으나 색각 세포들은 아직 활성화되지 않는데, 시각용 색소가 마침내 반응하려면 아주 많은 에너지가 필요하기 때문이다. 그래서 동이 트기 시작할 때 하늘과 땅은 어둡고, 희미하며 뭔가 으스스하다. 빛이 증가하면 파란색-원추가 깨어나며, S-요돕신이 제일 먼저 반응하기 때문이다. 여린 파란색 미광微光이 하늘을 밝히고, 서서히 밝아져서 땅에 번져나가는 광경을 볼 수 있다. 이 시간에 세상은 여전히 서늘하고, 경직되어 움직임이 없다. 빛이 증가함으로써 녹색-원추의 활동력도 깨어난다. M-요돕신이 와해되면서 노란색을 띤 미광이 땅 위에 내려앉고 식물들을 깨운다. 빨간색-원추는 저녁에 제일 먼저 쉬면서도 제일 오랫동안 휴식을 취한다. L-요돕신이 반응을 하려면 가장 많은 빛이 필요하다. 빛이 증가하면서 땅의 표면은 점점 따뜻해지고 익숙한 색을 드러낸다. 이제 빛의 색도 가벼운 빨간색 미명을 띠는데, 그래서 우리는 이런 색을 온백색이라고 부른다. 빛의 세기가 더 강렬해지면 빛의 색은 익숙한 주광색으로 변하며, 이 색은 오전부터 우리와 함께하기 시작해서 한낮을 지나 오후까지 이어진다. 우리가 물체나 물질이 가진 고유색에 대해서 얘기할 때, 이는 바로 낮에 보는 색을 두고 말하는 것이다.

하지만 낮 동안에도 색은 빛과 함께 변한다. 뇌가 지속적으로 화이트밸런스를 맞추기 때문에 우리가 알아차리지 못할 뿐이다. 이와 같은 효과는 시진기를 통해 경험할 수 있다. 이때 뇌는 광원光源의 색온도를 측정하고, 태양의 위치나 기후와 그늘 같은 환경의 영향을 통해 계속 변하는 표면의 모든 색의 균형을 잡아준다. 이렇듯 색채균형을 잡아주는 덕분에 색채항등성이 구현되며, 따라서 우리는 어떤 것의 밝기와 색이 갑작스럽게 변하더라도 혼란을 일으키지 않을 수 있다. 하지만 한 가지 색조를 일정하게 인지하려면 그 전에 색을 아주 자세하게 들여다봐야 한다. (그리하여 나와 함께 공부하는 학생들은 일찌감치 이와 같은 화이트밸런스를 적극적으로 구현하는 방법을 학습한다. 그렇게 하려면 매우 자세하게 관찰하고, 끊임없이 비교하는 작업은 물론 실제로 연습을 해야 한다.[16])

색의 상호작용

색채신호로 이루어진 데이터가 뇌로 가는 것을 관찰하기 전에, 매우 혼란스럽지만 동시에 지적인 망막의 능력에 대해서 잠시 살펴보기로 하겠다. 색의 효과를 이해하고 제어하고자 하는 사람이라면, 색의 대비 효과에 집중해야 한다. 왜냐하면 측정된 파장은 대부분 우리의 시각적 인상과는 전혀 다른 얘기를 해주기 때문이다. 바우하우스[1919-1933년 독일에서 설립 운영된 학교로, 공예와 순수미술의 결합을 추구했으며, 단순하면서도 세련된 형태를 추구했다] 출신의 대가 요제프 알베르스Josef Albers는 이와 같은 연구에 헌신하여 저서《색의 상호작용Interaction of Color》[17]을 완성했다.

찬색-더운색 대비는 빛과 그림자의 구분은 물론 근거리와 원거리를 구분하도록 도와준다. 빨간색, 오렌지색과 노란색처럼 따뜻한 색은 전면에 나타나 보이는 반면, 파란색과 청록색 같은 차가운 색은 뒤로 물러나 보인다. 그림자는 비교적 어두울 뿐 아니라, 주변의 빛에 비해 더 서늘해 보인다. 이로써 우리를 둘러싼 전반적인 환경은 더 깊고 넓은 공간이 된다.

색의 상호작용은 동시 대비simultaneous contrast라고 부르는데, 건축, 예술과 디자인을 이해하기 위해 반드시 알아야 할 뿐 아니라, 일상에서도 매우 유용하다. 모든 색조는 이웃한 색이 있을 때 자신과 대비되는 반대색을 강화한다. 옷을 고를 때 이미 이런 경험을 해봤을 것이다. 흰색 셔츠를 선택하면 얼굴색이 조금 더 어둡게 되고, 반대로 검은색을 선택하면 얼굴이 밝아진다. 검은 머리카락에 흰 피부를 지닌 백설공주처럼 보이게 하는 것이다. 여러 색이 있어도 같은 작용을 한다. 방의 벽을 짙은 파란색이나 짙은 빨간색으로 칠하면, 벽이 아닌 다른 평면들은 환해진다. 파란색 요소로 인해 방에 있는 다른 모든 색은 약간 더 노란색을 띠게 되는데, 모든 색은 자신과 대비되는 반대색을 강화하는 까닭이다. 파란색에 빨간색을 조합하면, 파란색은 녹색 뉘앙스를 띠고, 반대로 빨간색은 쉽게 오렌지 빛을 띤다. 벽에 새로운 칠을 하고 기구나 바닥 재료들을 바꾸면, 공간에 있는 모든 색의 상호작용이 변한다. 이는 그림을 그리거나 옷을 입을 때 선택하는 색에도 마찬가지로 적용된다.

이제 이와 같은 색상 대비가 어떻게 생겨나는지 보기로 하자. 망막에는 대략 200만 개의 매우 전문화된 신경세포들이 분포되어 있으며, 이들은 색각 세포들의 행동을 개별적으로 파악할 뿐 아니라, 색각 세포들을 서로 연결하기도 한다. 특별히 활발한 세포들의 신호들은 수용체 영역에서 강화되며, 이와 반대로 주변에 있는 무질서한 신호들은 약화된다. 이를 통해 보다 강렬한 색채, 보다 정확한 모습, 보다 입체적인 형태와 짜임새가 보이게 한다. 뒤이어 작동하는 신경절 세포들의 기능을 보면 컴퓨터의 두 가지 코드 0과 1, 또는 '켜짐'과 '꺼짐'을 떠올리게 한다. 가령 #FF0000이라는 색상 코드가 암호화되어 있다면 컴퓨터, 스마트TV 혹은 스마트폰의 디스플레이는 빨간색으로 반짝이게 된다. 이와 같이 단순하게 설명하더라도 1,670만 개의 색조가 있는 색 공간color space을 정의하기에 충분하다.

눈에서 진행되는 작업과정은 너무나 빨라서, 색채신호들은 1초도 안 되는 짧은 시간 안에 시신경을 거쳐서 뇌로 전해질 수 있다. 뇌에서 색채신호들은 정신과 육체에 특정 작용을 실행한다. 데이비드 허블David H. Hube과 토르스텐 비셀Torsten N. Wiesel이 1962년 우리의 망막이 어떤 작용을 하는지에 관한 연구 결과를 세상에 내놓았을 때, 그들은 인류 역사상 피타고라스학파 이후 끝없이 논쟁거리였던 기본색 논쟁에 종지부를 찍었다.[18] 우리 문화사에서 위대한 사람들 가운데 어떤 형식으로든 기본색에 대해 언급하지 않은 사람은 거의 없다.[19]

검은색, 흰색, 빨간색, 녹색, 파란색, 노란색 6가지 생리학적인 기본색은 세 가지 색 채널[색 공간의 기본색들을 색 채널이라고 한다]을 소유하고 있는 우리의 시신경 구조에도 반영되어 있다. 검정-흰색 채널에서는 정보들이 색채신호의 밝기로 전송된다. 색채신호의 밝기는 조명과 조명을 받은 표면 사이의 관계를 묘사해준다. 빨강-녹색 채널은 녹색-원추 색채신호에 의해서 공급되고, 여기에서 빨강-원추의 신호를 빼게 된다. 만일 당신이 녹색 표면에 있는 빨간색 글자가 갑자기 어리어리해진 것을 보고 놀란 경험이 있다면, 그 이유를 이제야 알게 되었다. 두 색상이 채널에서 최대로 대립하는 위치에 있으면 생리학적으로 보색 대비를 이루게 된다. 파랑-노랑 채널의 경우는 보다 더 복잡한데, 빨강-원추와 녹색-원추의 신호를 처음에는 더했다가 파랑-원추의 신호에 의해서 빼야 하기 때문이다. 이와 같은 계산을 통해서 우리의 여섯 번째 생리학적 기본색인 노란색은 나름의 역할을 맡게 되는데, 사실 노란색을 위한 시각용 색소는 존재하지 않는다. 이처럼 더하고 빼는 방식의 계산 작업이 없었다면 세상에는 노란색이 존재하지 않을지도 모르며, 무지개는 물론 빈센트 반 고흐Vincent van Gogh의 해바라기 그림에서도 찾아볼 수 없을 것이다.

감정 없이 색을 보는 것은 왜 불가능할까

우리가 실제로 색을 보기 전에, 색채신호로 이루어진 데이터의 흐름은 색의 효과에 상당한 역할을 하는 무의식을 통해 여러 단계를 거치게 한다. 색채신호들은 시신경 교차지점chiasma opticum에 집결하고 계속해서 시상thalamus으로 간다. 시상은 우리의 간뇌에서 가장 큰 부분을 차지하고 있다. 시상은 '의식으로 가는 문'으로 감정 및 충동의 생성과 연관 있는 림프계의 한 부분이다. 이처럼 색채신호들이 감정과 충동을 담당하는 뇌의 시상으로 가게 됨에 따라 어떤 사건을 눈으로 보면 당연히 감정적인 성향이 생기게 된다. 이곳은 또한, 모든 감각의 신호들이 처음으로 만나는 곳이기도 하다.

당신이 어떤 색조를 보고 즉석에서 아름답거나 추하다고 생각하지만 왜 그렇게 생각하는지 말할 수 없다면, 이는 흔히 다른 감각의 핵심적 자극 때문일 수 있다. 역겨운 냄새가 나는 치즈는 즉석에서 감지한 노란색을 거부하게 만든다. 다른 곳에서는 이 색을 매우 긍정적으로 평가하더라도 말이다. 시상은 그야말로 1초도 안 되는 시간 안에 평가를 내릴 수 있다. 따라서 우리가 그 이유를 알기도 전에, 색은 어떤 체험을 기대하게 하고 즉흥적으로 반응하게 한다. 색에는 이처럼 항상 감정이 개입된다! 그 누구도 색을 감정의 개입 없이 관찰할 수는 없다.

색에 대한 우리의 감정적 반응은 평생 너무나 당연하게 따라

다니기 때문에 이를 알아차리는 경우가 매우 드물다. 하지만 세상에 있는 모든 색이 갑자기 사라지면, 상황은 완전히 바뀐다. 신경생리학자인 올리버 색스Oliver Sacks는 뇌졸중을 일으킨 뒤 색을 인지하는 능력은 물론 색에 대한 기억마저 상실해버린 한 화가에 대해서 묘사했다. 색과 관련해서 이 화가에게 남아 있던 것은 지극히 낯선 감정으로, 이런 감정은 화가의 일상을 완전히 뒤죽박죽으로 만들고 말았다. 그에게 익숙했던 삶의 공간은 갑자기 더럽고 역겹게 보였다. 모든 흰색은 곰팡이가 낀 듯 보였고 모든 검은색은 먼지투성이로 보였다. 만나는 사람들마저 살아 있는 회색 조각품으로 보이자 그는 사람들을 피하기 시작했다. 사람들의 "쥐색 같은" 피부는 접촉하기 전에 이미 구토를 유발했고, 성적인 욕망과 에로틱한 상상도 억눌렀다. 모든 종류의 식료품이 부자연스러워 보였고 입맛을 떨어뜨렸기 때문에 그는 먹는 즐거움을 상실했고 그의 식습관도 상당한 피해를 입었다. 심지어 눈을 감아도 소용이 없었는데, 토마토 같은 식료품들이 그의 상상에는 검은색으로 남아 있었기 때문이다. 꽃들을 구별할 수 없었고, 하늘은 매일 똑같이 창백한 회색을 띠었으며, 더러운 흰색 구름과 하늘을 구분조차 할 수 없었다. 특히 일출처럼 많은 감정을 불러일으켰던 사건에서도 아무런 감정을 느낄 수 없었다. 일출은 그에게 "거대한 핵폭발"같이 보였으니까 말이다. 그의 내부 깊숙한 곳에 있는 뭔가가 망가졌음에 틀림없었다.[20] 색은 우리와 우리가 사는 세상에 무엇과도 바꿀 수 없는 고유한 정체성을 제공한다. 우리가 우리 자신에게, 다른 사람들에게, 사물과 공간에게 색을 부여하기 이전에, 우리는 그 점을 생각해야만 한다.

색의 기억지도

색은 우리의 가장 빠르고도 성능이 뛰어난 감각 매체다. 망막에 있는 단일 광수용체의 시각용 색소는 많게는 1,000만 개 분자를 포함할 수 있는데, 이 분자들은 빛이 들어오면 분해되었다가 계속해서 재생된다. 우리의 두 눈에서는 대략 2억 5,000만 개의 광수용체가 지속적으로 시각적 인상을 만들어내는 일을 하고 있으며, 신경세포들이 그와 같은 작업을 이어받는다. 색의 신호들은 대략 0.1초라는 엄청난 속도로 색 채널을 거쳐 뇌까지 흘러들어가며 이때 1초당 많게는 240메가비트까지 데이터를 운반하게 된다. 대략 4밀리미터 두께, 100만 개 남짓한 신경섬유로 구성된 시신경에서 이루어지는 데이터 교환은 현대의 디지털 광대역 통신망을 최대한 가동한 능력에 가깝다.

이제 다른 감각기관과 비교해보자. 청각신경은 3만 개의 섬유를 가지고 1초당 고작 3메가비트의 데이터를 운반하는데도, 우리가 언어와 음악 같은 놀라운 발명을 할 수 있게 해주었다. 최근의 추정에 따르면 우리의 뇌는 능력 가운데 60~80퍼센트를 여전히 1초당 10테라비트, 즉 1,000만 메가비트에 달하는 색의 신호를 작업하느라 소비하고 있다고 하지만, 그렇다고 결코 놀랄 일이 아니다. 하지만 무엇 때문에 색채신호를 작업하는데 이렇게 에너지 소모가 많은 것일까?

색채신호들의 거대한 물결들을 시각피질까지 따라가보자. 시각피질은 우리 대뇌의 15퍼센트를 차지한다. 우리 시계의 뉴런 지도를 구축하는 것은 지적인 능력이며, 구글이나 빙 같은 검색도구와 맞먹는다고 할 수 있다. 우리의 뇌는 색 정보를 단계적으로 걸러내고, 시각피질에 있는 뉴런 망도 여러 층으로 구성되어 있다. 데이비드 허블과 토르스텐 비셀은 층층이 쌓여 있는 시각피질의 뉴런들이 점, 줄무늬, 모서리나 구조물을 떠받치는 거더girder(큰 보) 같은 빛의 자극에만 선별적으로 반응한다는 사실을 발견한 공로로 1981년 노벨상을 받았다.[21] 색에 의해 형태, 표면, 운동이 주어지며, 그 반대가 아니다!

색의 구조는 표면과 대상의 특징에 대해서 암시해준다. 형태의 특징은 개별 색채표면이 주변과 만들어낸 경계선에서 걸러져서 나오게 된다. 색채표면의 활발한 변화는 움직임으로 기록된다. 거의 어디에서든 우리의 뇌가 작업할 수 있는 양보다 훨씬 많은 것을 볼 수 있다. 따라서 대량의 색채 정보들 가운데 오로지 우리가 인지하는 그 시점에 우리에게 중요한 정보만 가려서 걸러낸다. 그 밖의 모든 정보는 필터 기능을 통과하지 못하고 주목받지 못하는 것이다.

따라서 추리고 걸러내는 필터 기준을 확정할 때 매우 중요한 역할을 하는 것은 맥락 또는 전후 사정이다. 이와 같은 관점에서 본다는 행위는 인터넷에서 검색하는 행동과 비슷하다. 만일 당신이 어떤 색을 찾아야 하는지 안다면, 도시의 네거리와 같은 지극히 복잡한 환경에서 인물들, 상점들이나 대상물을 찾는 데 아주 많은 시간이 필요하지 않다. 시각피질에서 시각적 인상을 구축하기 전에 필터 기능이 작동하는데, 우리는 이것을 거의 인지하지 못한다. 인터넷의 알고리즘 연산 작업에 대해서 아는 게 거의 없듯이 말이다. 오늘날까지 이미 이런 작업과정에 참여하는 뇌의 영역이 30군데 이상이라는 사실이 밝혀졌다. 뇌의 기능에 대한 연구는 끝을 알 수 없다.

특히 잘 관찰할 수 있는 것은 두 가지 강력한 데이터 흐름이다.[22] 이른바 '무엇-흐름'은 의미론적 기억에 관한 신호를 담당하는데, 여기에서 색채 경험은 의미를 갖게 된다. 새빨간 혈홍색은 즉각적으로 사랑, 권력, 힘, 분노나 성숙 등 많은 연상을 불러일으킨다.[23] 우리가 이런 것들로부터 무엇을 '인지하게 되는'지는, 인지하는 상황에서 어떤 전후 사정이 있느냐가 결정짓는다. 추기경이 입은 빨간색 외투는 권력을 상징한다. 빨간색 외투가 관찰자를 주눅 들게 할지 또는 선동적으로 보일지는, 이 외투가 사람들과 교회와 관련해서 어떤 의미를 갖는지에 따라서 달라진다. 전후 사정, 다시 말해 맥락이 없으면 모든 색은 매우 애매하며, 우리를 색과 연결시키는 많은 만남도 숨겨버린다.

이와 같은 해석 과정에는 언어적 기억도 포함되어 있는데, 바로 이 때문에 하나의 색을 보는 순간 우리가 연상하는 모든 개념이 등장하게 되는 것이다.

색채언어가 작동하려면 의미론뿐 아니라 문장론 차원의 작업도 필요하다. 우리는 한 가지 색의 배후에 어떤 의미가 숨어 있는지를 알아야 할 뿐 아니라, 어떻게 의미를 가장 잘 만날 수 있는지도 알아야 한다. 이런 과제는 '어디/어떻게-흐름'이 담당하는데, 시각피질로부터 받은 정보들을 행동할 수 있는 기억으로 안내한다. 이곳에서는 색과 관련된 사건이 어디에서 일어나고 우리가 그에 대해 어떻게 행동하게 될지를 설명한다. 만일 당신이 과거에 한 번 운전을 하면서 빨간색 신호등을 무시했고 그 때문에 벌금을 냈다면, 이 색을 볼 때 무의식적으로 매우 조심하면서 반응하게 된다. 만일 당신이 어떤 사건이 일어나서 피가 낭자한 광경을 목격했다면, 빨간색을 보기만 해도 그날의 끔찍한 사건이 세세하게 떠오를 수 있다.

색은 우리가 사용하는 언어의 단어들처럼 상징이다. 의미를 전달하는 기표를 포함해 행동의 요구까지 담고 있다. 색은 현재의 체험을 과거와 미래와 연결해 기대하는 행동이 나올 수 있게도 한다. 만일 당신이 데이트하는 도중에 얼굴이 발개지면, 상대방은 당신이 흥분했다는 것을 인지할 뿐 아니라 열망도 감지한다. 이런 열망은 앞으로 두 사람이 나누게 될 대화와 어쩌면 당신의 삶도 변화시킬 수 있다.

이제 눈에서 시작해 의식 능력이 있는 뇌의 영역까지 이르게 되는, 시각적 인지 체계를 돌아보는 우리의 여행이 막바지에 이르렀다. 이 시점까지 이미 발생한 일은 계속해서 무의식에 머물러 있다. 여기에서 비로소, 우리가 주변에 관한 정보들 가운데 어떤 것을 실제로 보는가 하는 문제가 결정된다. 이런 정보는 실제로 빛의 색, 즉 광색light color이라는 스펙트럼에 숨어 있는 아주 많은 소식 가운데 지극히 일부에 불과하다. 따라서 만일 당신이 주변을 조금 더 오랫동안 주의 깊게 샅샅이 살펴보면, 점점 더 많은 색채 대비와 세부사항들이 눈에 띌 뿐 아니라, 그 이전에 비해 훨씬 많은 양의 의미가 들어올 것이다. 그리하여 우리는 색채신호들을 색채코드라고 부르기도 하는데, 의식 능력이 있는 뇌 영역에서 이 코드의 암호가 풀려야 한다. 그렇게 해야 마지막에는 우리 눈앞에 이미지가 나타나게 될 테니까. 다른 사람들은 이러한 색채코드에서 비슷한 의미를 볼 수도 있고 아니면 완전히 다른 의미를 볼 수도 있다. 이와 관련해서 일례가 필요한 사람은, 방사선 전문의와 함께 CT 촬영을 하면서 색채를 보면 된다. 이렇듯 지극히 복잡하게 진단하는 사진기술에는 특수한 정보를 선별하기 위해 흔히 조영제가 필요하기도 하며, 우리 뇌가 나서서 암호를 해독해야만 한다.

우리가 사는 현실세계에서 인지하게 되는 모든 이미지와 상상은 색채로 암호화되어 있다. 1초라는 지극히 짧은 시간에 우리의 뇌는 주변 세계에 대한 이미지를 엮어내고, 그리하여 이러한 주변 세계는 인지하는 순간 우리 눈앞에 나타난다. 색과 지식의 혼합은 특히 단색 회화에서 분명하게 나타나는데, 이런 작품에는 우리의 주의를 끌 수 있는 색의 작용이 없는 까닭이다. 마크 로스코Mark Rothko, 바넷 뉴먼Barnett Newman과 클리퍼드 스틸Clyfford Still 같은 추상표현주의 화가들의 대형 작품들은 힘이 넘치고 시적일 뿐 아니라, 관찰자를 그림 액자 안으로 끌어들인다. 마크 로스코는 자신의 그림이 가진 연상하는 힘에 대해서 아주 적절하게 다음과 같이 표현했다. "그림은 경험의 초상이 아니라, 경험이다."[24]

뇌의 의식 능력이 있는 영역의 기억용량은 현재 실행 중인 프로그램 작업에 필요한 데이터만 처리하는 컴퓨터의 주기억장치만큼 제한적이다. 더 많은 데이터를 처리해야 할수록, 작업 과정은 더 느려질 것이다. 하지만 다행스럽게도 우리의 뇌는 의식에 도착한 데이터들만 작업하는 게 아니다. 우리의 뇌는 엄청난 양의 데이터를 동시에 처리할 수 있는, 지극히 성능이 뛰어난 병렬 컴퓨팅parallel computing[동시에 많은 계산을 하는 연산 방법]처럼 작업하기 때문이다. 그 결과 모든 색채정보 가운데 대략 99퍼센트는 무의식적으로 작업한다. 그리하여 색은, 비록 우리가 그 원인에 대해서는 모르더라도, 우리의 경험과 행동에 영향을 주는 것이다.

작업기억Working memory[다른 감각기관으로부터 들어오는 정보를 일시적으로 보유하는 단기 기억]은, 우리가 7개 이상의 정보를 동시에 보유할 수 있도록 허용하지 않는다. 이는 이른바 '밀러의 7'이라고 하는데, 7±2개 이상의 정보를 저장할 수 없다고 하는 법칙이다. 카드놀이와 같이 작동하는 색상환을 한번 상상해보라. 여기에서 여러 개의 색카드를 뽑아서, 색조를 기억하고는 다시 내려놓도록. 대부분은 7가지 색 이상을 동시에 기억할 수 없다. 이는 우리가 7가지 이상의 색을 사용하지 않을 때 탁월한 방향을 제시해주는 색상안내시스템[예를 들어 학교나 병원에서 특정 색을 통해 방향을 안내하는 시스템을 말함] 이해에도 적용된다. 색을 알아보는 능력을 향상시키기 위해, 색별로 조화되는 소리가 나는 건반을 만들거나 사소한 이야기와 연계해볼 수도 있다. 우리는 일상에서 의식하지 않고서도 자주 그런 일을 해낸다. 그래서 한 국가에 속한 주들의 색이나 스포츠 구단의 색, 기업 고유의 색을 기억하는 데 전혀 문제가 없다.

뇌 연구에서도 작업을 끝내고 실제로 보게 되는 것을 선택하는 전전두엽 피질의 기준에 대한 일치된 연구 결과가 도출되었다.[25] 우리는 색과 이를 통해 연상되는 내용이 우리의 감정을 움직이고 그 내용이 흥미로울 때 한해서 인지한다. 지속적인 관리와 지시는 전두엽에서 출발하여 운동피질로 이어지며, 이 운동피질은 눈의 시선이 움직이는 운동뿐 아니라 모든 행동반응을 조절하는 과제를 떠맡고 있다. 색이 우리의 삶에 의미가 있을 경우에만, 우리의 체험과 행동에 영향을 주는 것이다. 이는 또다시 인지 상황의 맥락에 의해서 결정된다.

우리는 얼마나 많은 색을 인지하는가?

그런데 전체적으로 얼마나 많은 색을 볼 수 있을까? 이 질문에 대해서는 많은 대답을 할 수 있다. 그 이유는 대부분의 계산이 오로지 색의 세 가지 특징만 고려하는 까닭이다. 즉 색상, 명도, 채도다. 200가지 색상, 500가지 명도 단계 그리고 20가지 채도가 있어서 이미 2,000만 가지 색조가 있다. 하지만 조금 더 상세하게 접근해볼 수도 있다. 컴퓨터에서 광색을 묘사할 때 색 채널의 수와 비트로 측정되는 색 심도color depth가 있다. 기준이 되는 색은 세 가지 색 채널로 빨간색Red, 녹색Green, 파란색Blue(RGB)이다. 1비트일 경우 모든 픽셀은 정확하게 두 가지 상태를 받아들일 수 있고, 그러면 8비트에서는 2^2가지 상태를 받아들일 수 있으며, 이는 256가지 색이 나온다는 의미이다. 계산상으로 3개의 색 채널일 때 $(2^2)^8$의 상황이 나올 수 있으며, 이는 대략 1,680만 가지 색에 해당된다. 16비트에서 색은 이미 281조 개로 나온다. 좋은 스마트폰 화면은 오늘날 이미 24비트 컬러 심도를 보여준다. 고해상도 스캔은 48비트라는 컬러 심도를 보여줄 수 있다. 이처럼 컬러 심도들을 숫자로 나타낸 성능이란 사실 우리가 이해할 수 있는 범위를 넘어서 있다. 만일 차이를 파악한 사람이 있다면, 당신은 당연히 그 차이를 어떻게 파악했는지 의문을 가질 수 있을 것이다. 이는 동기가 중요하다고 할 수 있다. 높은 컬러 심도를 통해 스캔을 할 때 갑

색의 인지

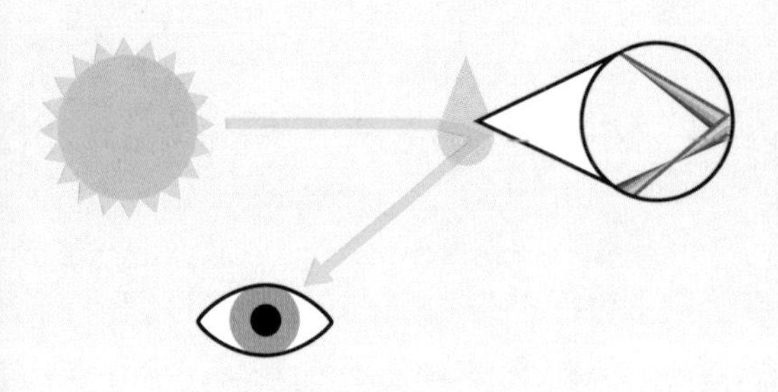

운반매체 빛

햇빛의 에너지 스펙트럼은 무지개의 물방울처럼 공기 중 미립자에 의해 굴절되어 관찰자의 눈에 반사된다. 우리는 무지개 스펙트럼 같은 색을, 에너지 흐름이 뇌의 기억 영역을 활성화시켰을 경우에 한해 감지한다.

에너지 탐지기로서의 눈

눈의 광학은, 광선 에너지를 받아서 망막의 중심, 이른바 중심와에 모아주는 에너지 탐지기처럼 작동한다. 이곳에는 제곱밀리미터당 대략 15만 개의 색각 세포들이 있으며, 이들의 신호들로부터 우리의 뇌는 명암이 뚜렷한 총천연색의 지각그림을 생성한다.

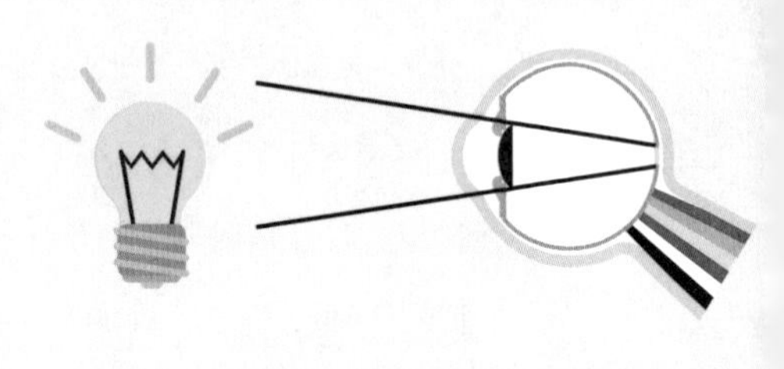

에너지 전환기로서의 색각 세포들

대략 600만 개의 원추세포들은 빛의 전자기학적 광선을 광화학적 과정을 거쳐서 전기적 자극으로 변환시키며, 이 자극은 우리의 뇌에서 계속 작업하게 할 수 있다. 빨강-, 녹색-, 파란색-원추에는 시각용 색소인 요돕신이 있으며, 이것은 빛과 접촉하면 분해된다. 세포막의 변화는 특수한 신경세포에 의해서 평가된다.

색채정보의 압축

신경세포들의 기능은 컴퓨터 디지털정보 처리방식의 이진코드를 떠올리게 한다. 0이나 1 또는 '켜짐'과 '꺼짐'만 필요한 암호 말이다. 이와 같은 방식으로 색채정보들은 상당 부분 축소되고 3가지 채널(검은색/흰색, 파란색/노란색, 빨간색/녹색)을 거쳐서 간뇌에 있는 시상에 운반된다.

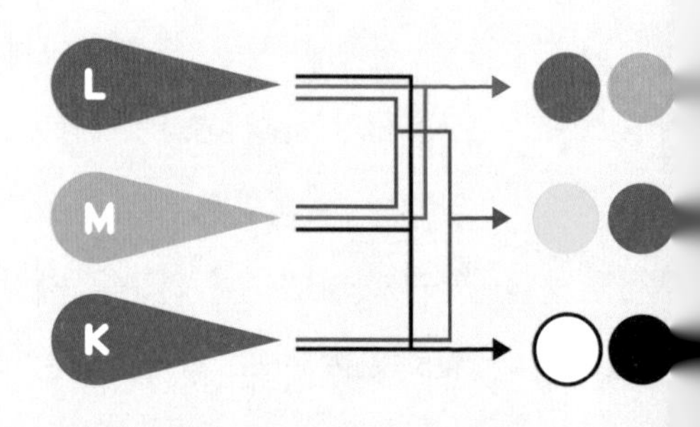

감정화와 즉석반응

시상은 의식으로 가는 문으로 간주된다. 색채 신호들은 다른 감각정보들과 함께 비교되고 평가되며, 이는 최초의 즉각적인 행동으로 반응하게 만든다. 우리는 색을 인지하기 전에 색이 우리의 호르몬 수치와 운동기관 그리고 감정과 신진대사 기능에 끼치는 효과를 감지하게 된다.

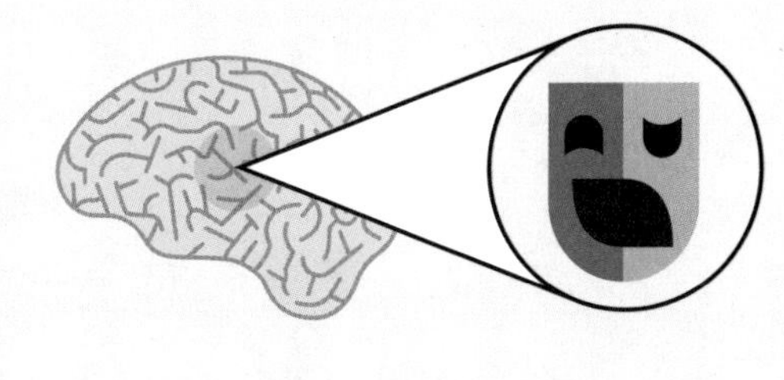

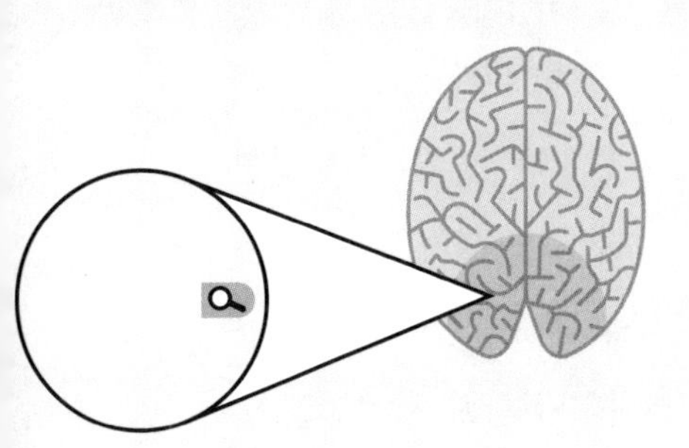

탐색기 기능

색채신호의 거대한 흐름은 시각피질로 인도되고, 이 시각피질은 시계의 뉴런 지도를 구축하기 위해서 뇌의 15퍼센트를 요구한다. 여기에서 걸러내는 필터 기능은 잘 알려진 패턴을 찾는 탐색 프로그램이 작동하는 방식과 비슷하다.

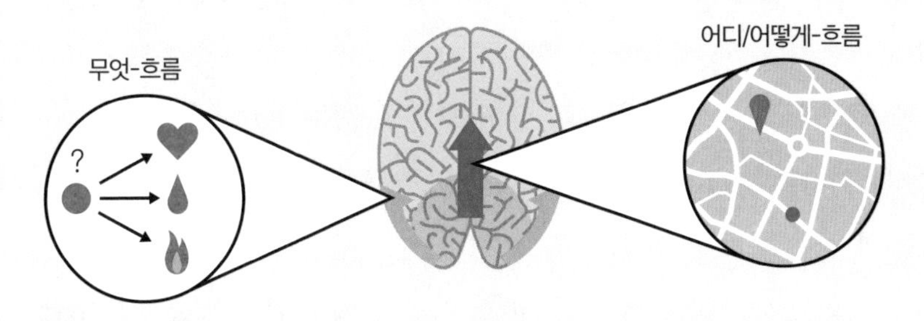

색채기억

두 가지 강력한 데이터 흐름이 서로 다른 기억의 영역으로 들어간다. 무엇-흐름은 의미론적이고 에피소드를 담당하는 기억으로 들어가고, 색으로 연상할 수 있는 의미와 함께 활성화된다. 어디/어떻게- 흐름은 행동 기억으로 들어가고, 장소와 연관된 이미 체득한 행동방식이 활성화된다.

의식체험

마지막으로 자극은 전두엽에 있는 작업기억에 도착하며, 작업기억은 용량이 작은 까닭에 모든 정보 가운데 지극히 적은 양만 작업할 수 있다. 우리를 감정적으로 흥분시키고 내용상 흥미로운 것을 항상 선호한다. 따라서 모든 색채정보 가운데 대략 99퍼센트는 무의식 상태에서 작업된다. 우리의 시선을 어디에 고정할지는 운동피질에 있는 통제 신호들이 결정한다.

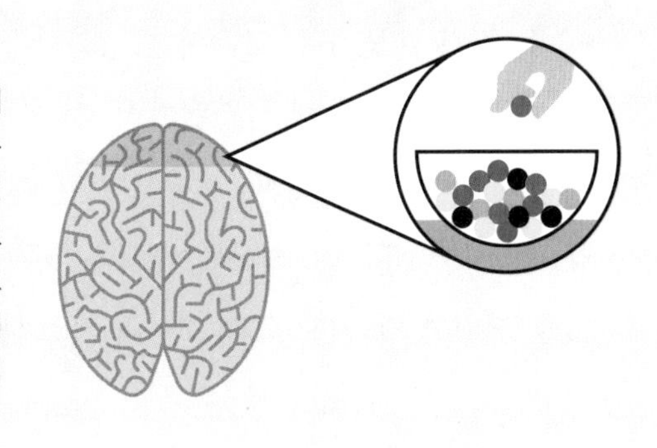

지기, 그전에는 보이지 않던 신체조직의 부분들이 등장할 수 있다. 이를 통해서 우리는 예전에는 설명할 수 없었던 암과 같은 질병의 진행과정을 마침내 이해할 수 있다. 우주와 같은 거대한 영역에서는 갑자기 새로운 별들, 항성계와 사건들이 등장할 수 있으며, 이들은 우리의 세계상을 바꿀 수도 있다. 기술이 향상되면 향상될수록, 그만큼 더 많은 색을 볼 수 있게 된다. 색은 수단이자 매체이며, 또는 우리가 우리의 자화상과 세계상을 구축할 수 있게 해주는 이른바 주변 환경에 대한 정보이기도 하다.

이제 실체색body color의 수를 살펴볼 텐데, 이는 표면과 재료물질들의 색조다. RAL[독일 RAL사에서 만든 것으로 유럽에서 주로 사용함]이나 NCS[자연색체계Natural Color System, 스웨덴에서 개발함]처럼 전문화된 색상 시스템은 1,700개 이상의 색 패턴을 제공한다. 이 패턴들을 종이로 인쇄해서 산업의 표준으로 삼는 것이다. 여기에서도 인지할 수 있는 색의 수를 헤아리는 데 어려움이 등장하는데, 우리가 색을 보고 받는 인상은 표면의 특징과 뗄 수 없기 때문이다. 그래서 합성화학물질과 금속에 해당하는 무광, 유광 각각의 색 시스템이 있다. 이를 믿지 못하는 사람은, 식물세계의 녹색을 보다 자세하게 관찰해보면 된다. 이 녹색들을 서로 비교해보면, 하나의 녹색은 다른 녹색과 조금씩 차이가 있을 테니까 말이다. 소파 천이나 옷, 카펫이나 자동차 혹은 벽지 색을 고를 때도, 진짜 재료의 표본이 필요하다. 그래야만 원치 않는 색을 받아서 깜짝 놀라지 않을 수 있다.

우리는 혼합된 색, 색에 대한 인상을 통해서 가장 강렬한 색을 체험하게 된다. 하지만 누가 과연 이와 같은 색에 대한 인상을 숫자로 헤아려보고자 하겠는가? 이런 효과는 특히 나비 날개의 미립자 색에서 분명하게 드러나는데, 이런 색들은 색소나 염료를 통해서 구현되지 않으며 그야말로 눈이 부시고도 화려하다. 아주 작은 비늘의 격자구조는 너무 세밀해서, 현미경을 통해야만 볼 수 있다. 시각적으로 색을 혼합하는 방식은 그림의 한 양식으로 인기를 끌기도 했다. 점묘법에서는 수도 없이 작은 색 점들을 화폭에 찍는데, 멀리 떨어져서 보면 새롭기도 하거니와, 보다 강렬한 혼합색들이 녹아들어 있음을 볼 수 있다. 인지할 수 있는 색조의 숫자와 관련해서 이보다 더 중요한 것은 경험, 즉 우리 각자가 색과 관련해서 얻은 체험이다. 이는 모든 감각기능에도 해당된다. 실력이 뛰어난 음악가는 더 많은 음색을 들으며, 경험 많은 향수 제조자는 더 많은 향을 맡을 수 있고, 소믈리에들은 와인을 시음하면서 더 많은 뉘앙스를 알아차릴 수 있다. 예술 역사상 유명한 그림들을 보면, 창작한 예술가들이 얼마나 많은 색의 뉘앙스를 알아차리고 표현할 수 있었는지를 보고 감탄하지 않을 수 없다.

빛에서부터 시작해 뇌의 의식 영역까지 이르렀던 우리의 여행은, 색은 매체로서 특정한 곳에 존재하지 않으며, 따라서 우리 몸의 한 군데 또는 주변 환경에서 어느 한 군데에 존재하는 것이 아님을 보여주었다. 색이라는 현상은 우리가 진체로시 관찰할 때, 우리 삶의 환경과 어떤 방식으로 연결되어 있는지를 주시할 때 비로소 이해할 수 있게 된다.

4장

색의 감각

—왜 우리는 항상 모든 감각을 동원해서 색을 인지할까

태어난 후 처음으로 보는 색

한 인간이 최초로 체험하는 색은 무엇일까? 태아는 발육 도중에 눈을 뜨게 된다. 우리가 색에 대해 체험하는 최초의 인상은 어머니의 배를 통해서 자궁까지 들어오는 빛에 의해 형성되는데, 낮 동안 빛에서 나오는 장파가 주를 이룬다. 그리하여 진한 오렌지색, 빨간색 그리고 보라색 톤은 평생 우리가 깊은 안정감과 아늑한 따뜻함을 느끼게 한다. 쾌적하다고 느끼게 하는 스펙트럼에는 모든 따뜻한 회색 색조와 진한 갈색이 포함된다. 따라서 이러한 색들이 주거공간의 색이 된 것도 예나 지금이나 결코 우연이 아닌 것이다. 햇빛이 어머니의 배를 비추면, 빨간색 스펙트럼에서 강화된 태아의 반응을 어머니는 즉각 직접 감지하게 된다. 태아는 적극적으로 빛을 따라 몸을 움직이며 심장박동이 빨라짐으로써 색에 대한 인상에 반응한다. 심지어 경험이 많은 산파들은 손전등을 이용해서 태아를 올바른 자리로 인도하는 데 성공하곤 한다.[1]

우리는 밝고 어두운 색의 차이를 이미 자궁 내에서 어머니의 활동성과 수면을 통해 배웠다. 밝은 빨간색으로부터 받은 느낌은 평생 활성화하고 자극을 주는 데 반해서, 진한 파란색은 수동적이고 진정되는 느낌을 체험하게 해준다. 우리가 매일 빛에서 어둠으로 진행되는 과정에서 경험하는 색의 변화는 우리의 수면-각성 리듬을 조절할 뿐 아니라, 한평생 우리의 태도와 행동에도 영향을 미친다.

하지만 이런 학습의 과정은 태어난 이후에 시작된다. 물론 이때를 온전히 기억할 수 없다. 이에 대해서는 20세기 초반에 선천적 시각장애인 수백 명의 눈을 성공적으로 수술한 뒤 이들이 처음으로 보는 체험을 할 때 동석한 한 안과의사의 묘사가 도움이 된다. "갓 수술을 해서 시력을 얻게 된 사람은 어디에 초점을 두고 인상을 만들어내야 할지 모른다. 인상을 그 어디에도 연결시키지 못하는데, 그들은 마치 우리 주변에 있거나 우리를 엄습하는 토탄이나 래커칠 냄새를 맡듯이 색을 본다. 우리를 둘러싸고 파고들지만 그 형태나 크기를 규정할 수 없는 것처럼 말이다."[2]

태어난 뒤 만나는 빛으로 가득 찬 세상은 분명 환각에 빠져 색에 황홀해하는 상태와 비슷하게 느껴질 것이다. 색에 대한 혼란스러운 느낌이 갓 태어난 아이에게 쏟아지고, 아이는 이런 느낌을 어떤 장소에 국한시키지도 못하고 구체적인 의미로 채우지도 못한다. 빛이 너무 강해지면, 새하얀 벽에 반사되어 극적으로 강렬해지는데, 이런 환경은 새로 태어난 아이에게 충격적으로 작용한다. 이는 아이의 반응에서 분명하게 감지할 수 있다. 다행스럽게도 오늘날에는 병원에서 이런 점을 충분히 고려하게 되었고, 점점 많은 출산 병동이 빛이 강렬하지 않은 전등과 쾌적한 온도를 느낄 수 있는 색으로 되어 있다. 이런 분위기는 어머니가 되는 여성들에게도 좋은 효과가 있으며 긴장을 푸는 데 도움이 된다.

흥미로운 것은 신생아들에게 실시한 최초의 색 테스트인데, 이로써 선천적으로 어떤 색을 선호하는지가 나타난다. 모든 신생아는 거의 100퍼센트가 빨간색을 눈으로 따라갔다. 녹색의 경우 30퍼센트가 반응했고, 25퍼센트는 노란색에 흥미를 보였다. 반면 파란색은 태어나서 첫 몇 달 동안에는 자주 무시되었는데, 이는 망막에서 파란색-원추가 더디게 발달하기 때문일 수 있다.[3] 빨간색을 선호하는 경향은 문화적인 영향과 무관하며 평생 지속된다. 우리가 빨간색으로 표시하는 것은 의미가 있으며 비록 그 이유를 모르더라도 주의를 요구한다. 밝고 빛나며 금속성을 지니고 반짝이는 색인 은과 금에 대한 사람들의 관심도 선천적이며 문화적인 차이와는 전혀 상관이 없다.[4]

우리 주변의 색들은 처음에는 하나의 현상에 지나지 않는다. 순수한 감각적 체험을 넘어선 그 어떤 의미도 전달해주지 않기 때문이다. 의미를 전달받으려면 색들을 다른 모든 감각과 연결되어야 한다. 갓 태어난 아이는 어머니의 가슴을 냄새로 알아챈다. 냄새가 없는 우유병의 경우, 아이가 알 수 없는 흰색 얼룩에 반응할 수 있을 때까지 몇 번 헛된 시도를 해야만 한다. 아이가 우유병을 보고 좋아서 바둥거린다면 이 색을 통해 배가 불러진다는 느낌을 이미 아는 것이다. 이제 이 우유의 색을 보기만 해도 혈당 수치가 낮아지고 소화기능이 작동한다. 색은 기대감을 깨우고 아이에게 앞으로 일어나게 될 사건에 대해 준비시킨다.[5]

색이 어떤 느낌이며 어떻게 움직이는지, 어떤 냄새와 어떤 맛, 어떤 소리가 나는지를 더 많이 알면 알수록, 눈앞에 있는 다채로운 충동이 더 구체적인 형태를 띠게 된다. 점차로 시각이 인식의 원천들 가운데 우위를 점하게 된다.

우리의 감각적 느낌들을 동시에 작동시킴으로써 색은 상징이 된다. 우리의 주의력은 점차 색의 내용상 의미에 집중하게 되고, 이를 통해 색에 의한 현상은 자동적으로 인식의 뒷배경으로 물러난다. 당신이 방금 시선을 교환한 사람의 눈 색을 기억하는가? 지난 며칠 동안 머물렀던 공간의 색을 말할 수 있는가? 걱정하지 마라. 색을 인지하는 당신의 감각은 모두 정상으로 돌아가고 있으니까. 우리는 지금 암시적 지식에 대해 이야기하고 있다. 색을 인지하는 감각을 지배하고 있는 지식 말이다. 즉 우리는 어떻게 그리고 왜 그런지에 대해서 말하지 못하지만, 매일 색들과 상호작용을 한다. 이렇듯 암시적 지식은, 익숙한 삶에서 뭔가가 변화할 때 그제야 등장한다. 누군가 새로운 옷을 입었다거나, 머리를 염색했다거나, 건물을 개조했다거나, 또는 갑자기 낯선 파란색 콘택트렌즈를 꼈다면, 당신은 즉각 알아볼 수 있다.

유아의 색 감각은 환경과 상호작용을 하면서 망막에서 주변 공간으로 조금씩 옮겨가고, 결국 모든 감각이 일관적으로 일치하는 지점에서 색을 정확하게 보게 된다. 그리하여 아이는 자신의 시각과 촉각이 어디에서 만나는지를 파악하기까지, 흰색 우유병을 잡으려고 헛되이 손을 뻗곤 한다. 아이가 어떻게 색이 주는 느낌과 촉각이 주는 움직임이 동시에 일어나는지를 익히게 되면, 그때 비로소 흰색 얼룩이 공간적인 형태를 얻게 되는 것이다. 사물과 배경을 구분하는 능력은 태어날 때부터 갖추는 게 아니고, 아이가 뭔가를 잡으면서 그야말로 직접 배워야만 한다. 이 같은 방식으로 색은 의미 있는 형태와 표면을 얻는다. 색은 우리에게 특징, 행동 방식과 행동 의도를 신호로 보내준다.

눈에 보이는 세상의 색채는 아이의 기억, 생각과 꿈을 관통해서 지나간다. 색채는 의미와 융합되고, 본질적이고, 독특하며 개별적인 것을 확인할 수 있는 특징이 된다. 아이들은 태어나서 몇 달 동안 모든 감각을 동원해서 세상을 감지해야 하는데, 그렇게 하지 않으면 색채는 그들에게 내용이 없는 현상으로 존재할 뿐이다.

이와 같은 현상은 선천적 시각장애가 있는 아이들을 수술했을 때 나타난다. 일례로 현재 인도에서는 선천적 시각장애 아동들을 대상으로 수술을 해주는 대규모 캠페인이 진행중이다. 이 '프라카시 프로젝트'에 따르면, 아이들은 모든 감각을 동원해 주변 색들을 자세히 관찰할 수 있을 경우에만 보는 법을 익힌다.[6] 사진은 이 과정에서 전혀 적절하지 않다고 한다. 중요한 것은 자연에서의 체험이며 가능하면 다양한 재료와 기술을 이용한 수작업이어야 한다. 이는 이미 오래전부터 교육학의 개혁을 원하던 사람들이 요구해온 터다.[7] 색은 세상을 모든 감각으로 파악하기 위해서만 중요한 게 아니며, 언어, 자연과학, 수학 같은 보다 복잡한 과제를 해결하기 위해서도 효과적으로 투입될 수 있다. 인기 있는 몬테소리 교재들뿐 아니라, 대부분의 성공한 아동교육 앱들도 교육 목적을 위해 색의 잠재력을 어떻게 이용할지를 잘 보여준다.

공감각, 감각의 황홀

당신은 언어, 소음이나 음악을 색의 황홀함으로 체험하는가? 당신에게는 모든 사람이 독특한 색으로 보이는가? 혹은 알파벳과 숫자가 다른 사람들에게는 보이지 않는 알록달록한 색으로 보이는가? 그렇다면 당신은 자신의 세상을 독특한 방식으로 인지하는 이른바 공감각자에 속한다. 이는 전체 인구 중 4퍼센트 정도다.

공감각이란 감각적 인식들을 이례적으로 연결하는 것을 말한다. 흔히 우리는 다른 사람들에게 존재하지 않는 색들을 감지할 때가 있다. 지금 두 눈을 힘껏 비볐다 때보자. 지금까지 주의를 기울이지 않았던 특이한 색을 감지할 수 있다. 세상은 우리가 흔히 지나쳐버리는 놀라운 색으로 가득하다. 이런 색들에서 어떤 의미도 발견하지 못할 뿐이다. 하지만 이런 색들을 자세히 관찰하면, 그것은 마치 계시와 같은 작용을 할 수 있다.

화가 클로드 모네Claude Monet는 19세기 말 건초 더미, 포플러 나무나 오늘날 전 세계적으로 유명한 루앙 대성당을 일련의 연속된 다채로운 색 이미지로 관찰하면서 심지어 자신의 이성을 의심했다고 한다. 그는 종종 그림 그리기를 중단했고 악몽으로 자주 괴로워했다. 훗날 그는 자신의 작업방식을 이렇게 서술했다. "나는 모티브 앞에서 감지하는 것을 다시 재현하고 싶다." 인상주의에 속하는 섬세한 그림들은, 주체가 자신의 세계를 단 한 순간에 어떻게 체험했는지를 매우 강렬한 방식으로 보여준다. 인상주의라는 개념이 당시에는 폄하하는 의미로 사용되었다는 사실을 오늘날에는 상상조차 하지 못할 것이다. 분위기 좋은 순간에 스마트폰 카메라로 즉석에서 촬영하고 다른 사람들과 공유하는 이런 시대에는 독특한 분위기를 갖는 순간이 언제 어디에나 존재하니까 말이다.

공감각이 가능한 사람은 특정 감각이 매우 발달했는데, 그들은 이것을 특별한 재능으로 인지하지 못한다. 다른 사람과 비교하지 않기 때문이다. 다른 사람들은 공감각자들이 숲을 산책하면서 수백만 개의 녹색 톤을 띤 나무 꼭대기, 줄기와 나뭇가지들을 본다는 것을 알아차리지 못한다. 뇌 연구가들은 신경세포들의 과도한 연결성에 대해서 말하는데, 이것은 특히 문자소[의미를 지니는 문자의 최소 단위]와 색의 공감각 경우 눈에 띄게 된다. 그에 해당하는 사람들은 문자, 숫자 혹은 형태를 색을 지닌 것으로 보는데, 다른 사람들은 전혀 볼 수 없다.

공감각자들에게는 이 책이 알록달록하게 인식될 수 있다. 'S'는 항상 빨간색으로, 'R'은 항상 녹색으로, 'L'은 항상 파란색으로 나타나는 식이다.[8] 매우 재능 있고 상당히 예민하며 창의적인 사람들 가운데 공감각자가 차지하는 비율이 놀라울 정도로 높다. 이는 한때 예술대학교에서 가르쳐봤던 나 역시 경험을 통해서 잘 알고 있다. 세계적으로 유명한 공감각자들은 프란츠 리스트Franz Liszt, 장 시벨리우스Jean Sibelius, 올리비에 메시앙Olivier Messiaen, 니콜라이 림스키코르사코프Nikolai Rimskii-Korsakov와 레너드 번스타인Leonard Bernstein 같은 작곡가들부터 시작해서, 엘렌 그리모Helene Grimaud와 레이디 가가Lady GaGa 같은 가수들을 거쳐 바실리 칸딘스키Wassily Kandinsky와 데이비드 호크니David Hockney 같은 화가들에 이르기까지 다수가 있다.

노벨 물리학상을 수상했던 리처드 파인만Richard Feynman은 자연과학자들이 자신의 공감각으로부터 어떤 이점을 취하는지를 보여준다. 하지만 공감각은 또한 문제가 될 수도 있다. 만일 공감각이 당사자의 주의력을 훼손하고, 방향감각을 떨어뜨리거나 심지어 광기 가득한 상상을 지원한다면 말이다. 신경세포들이 과도하게 많이 연결되었을 때의 환각 효과는 고열에 시달릴 때나 마약을 복용한 뒤에도 나타날 수 있다. 이럴 때 우리는 세계를 완전히 새로운 방식으로 보게 된다. LSD 약물은 1960년대 팝문화의 환각 상태에 빠져서 보는 색의 세계에서 유행했다. 아른거리는 색들의 유희, 다채로운 색들의 안개와 변화무쌍한 형태의 파괴는 마약의 의식 확장 효과를 보여줄 뿐 아니라, 삶에 대한 완전히 새로운 느낌의 표현이기도 하다.

공감각은 인지능력이 잘못 작동되고 있음을 보여줄 뿐 아니라, 고도로 연결된 인간의 뇌가 감각적인 느낌을 어떻게 처리하는지를 적나라하게 보여준다. 우리는 항상 모든 감각을 동원해서 세상을 감지한다. 이와 같은 총체적 경험은 기억에 저장되어 서로 연결된 상태로 머물고, 그리하여 우리가 색을 체험할 때마다 그런 경험이 떠오르는 것이다. 우리 모두는 어느 정도까지 공감각을 이용하는 편이다.

색은 취향의 문제—색상 디자인을 위한 조언

색은 영양 섭취를 위해 우리의 자율신경계를 준비시킨다. 우리는 그 결과를 흔히 온몸으로 감지하는데, 비록 그것이 음식이 아닐지라도 그렇다. 왜냐하면 산딸기 색의 벽은 과일을 쳐다볼 때처럼 우리의 식욕을 자극하기 때문이다. 많은 색은 우리를 흥분시키고 삶의 즐거움을 끌어올리지만, 또 다른 색은 지극히 불쾌해지거나 심지어 구토를 느끼게도 한다. 색은 실제로 늘 취향의 문제이기 때문이다.

요리를 할 때 음식의 색은, 그 안에 들어간 재료의 품질이 어떠하며 이 음식을 얼마나 조리해야 하는지, 또 얼마나 구워야 하는지 혹은 쪄야 하는지를 말해준다. 음식의 맛이 더 좋아지도록 말이다. 만일 음식 색이 요리 전 재료 상태에서 입맛을 돋우면, 대체로 맛이 좋다. 접시 위에 조합된 색은, 개별적인 내용물들의 맛이 서로 잘 어울리는지를 말해준다. 접시에 이물질이 있으면, 우리의 미적인 느낌을 방해하는 데 그치지 않고, 음식을 음미하고 소화하는 데도 나쁜 영향을 미친다. 중요한 것은, 조합한 색의 품질에 대해서 우리가 어떤 느낌을 갖느냐다. 이는 물론 요리에만 해당하는 게 아니며, 일상에서 색을 선택할 때 모두 유효하다.

우리의 시각적 인지와 미각적 인지 사이의 밀접한 관계는 색과 미각의 상호관계에서도 나타난다. 접시, 찻잔과 포장의 색은 모든 종류의 식료품의 맛을 확연히 바꿀 수 있다. 노란색 용기에 따라 마신 녹색 음료는 훨씬 더 신선하고 상쾌한 맛이 난다. 흰색 접시에 담긴 산딸기무스는 검은색 접시에 담긴 것보다 더 달콤하고 과즙이 풍부한 맛이 난다. 갈색 포장지에 든 커피는, 파란색 포장에 든 커피보다 훨씬 맛이 강렬하다.[9] 형태도 없고 밀도도 없는 식료품의 경우, 색은 식료품을 선별하는 유일한 기준이다. 이와 관련해서 연구 하나를 살펴보자. 이 연구에 따르면, 조사 대상자 중 70퍼센트가 음료가 빨간색일 때 체리맛을 감지할 수 있다고 대답했다. 동일한 음료가 녹색일 때는 절반만 맛을 알 수 있다고 했다.[10] 일반적으로 에너지와 칼로리 함량이 높다는 것을 암시하는 빨강 계열 색을 대다수가 선호한다.[11] 빨간색은 풍미를 높이는 효과가 있어 과일은 더 달콤하게, 감자칩은 양념이 더 강하게, 커피는 향이 더 좋게 느껴지게 해준다.

슈퍼에 가서 주변을 둘러보거나 제품의 광고를 보면 온통 알록달록하다. 모든 색은 단 하나의 목표에 이바지하는데, 소비자의 건강이 아니라 소비를 겨냥한다.[12] 맛에 대한 설명은 색으로 나타난다. 금빛이 도는 신선한 맥주 광고를 떠올리거나, 빨간 토마토소스, 하얀 모차렐라 치즈와 녹색의 바질을 얹어 갈색으로 바삭하게 구운 피자를 상상해보라. 그런 상상만 해도 색이 입맛을 돋우는 효과가 있다는 것을 알 수 있다.

색상 디자인은 요리와 비슷한 점이 많다. 그래서 나는 색상 디자인을 색상 요리라고 부르기도 한다. 여기에서 중요한 것은 색에 대한 취향이며, 누군가의 취향이 아니라 바로 손님의 취향이다. 음식에 넣을 내용물을 선택할 때, 그러니까 색을 선택할 때 스스로의 감각을 믿으면 된다. 색을 잘 구성해 디자인하려면 영감이 필요한데, 다양한 선택의 여지가 있어야 한다. 중요한 것은, 당신이 어떤 색을 바라볼 때 쾌감을 느끼는지, 그 색에 끌리는지, 그리하여 좋은 감정을 갖게 되는지다. 만일 어떤 색을 봤는데 불편한 느낌이 든다면 문제가 생기며, 나중에도 이런 문제는 사라지기 힘들다. 모든 색깔 콘셉트는 좋은 음식과 마찬가지로 하나의 기본 주제가 필요하다. 따라서 반드시 가지고 싶은 색 하나부터 시작하라. 이후의 색들은 이 기본 주제인 색을 강화하는 것을 선택하면 된다. 가능하면 적은 수의 색을 선택하도록 하고, 모든 색조가 품질이 좋은지를 주의 깊게 살펴야 한다. 형편없는 색조는 전체적인 색의 조합을 망칠 수 있다.

예를 통해서 보기로 하자. 베이지색 옷을 입으면 소박하고 자연스러워 보이며 눈에 띄지 않는 효과가 있다. 반면 사프란색, 계피색이나 커리색 같은 색은 갈색 톤이 미묘하게 다르지만 훨씬 더 즉각 이목을 끈다. 그러나 강한 색은 양념과 같은 작용을 하므로, 너무 많이 쓰면 모든 것을 망치고 만다. 가능하면 채도가 낮은 것부터 시작하고, 당신의 취향에 맞는 색조에 이를 때까지 조금씩 채도를 조정하면 된다. 긍정적으로 조화가 잘되는 강렬한 색조들은 지극히 매력적이고 자극적이며 유혹적인 효과가 있다. 초콜릿브라운 같은 달콤한 색, 라임그린 같은 신맛의 색 또는 딸기의 빨강과 같은 과일의 색을 생각해보라. 이런 색은 액세서리나 세부적인 장신구만으로도 충분하다. 이끼와 같은 녹색의 소파는 오렌지색 쿠션으로 매우 생동감 있게 만들 수 있다. 만일 음울한 회청색에 뭔가 신선함을 주고 싶다면, 레몬의 노란색으로 한번 시험해봐도 된다.

어떤 색이 즉석에서 우리에게 쾌감을 주며 어떤 색이 혐오감을 불러일으키는지는 조건 반사의 문제다. 여기에는 우리의 식음료 섭취 습관이 관여하지만, 어린 시절까지 거슬러 올라가는 삶의 경험도 관여한다. 우리의 색 취향은 개인적이고도 공적이며, 나이에 따라 다르고, 사회적 · 문화적 요소에 기인한다. 만일 다른 사람들을 위해 색을 고른다면, 당신의 취향은 요리할 때와 비슷한 수준에서 도움이 된다. 우리는 사람들의 취향에 익숙해져야 하고, 그들이 선호하는 색이 무엇인지를 충분히 관찰해야 한다. 다른 문화권 출신이거나 완전히 다른 환경 출신인 사람들의 경우에는 이런 탐색이 더 오래 걸릴 수 있다.

나는 색 콘셉트를 개발할 때 가장 먼저 색의 생물학적 기능을 살펴본다. 색의 기본 기능은 항상 중요하지만, 색 콘셉트의 목표와 상황의 맥락을 고려해 중요도를 부여해야 한다. 만일 당신이 거실을 꾸미고자 하면, 무엇보다 이 공간을 함께 사용하는 모든 사람이 편하게 지낼 수 있는 분위기가 필요할 것이다. 주거공간의 색은 매우 다양할 수 있는데, 성격 특징과 개인적인 욕구와 마찬가지로 나이, 사회화 정도, 교육수준 같은 것도 고려해야 하기 때문이다. 친구들을 식사에 자주 초대하는 사람은 신선하고 기분이 좋아지는 색이 필요할 것이고, 반대로 온종일 스트레스를 받으며 일한 뒤에 퇴근하면 혼자서 조용히 텔레비전을 보면서 긴장을 풀거나 책을 읽는 사람은 몸에 좋은 평안한 분위기를 더 선호할 것이다. 색은 적합한 조명을 받아야 효과를 발휘하기 때문에 항상 조명도 고려해야만 한다. 따라서 공간의 색은 분위기를 만드는 요소로 생각해야 한다. 색은 그 자체로 목적이 있는 것이 아니며, 주변 환경을 가꾸는 막강한 도구이다! 그래서 나는 색 콘셉트의 첫 단계에서 항상 색이 그 영향을 받는 사람의 삶의 질에 무엇을 해야 하는지에 대해서 말한다. 욕구가 무엇인지 알아내고, 고민하고 연관을 지은 후에야 비로소 색을 조합하는 작업을 시작할 수 있다.

여기에서도 역시 흥미롭게도 요리와 공통점을 발견할 수 있다. 손님의 욕구를 알면, 나는 훌륭한 요리사로서 그 누구도 예전에 기대하지 않았던 요리를 식탁에 내놓는 시도를 할 수 있다. 색 조합이 좋으면 요리의 맛도 더 있다. 결국 모든 색상 디자인은 받아들이는 사람의 미적 판단과 실용성 평가에 부합해야 한다.

색의 향에 대하여

우리의 주변은 색을 인지하는 데 강력한 영향을 미치는 냄새로 가득하다. 불쾌한 냄새는 불안을 감지하는 뇌의 영역을 활성화한다. 비록 우리가 전혀 감지하지 못할지라도 말이다.[13] 시금치 먹기를 거부하는 어린아이를 한번 생각해보라. 시금치의 녹색은 불쾌한 냄새, 심각한 경우에 구역질을 불러일으킬 수 있는 냄새에 대한 투사이다. 때문에 먹기 싫어하는 아이들에게 굳이 억지로 먹일 필요는 없다.

우리가 선호하는 색들은 먹고 마시는 습관과 마찬가지로 문화적인 특징이 있다. 노란색 점이 찍혀 있는 열대 과일 두리안은 아욱과에 속하는데, 동남아시아에서 자라며 그곳 주민들이 맛있게 즐긴다. 지역 주민들은 전염병과 감기를 치료하기 위해서 열을 내리는 효과가 있는 이 과일을 이용한다. 대부분의 열대 과일들과 달리 두리안에서는 지독한 양파 냄새가 나서 외국인들은 대부분 멀리한다. 단 한 번 경험을 한 뒤에는 색과 냄새 사이의 연결이 기억 속에 자리를 잡게 된다. 만일 누군가 노란색 과육을 다시 인지하면, 색만으로도 이미 곰팡이가 피었다거나 썩은 것처럼 여기게 되는 것이다.

혐오스러운 냄새를 떠올리게 하는 색은 제품의 특징은 물론 그 장소의 매력을 크게 떨어뜨릴 수 있다. 이런 점을 주의하면, 당신은 색과 냄새의 상호작용을 일상의 모든 영역에서 발견할 수 있을 것이다. 이는 무엇보다 공적인 공간, 그러니까 기차역, 다리와 지하도 같은 곳에 해당하며, 또한 기차, 버스와 비행기 같은 대중교통수단도 마찬가지다. 장소는 불쾌한 냄새와 연관될 때 실제보다 더 더럽고 방치된 곳으로 보인다. 우리는 흔히 표면의 색에 주의를 집중하곤 한다. 이것은 원인이 아니라 부정적으로 인지하게 만드는 지표일 뿐인데도 말이다. 그런 경우에 우리는 역겨움을 표현하기 위해 오줌 같은 노란색이나 바퀴벌레 갈색이라고 폄하하는 색 이름을 사용한다.

냄새 문제가 자주 등장하는 곳에서는, 가령 초코화이트, 마린블루, 라임그린이나 레몬옐로처럼 신선한 향을 연상시키는 색이 악취에 대한 느낌을 줄이는 데 도움이 된다. 이는 물론 규칙적인 청소를 대체하지는 못하고, 주의를 기울이는 초점을 보다 쾌적한 기억으로 돌릴 수 있을 뿐이다. 문제의 냄새를 적어도 잠시 밀어낼 수는 있는 셈이다. 그와 반대로 향수, 화장품과 향초, 세정제와 세탁제처럼 향이 나는 제품을 생산하는 생산자들은 소비자들이 긍정적인 냄새를 떠올릴 수 있게 하고자 한다. 따라서 그러한 목적에 맞게 색을 투입한다. 심리학에서는 이와 같은 효과를 프라이밍priming이라고 부른다. 우리가 특히 쾌적한 냄새와 연관시키는 색들은 가치판단에 긍정적인 작용을 하며 구매를 결정하는 데 상당히 중요한 요소다. 만일 색에 매혹적인 이름을 붙이고 싶다면, 흥미로운 향이나 좋은 향기를 떠올릴 수 있는 사물의 이름에서 찾으면 된다. 시나몬브라운은 간소시지갈색보다 더 좋게 들리고, 동시에 훨씬 쾌적하게 보인다. 모든 색은, 누군가 이를 통해 불쾌한 냄새를 떠올리게 된다면 문제가 된다.

후각적 인지는 후각 점막에서 곧장 뇌의 변연계로 이어지는데, 이곳에서는 우리가 전혀 영향력을 행사할 수 없는 감정적인 반응을 유발한다. 여기에서 우리가 이야기하는 것은 삶의 모든 영역에서 효과적인 페로몬이다. 대부분의 사람은 올바른 색을 식별할 수 있는 정확한 코를 가지고 있다. 그리하여 훌륭한 와인이나 샴페인을 알록달록한 색의 잔에 마시는 사람은 거의 없다. 왜냐하면 이런 유색 유리잔들은 냄새를 강력하게 바꾸어서, 제품의 품질이 중요하지 않게 만들기 때문이다. 주변의 조명색 역시 이와 비슷한 작용을 한다. 와인을 흰색이 아니라 빨간색 조명을 받으며 마시면, 훨씬 과즙이 풍부하고 더 달콤하다. 조명의 색은 냄새를 만들어내지는 않지만, 특정 향을 더 강하게 하는가 하면 다른 향기는 배경으로 물러나게 하거나 뒤로 밀어낸다. 이와 같은 이유로 와인은 파란색과 녹색 조명을 받으면 더 풍미가 강해진다. 이렇듯 품질의 차이를 인식하면 이는 우리의 평가에도 영향을 준다. 실험에 의하면 피실험자들은 와인을 빨간색 조명에서 대접받았을 때, 돈을 가장 많이 지불하고자 했다.[14]

시선으로 색을 만지기

이미 18세기 초반에 철학자 조지 버클리George Berkeley는 보는 것을 "예견하는 접촉"이라고 불렀다. 하지만 우리는 오늘날에야 비로소 색이 촉감을 얼마나 강렬하게 연상시키는지를 알게 되었다. 단 하나 예외가 있다면 하얀 구름과 파란 하늘처럼 광색으로, 자연현상은 우리가 움직일 때마다 늘 물러나는 모습을 경험했기 때문에 형체도 없고 비물질적으로 간주된다. 눈의 망막은 상당히 전문화된 피부의 영역으로, 진화과정에서 촉각으로부터 이탈했다. 망막은 신체 경계의 일부로, 우리는 바로 이 같은 신체 경계를 통해서 주변 세계와 지속적으로 상호작용을 하고 있다.

출생 시점에서 우리는 세상이 우리 주변을 어떻게 만들어두었는지를 전혀 상상할 수 없다. 눈앞에 펼쳐진 다양한 색채는 물질적인 형태는 물론이거니와 공간적인 형태도 가지고 있지 않았다. 우리는 삶에서 색채가 지닌 의미를 이해하기 위해 그것들을 파악해야만 한다. 광색은 우리의 눈을 피해가지만, 실체색은 우리가 만지면 대상이 피부에 와 닿는다. 색과 표면은 새로운 전체로서 우리에게 인지되고 혼동할 수 없는 형체를 얻게 된다. 시각장애인으로 태어나 수술을 받은 뒤 보는 법을 후천적으로 배우기 시작한 사람들은 사물을 순전히 관찰하기만 해서는 진전이 없었다. 눈앞에 있는 색의 흔적들을 손으로 더듬어 살피게 된 후에야 비로소 학습과정이 시작될 수 있었다. "…마침내, 내가 수직으로 된 막대를 따라 위에서 밑으로 여러 차례 그녀의 손을 이끌고, 이어서 막대 왼쪽에서 오른쪽으로 여러 번 인도했을 때, 두 선이 실제로 십자로 엇갈린 모양임을 그녀는 매일 보고 모방했고, 그리하여 갈색의 이 물체가 십자가임을 알게 되었다."[15]

그와 같은 연상이 만들어짐으로써 우리는 점차로 접촉한 세계를 시각적으로 상상할 수 있게 된다. 우리는 지금 뭔가를 보면, 마치 그것을 만진 것처럼 상상할 수 있다. 많은 색채표면은 우리의 눈 안으로 녹아들지만, 또 다른 색채표면들은 우리의 접촉을 가로막는다. 우리가 색을 보는 것은 완벽하게 물체와 표면을 인식하는 것이다. 색을 띤 표면의 구조, 무늬와 모서리들은 대비 효과를 통해서 매우 분명하게 드러나며, 이 내용은 인지에 관한 장에서 이미 다루었다.[16] 비교적 오래된 가정과는 반대로, 오늘날 신경생물학은 우리의 뇌에 감각적인 느낌을 통합하는 이른바 호문쿨루스[시대에 따라 '인조인간', '초라한 인간', '난쟁이' 등의 여러 상징적 의미가 있다. 여기서는 데카르트의 코기토, 즉 인격주체나 인식주관을 의미하는 은유로 사용되었다] 같은 일종의 상급기관이 없다고 본다. 개별 감각의 정보들은 초기 작업 단계부터 이미 통합되며 이러는 도중에 뇌의 의식 영역과 연결된다고 한다.[17] 시냅스의 구조는 우리가 삶에서 얻은 경험들을 서로 연상할 수 있는 네트워크를 모방하고 있다. 만일 당신이 소파커버로 이끼 같은 녹색과 돌 같은 회색 사이에서 선택한다면, 연상활동은 먼 옛날까지 거슬러 올라가서 이 색들이 떠올리게 하는 물질을 만져본 당시의 경험에 따라 결정한다고 할 수 있다. 촉각의 연상은 또한, 우리가 만졌을 때 불쾌했던 체험과 연결된 물건을 선택하지 않게 한다.

눈과 손이 서로 협력하게 되는 이른바 '눈-손 협응'은 시각적 운동에 속해 있으며, 이 시각적 운동은 그야말로 목적에 맞게 촉진할 수 있다. 나는 일전에 아이들과 함께 감탄할 만한 예술작업을 한 적이 있다. 이 프로젝트에서 아이들은 몸 전체를 이용해, 진정한 의미에서 색에 한껏 도취되었다. 아이들은 처음에는 커다란 양동이에 든 물감을 붓으로 찍어서 주변에 마련해 둔 벽에다가 칠했다. 그러다가 곧 손가락들을 물감 통에 담갔고 이러는 가운데 색의 상징성뿐 아니라 완전히 다른 성질을 발견했다. 이이들은 손가락으로 열심히 색들을 혼합해서 벽에 칠했다. 누가 시키지도 않았는데도 아이들은 갑자기 손을 사용했고, 이어서 발과 얼굴도 사용했는데, 덕분에 계속해서 새로운 신체의 자국들과 몸짓들이 벽과 바닥에 찍혔다. 물감이 줄줄 흘러내렸고, 뿌려지고, 또 사방으로 흩어졌다. 이와 같은 창의적인 과정을 통해 어마어마한 표현력의 작품이 탄생했을 뿐 아니라, 아이들과 작품을 관통한 행복감도 생겼다.

그런 행동은 아이들에게나 어울린다고 생각하는 사람이 있다면, 프랑스 출신 예술가 이브 클랭Yves Klein의 창작과정을 보라. 그는 다음과 같은 말을 했다. "나의 모델들은 나의 붓이었다." 이른바 〈인체측정Anthropometry〉이 그가 진행한 '해프닝'에서 생생하게 중개되었다. 여기에서 이 예술가의 나체모델들은 군청색의 일종인 울트라마린블루 물감을 몸에 칠했다. 음악소리에 맞춰 준비되어 있던 캔버스에 자신들의 몸을 찍으려고 말이다. 이로써 모델, 예술가와 관객의 역할은 완전히 새롭게 해석되어야만 했다. 예술적인 창작과정의 관능성이 참여한 모든 사람에게 직접 체험되었던 것이다.[18] 색은 자신만의 예술적 창작으로 가는 길에서만 만날 수 있는 게 아니고, 오늘날에는 예술치료의 중요한 도구이기도 하다.

색채 표면을 시선으로 만지는 것은 사물과 공간에 대한 평가에 기여한다. 우루시(옻칠)는 일본의 전통적인 칠 기술로서, 투명한 도료인 옻나무에서 추출한 수액을 몇 번씩 덧바른다. 산화철과 적색 황화수은 같은 빨간색 염료나 검은색 검댕을 입힌 뒤에 옻칠을 하고, 흔히 금이나 은 또는 자개 가루를 뿌려서 가치를 더하기도 한다. 오랫동안 건조시키는 옻칠 위에 먼지가 앉지 못하도록, 금방 옻칠한 물건들은 전통적으로 뗏목 위에 올려놓고 완전히 굳을 때까지 호수나 강물을 흘러가도록 내버려둔다. 이렇게 옻칠한 물건들은 지극히 비싸게 보일 뿐만 아니라, 순수한 재료값은 얼마 들지 않았음에도 매우 높은 가격을 받을 수 있다.

이와 같은 효과는 오늘날 모든 값비싼 제품에서 발견할 수 있다. 비용이 많이 드는 공정으로 차체 표면을 고급화한 자동차 같은 제품 말이다. 나 역시 다양한 가격대의 차량용 검은색 페인트를 여러 개 구매해서 직접 실험해보았다. 이때 피실험자들은 래커칠한 자동차의 표면 가운데 지극히 일부만을 볼 수 있었다. 그래도 결과는 분명했다. 우리는 이미 도색만 보고서도 어떤 가격대인지를 알 수 있다! 검은색이라고 다 똑같은 검은색이 아닌 것이다. 가격이 싼 직물과 비싼 직물의 색이 어떻게 다른지 한번 직접 비교해보라. 우리가 원하든 원하지 않든, 우리는 색의 품질을 통해서 사물의 가치와 사람의 사회적 지위를 볼 수 있다. 물론 이것은 더 이상 편견이 아니며, 우리 지각을 구성하고 있는 확고한 요소이다.

색의 무게

여행용 가방의 색에 대해서 생각해본 적 있는가? 이런 생각을 해볼 가치가 있는데, 왜냐하면 수하물 무게에 대한 예측이 놀라울 정도로 다르기 때문이다. 연구자들은 이미 1920년대에 실험을 통해서 그와 같은 현상을 발견했다. 처음에 흰색 상자로 시작했는데, 피실험자들은 이 상자를 들어보더니 3파운드[1파운드는 약 0.45킬로그램] 정도 된다고 예측했다. 동일한 내용물이 들어 있는 검은색 상자를 들어보더니 5.8파운드라고 예측했다. 이들은 거의 2배나 무거운 상자를 드는 것처럼 느껴서, 자연스럽게 아주 빨리 지쳤다. 그리하여 오늘날 운송회사들은 직감적으로 밝은색 종이상자를 좋아한다. 비록 이런 상자들이 더 빨리 더러워지지만 말이다.

그렇다면 다른 색들은 어땠을까? 빨간색 상자의 무게는 4.9파운드, 이어서 회색 상자는 4.8파운드, 파란색 상자는 4.7파운드라고 답했다. 녹색 상자를 들었을 때 느끼는 무게는 4.1파운드로 대략 검은색과 흰색의 중간이었다. 오로지 노란색 상자만이 예측 무게 3.5파운드를 기록해서 흰색 종이상자와 경쟁해도 좋을 만큼 가볍게 느껴졌다.[19] 색이 대상물의 무게 감지에 주는 영향은 이후의 연구를 통해서도 확인되었다. 여기에서 다채로운 색과 밝기가 특별히 중요했다.[20] 하지만 주의할 점이 있는데, 그와 같은 시도들은 우리가 잘 안다고 착각하는 경우에만 성공한다! 깊숙이 들여다보고 내용물이 무엇인지 확인하면, 효과는 즉각 사라져버린다. 색의 힘은 어떤 마법으로부터 나오는 게 아니라, 우리의 지식으로부터 나온다. 검은색 캐리어가 실제보다 더 무겁게 느껴진다는 지식 말이다.

그렇다면 시각적 무게는 어떻게 형성되는 것일까? 만일 우리가 어떤 것을 들어서 옮기기를 원하면, 심지어 자신의 몸이라 할지라도, 우리의 근육과 관절들은 예상되는 무게에 대한 저항력을 만들어내야 한다. 우리는 시간을 소모하지 않고서 반응하기 위해 무엇을 다루고 있는지, 그리고 어떻게 행동해야 할지를 알아야 한다. 체력을 동원하는 것은, 들어야 할 무게를 먼저 짐작해보는 것에서부터 시작한다. 이것은 당연히 대상 그 자체로, 이 경우에는 운반용 상자의 크기다. 그 밖의 특징을 탐색하는 가운데 우리의 뇌는 색을 파악해 운반할 무게를 예측할 때 무의식적으로 고려한다. 자연에서는 운반용 상자 같은 것은 없다. 사물의 색은, 사물을 들기 전에 뇌가 근육과 관절을 동원할 때의 저항력을 계산하기 위해 중요한 지표가 된다. 만일 우리가 주변에서 일어나는 사건에 대해 준비가 되어 있다면, 그러니까 우리에게 어떤 일이 일어날지를 안다면, 우리는 조금 더 신속하고 목표에 걸맞은 행동을 할 수 있다.

이처럼 색에 대한 느낌과 무게에 대한 느낌의 연상을 통한 연결은 우리가 태어나면서부터 시작된다. 그러니까 우리가 체력이 어느 정도인지 가늠할 수 있는 척도를 얻게 되자마자 말이다. 이렇듯 여러 가지 감각이 동원되는 경험을 통해서 우리 주변의 모든 색은 시각적 무게를 갖게 된다. 이를 통해 색들은 보다 가볍거나 무거워 보이는 작용을 할 뿐 아니라, 보이는 세상의 균형을 잡거나 때때로 균형을 잃어버리게도 한다. 우리의 전반적인 색채 세상은 지평선에서 둘로 나뉜다. 지평선을 기준으로 아래쪽은 땅의 어두운 실체색이 주를 이루며, 돌의 회색, 모래의 베이지색, 땅의 황토색과 나무의 갈색 톤으로 이루어져 있다. 대지의 색은 땅에 속해 있으며, 이 땅을 우리는 발로 감지하고 풍경이 솟아났다가 다시 움푹 꺼지는 모습을 거쳐 지평선까지 따라갈 수 있다. 하늘은 대기의 파란색, 둥둥 떠 있는 구름의 흰색과 빛나는 태양의 노란색처럼 광색에 속한다. 초목의 녹색 톤은 중간에 해당하며, 이로부터 균형을 맞추는 효과가 나온다. 밝은 녹색 색조는 위쪽 영역에 속하며, 보다 가볍고 공기를 머금은 효과를 낸다. 이보다 더 어두운 색은 밑으로 내려가는데, 그리하여 이런 색들의 시각적인 무게는 더 무거워진다. 무게를 판단할 때 큰 영향을 주는 것으로 그늘이 있으며, 이것은 땅에 속해 있다. 뭔가 점점 어두워질수록, 그만큼 땅에 무거운 부담을 준다. 이는 우리가 땅에서 보는 대상물에만 해당하지 않고, 비가 오기 전에 시커먼 구름과 같은 하늘의 현상에도 해당한다. 무엇보다 우리는 빛이 줄어든 계절에 이런 먹구름을 볼 때면 가슴이 답답하고 억눌린 느낌을 받곤 한다.

색의 시각적 무게는 우리의 공간지각과 비례 감각에 지대한 영향을 끼친다.[21] 공간의 균형은 색, 가구와 같은 물건들의 경계면을 이용하여 변화시킬 수 있다. 검은색, 갈색, 흑회색 같은 어두운 색들은 공간의 높이를 더 낮게 내리누른다. 그런가 하면 어두운 색으로 모든 공간의 경계를 구분한 곳에서는, 공간이 동굴 같은 인상을 준다. 이렇듯 공간이 주는 인상은 사우나 같은 곳에 가보면 알 수 있는데, 완전히 목재로 둘러싸인 사우나실은 보호받는 아늑한 느낌을 갖게 해준다. 시골에서 운영하는 나무로 지은 게스트하우스 역시 편안한 느낌을 준다.

동굴 같은 느낌은 또 다른 곳에서는 불안감을 불러일으킬 수 있다. 터널, 지하도와 다리같이 교통에 이용되는 건축물들을 보면 억누르는 듯한 인상을 받는데, 이런 느낌은 이 시설들을 시멘트로 건축하는 까닭에 더욱 강해진다. 시멘트의 회색 표면은 이와 같은 맥락에서 항상 무겁고 움직임이 없으며 냉정해 보인다. 만일 교통시설물을 흰색으로 칠한다면 어떤 일이 일어날까? 흰색은 모든 공간을 훨씬 커 보이게 하는 효과가 있는 가벼운 색이다. 물론 조명이 밝혀지고 지속적으로 청소하고 관리해야 그렇다는 말이다. 공간을 보고 가볍고 개방적이며 안전하다는 느낌을 가지려면 우리가 긍정적인 연상을 할 수 있는 밝고 친절한 색을 택하고 장소에 적합한 조명을 설치해야 한다.

적절한 색을 선택하고 조합함으로써 당신은 모든 공간의 크기와 비율을 목표에 맞게 바꿀 수 있다. 머무는 곳이 너무 좁다고 생각되면, 크림색, 연노랑, 베이지, 라임그린 또는 파스텔블루와 같이 파스텔톤의 색을 사용해서 시각적 공간을 넓히면 된다. 좁은 공간에서 강한 색들은 보완하는 색으로만 있어야 한다. 어떤 공간이 너무 깊숙해 보이면, 멀리 떨어진 벽을 빨강, 오렌지 또는 노랑 같은 따뜻한 색으로 칠해서 가까이 끌어오면 된다. 청록과 파랑처럼 서늘한 색으로는 정반대 효과를 낼 수 있다. 안전함, 확실하고 신뢰할 수 있다는 느낌을 만들어내기 위해서는 항상 바닥의 색이 벽과 천장의 색에 비해서 더 무겁게 보여야 한다. 나무, 돌과 점토 타일, 또는 사이잘삼이나 양모 같은 천연 섬유, 그리고 야자수처럼 갈색과 회색인 자연 재료들은 이와 같은 목표를 완벽하게 달성하도록 해주는 색을 제공한다.

황갈색, 갈색과 산화철색같이 전통적으로 집 안을 장식하던 색, 떡갈나무와 가죽과 구리 소재인 가구와 장식의 색, 또는 수놓은 비단이나 태피스트리와 다마스쿠스 문양 직물의 색 등은 금세 편안한 실내 분위기를 만들어내지만, 이런 것들은 공간을 차지하는 느낌이 강해서 좁은 공간에서는 답답하게 느껴질 것이다. 1960년대 후반과 1970년대 초반의 혁명으로 많은 젊은 사람들은 전통적인 가치관으로부터 해방되었을 뿐 아니라, 새로운 삶의 느낌을 자신들이 선택하는 색을 통해서도 표현했다. 페트롤블루, 라임그린과 머스터드 같은 색을 통해 1960년대 분위기가 부활했고, 이와는 달리 오렌지, 캐러멜브라운과 선옐로 같은 색 조합은 1970년대와 떼어낼 수 없이 연결되었다. 밝고 가벼운 색의 가구나 살림살이들이 좁은 새 건물뿐만 아니라 남아 있던 오래된 건물에도 들어가게 되었고, 이런 오래된 건물들은 육중한 인테리어의 무거운 색을 벗어던짐으로써 이전에 알지 못했던 위상을 선물받았다. 전통과 현대 가운데 선택을 하고 싶지 않았던 사람은, 밝고 가벼운 색의 소박하지만 가치 있는 집기들이 갖춰진 컨트리하우스풍 집에서 안주할 수 있었다. 사회의 모든 시기는 고유한 색의 양식으로 표현되는데, 이를 통해 사람들의 삶의 감정을 추론해볼 수 있다.

마지막으로 온갖 힘들이 상호작용하는 그림의 구도에서 색의 시각적 무게에 대해 관찰해보자. 우리는 색의 시각적 무게를, 그리고 색상 구성에서 균형을 민감하게 감지하는 센서를 가지고 태어났다. 빛의 흰색, 태양의 노란색과 하늘의 파란색 같은 밝은색들은 하나의 점이든, 하나의 선이든 또는 하나의 면을 묘사하든 상관없이 위로 향한다. 그림에서 묘사되는 대상은 가벼운 색을 통해 자유를 얻는데, 다시 말해 이런 자유는 그림의 윗부분에서 점점 더 강력해진다. 밤의 검은색, 땅의 갈색과 돌의 회색처럼 무거운 색은 이와 반대로 아래쪽으로 향한다. 만일 무거운 색을 그림의 위쪽에 그려넣으면, 이로써 공간을 억누르는 느낌을 확연히 감지할 수 있다. 다채로운 색을 사용해 변화를 주면 그림 속 모든 대상을 역동적으로 만들 수 있는데, 대상이 우리의 상상 속에서 위 또는 아래로 향하며 힘을 발휘하기 때문이다. 몇 가지 색, 예를 들어 중간의 녹색 톤과 따뜻한 회색 톤은 이미 스스로 완벽한 균형을 보여준다. 다른 색들은, 예를 들어 빨간색은 너무나 역동적인 나머지 이런 색으로부터 평온하게 할 수단이 없다. 하지만 힘의 불균형도 미적으로 매우 매력적인 작용을 할 수 있다. 액자라는 테두리 안에서 펼쳐지는 그림 속 힘들에 관한 흥미로운 연구를 했던 바우하우스의 예술가 바실리 칸딘스키는 이미 다음과 같이 예측하고 있었다. "… 색은 그다지 연구가 덜 되어 있지만, 육체적인 생물체로서의 인간의 몸 전체에 영향을 줄 수 있는 어마어마한 힘을 숨기고 있다."[22]

색의 소리, 색의 울림, 색의 조화

화가 칸딘스키에게 회색은 울림이 없고, 연한 파랑은 플루트를 떠올리게 했고, 짙은 남색은 첼로를, 녹색은 바이올린처럼 들리고, 노란색은 시끄럽게 불어대는 트럼펫, 빨간색은 팡파르 소리를 연상시켰다.[23] 색과 음악을 연관 짓는 많은 이론이 있지만, 영화나 뮤직비디오처럼 잘 나타나는 데는 없다. 영화의 색감이나 인물들의 외양은 연출과 플롯에 조화를 이루며 색의 콘셉트에 의해 결정된다. 이는 소리의 콘셉트에도 마찬가지로 적용된다. 색과 소리는 줄거리를 전달하는 운반자일 뿐 아니라 각색 수단이기도 하다. 이는 영화에 출연한 배우들의 머리카락 색, 피부와 눈의 색 그리고 의상 색, 조명의 분위기, 촬영하는 장소와 대상과 세부 요소의 색상에도 해당한다.

카메라맨, 조명감독과 로케이션 매니저, 무대장치 전문가, 메이크업과 의상 담당자가 작업을 끝내면, 전문적인 컬러리스트가 컴퓨터로 영화의 색감을 보정한다. 색과 소리는 영화와 영화 장면의 분위기를 결정할 뿐 아니라, 출연자들, 분위기, 장소, 대상물과 줄거리에도 특징을 부여한다. 만일 보이지 않는 인물이 어두컴컴한 실내에서 삐걱거리는 문을 열면, 그리고 이 인물이 입고 있는 노란색 옷에 갑자기 조명이 비치면, 이것은 결코 우연이 아니다. 색과 조명을 바꾼다는 것은 앞으로 진행될 줄거리를 준비하는 것이며, 이것은 언어, 소음과 음악으로 뒷받침된다.

이미지와 음향을 조립하는 몽타주 기법으로 영화의 단일성이 보장된다. 비록 수많은 장면이 전환되고, 카메라의 위치가 바뀌고 장면들이 삭제되더라도 말이다. 모든 장면에서 색과 소리는, 이야기가 통일되게 흘러간다는 것을 관객이 감지할 수 있도록 만들어져야 한다. 색은 하루 중 시간과 공간의 상태 그리고 관찰하는 대상에 따라서 변한다. 빛과 색의 변화는 관객에게 장면들 사이에 무슨 일이 일어나고 있다는 신호를 준다. 한 장면 안에서 시간과 줄거리가 과도하게 비약되지 않으려면, 배우의 옷과 화장, 공간과 물건들의 색이 변하지 않아야만 한다. 이는 소리에도 마찬가지로 적용된다. 하지만 색과 소리의 공통점은 이보다 더 심오한 특징에서 발견할 수 있다.

색과 소리에 대한 느낌은 진동의 주기에서 나온다. 우리는

384~789테라헤르츠파[테라는 10^{12}를 뜻한다] 구간에 있는 색의 스펙트럼만 볼 수 있으며, 16~21헤르츠 사이에 있는 소리만을 듣는다. 임신기간에 찍은 초음파사진은 이런 유사점이 결코 이론으로만 존재하는 게 아님을 보여준다. 이전까지 회색으로만 찍을 수 있었던 태아의 세계는 광음다중스펙트럼 단층촬영을 통해서 다채로운 색으로 찍히게 되었다.[24] 레이저가 몸 안으로 플래시를 보내고, 이 플래시는 세포조직을 아주 약간 데워주며, 이것이 초음파사진을 만들어낸다. 분자 상태의 변화가 색의 정보로 변환되고, 이를 통해 사람의 형태로 자라고 있는 태아의 상세한 사진이 갑자기 등장하는데, 이 사진에서는 지극히 세밀한 구조, 예를 들어 혈관 같은 것도 보인다. 회색 사진으로 찍었을 때는 전혀 보이지 않았던 것인데 말이다.

소리와 색상의 본질적인 특징은 바로 강렬함인데, 이로써 우리는 소리와 색의 강도를 특징 짓는다. 시끄럽거나 조용한 색이 있다는 것을 아는가? 뒤스부르크에센 대학의 자동차연구센터인 CAR연구소에서 실시한 조사에 따르면, 도색과 체감하는 소리의 세기 사이에 연관이 있다고 한다. 피실험자들은 동일 차종 자동차 7대의 엔진소리를 평가하라는 과제를 받았다. 이 자동차들이 시속 30킬로미터로 지나갈 때 말이다. 시험 대상자들 가운데 78퍼센트가 흰색 자동차가 조용하거나 매우 조용하다고 평가했고 소리가 듣기 좋다거나 아주 듣기 좋다고까지 했다. 현란한 녹색, 빨간색 그리고 오렌지색은 눈에 띄게 "다른 자동차보다 시끄럽다"는 평가를 받았다. 가장 아름답고 스포티한 엔진소리는 바로 빨간색 자동차에서 난다고 했고, 이와 달리 가장 힘찬 소리는 검은색 자동차에서 나온다는 평가였다. 또한 회색 자동차의 소리는 미미하고 약하다는 평가가 나왔다.[25]

색이 미적이라고 말할 수 있는 근거는 개별 색상들의 형태, 질서와 조응이 색조colour tone[색조란 색이 강하거나 약한 정도나 상태 또는 짙거나 옅은 정도나 상태를 뜻한다]와 색의 조화에 맞는지에 있다. 색은 색상[색상은 명도와 채도와 함께 색의 주요한 세 가지 특징이다]을 통해서 특징이 생기게 되며, 반대로 색상은 색조에 의해서 특징 지어진다. 색의 주파수가 변화하면 악기의 현처럼 우리 눈 근육을 미세하게 떨리게 해 특정 패턴을 만들어낸다. 시선의 움직임은, 마치 음악의 박자에서 그러하듯, 색의 악센트를 통해서 세분화된다. 떨림이 너무 강하면, 진동효과가 나타난다. 시선을 고정할 수 없으면, 좁은 점, 선과 면으로 이루어진 체스판 같은 간섭무늬들이 어른거리기 시작하는 것이다. 여류 화가 브리짓 라일리Bridget Riley는 옵티컬아트의 대표 예술가라 할 수 있는데, 그녀는 바로 이러한 착시를 하나의 예술적 형태로 만들었다. 그 뿌리는 바로 점묘법에 있었다.

진동은 서로를 강화하거나 약화하거나 상쇄할 수 있다. 만일 당신이 파도 소리와 바람 소리가 있는 바닷물 위로 햇볕이 내리쬐는 광경을 주시한다면, 이처럼 흔들리는 진동의 원칙을 이해할 수 있을 것이다. 그렇지 않으면 색들이 조합되어 있는 그림들에 심취해보라. 붓으로 칠하거나 닦아내거나 점을 찍는 화가의 움직임을 읽어낼 수 있다. 만일 색에서 내용을 담고 있는 메시지를 발견하고자 하지 않으면, 시간이 지나면서 당신은 마치 음악의 소리 속으로 들어가듯 그림 속에 있는 다양한 색의 조합 안으로 침잠하게 된다.

색의 구도는 개별 색조의 성질과 대비, 부드러운 그리고 거친 변화, 강조와 리듬, 조화와 부조화에 의해 생겨난다. 음악의 화성학은 색의 구도에 다양한 자극을 제공할뿐더러, 탁월한 체계를 제공한다. 모노포니monophony는 음악에서 하나의 악기를 통해서 나오는 소리이고, 음색을 통한 미학에서 나온다. 여러 음을 통해 나오는 폴리포니polyphony의 미학은 다양한 음색이 상호작용함으로써 달성될 수 있다. 바우하우스의 예술가 파울 클레Paul Klee의 폴리포니-그림들을 한번 살펴보라. 작품 〈리듬감 있는 나무들 풍경 속의 낙타〉에서 강렬한 색채들이 악보 형태로 묘사된 것은 결코 우연이 아니다. 탁월한 화가일 뿐 아니라 탁월한 음악가이기도 했던 클레는 창의적 영감을 음악의 악보에서 얻었다.[26]

음악이 그림의 구도에 미친 가장 중요한 영향은 화성학으로부터 나온다. 만일 개별 색상이 그림 전체의 작용과 연대에 역할을 하게 되면, 이때 우리는 색이 조화롭다고 말한다. 그 어떤 색상도 구도의 조화를 방해하지 않고서 빼거나 추가할 수 없다. 하지만 색상은 우리가 색을 인지하는 차원 중에서 거시적 차원을 형성한다. 물론 미시적 차원도 중요하다. 미시적 차원이란, 이를테면 배음倍音[기본음보다 높은 진동수를 갖는 모든 상음上音]과 함께 울려 나오는 여러 기본 소리를 피아노의 음색 변화와 조합하는 것과 비슷하다.

하나의 색상이 지닌 성질은 색의 광채에서 나타난다. 만일 색조에서 음영이 빠지면, 색상은 깊이가 없고 생동감이 없게 된다. 이런 것을 당신은 금세 알아볼 수 있다. 그러니까 도시를 한 바퀴 빙 돌아다니면서, 광물을 포함한 염료와 화학합성된 염료의 효과를 비교해보면 말이다. 광물이 포함된 색의 깊이, 광채와 생동감은 고대부터 1920년대 고전주의적 모더니즘 건축물에 이르기까지 이어지는 역사적 건축물의 색에서 볼 수 있는 특징이다. 그런데 색의 질이 떨어지게 된 이유는 미시적인 차원에 이르기까지 동일한 분광分光색에 있다. 분광색은 석유로부터 생산되는 까닭이다. 반대로 광물성 염료는 여러 색의 결정체로 이루어져 있으며, 이 결정체들은 시각적 혼합이라는 원칙을 통해서 비로소 우리 눈에 하나의 색상으로 통합되지만, 수많은 결정체가 빛을 반사하고 색상을 내부에서 빛나게 한다. 색의 광채는 스마트폰, 텔레비전과 해상도가 점점 높아지는 컴퓨터와 같은 디지털 컬러디스플레이에서도 그 효과를 볼 수 있다. 화려한 사진에서는 픽셀의 양뿐 아니라, 픽셀의 밝기도 중요하다.

부조화 또는 불협화음은 모든 색과 소리가 함께 울리는 것을 미묘하게 방해한다. 한편 조화로운 음색이 지나치게 관습적으로 들린다면, 오히려 조화롭지 않은 음색으로 흥미로운 창조를 할 수도 있다. 12음계로 작곡한 아르놀트 쇤베르크Arnold Schönberg의 음악을 바실리 칸딘스키의 그림과 비교해보면 쉽게 설명된다. 서로 친했던 두 예술가는 표현력을 더 많이 발전시키기 위한 수단과 방법을 함께 찾기도 했다.

색의 다양한 감각

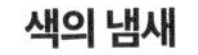

색의 냄새
후각

꽃향기가 나는	탄내가 나는
잘 익은	익지 않은
신선한	떫은

색의 맛
미각

달콤한	새콤한
과즙이 풍부한	싱싱한
딸기맛	쓴맛

색의 구성
청각

높은	깊은
장조	단조
바체(아주 빠르게)	그라베(장엄한)

색의 무게
균형감

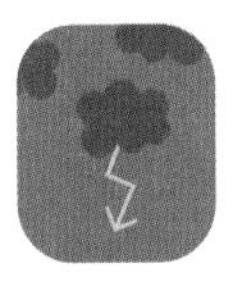

자유로운	억압적인
가벼운	무거운
활발한	마비된

색의 표면
촉각

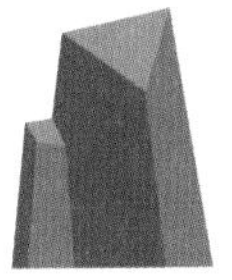

부드러운	딱딱한
촉촉한	마른
유연한	유연성이 없는

색의 노화
시간감각

어린	늙은
명랑한	위엄 있는
자극적인	안정시키는

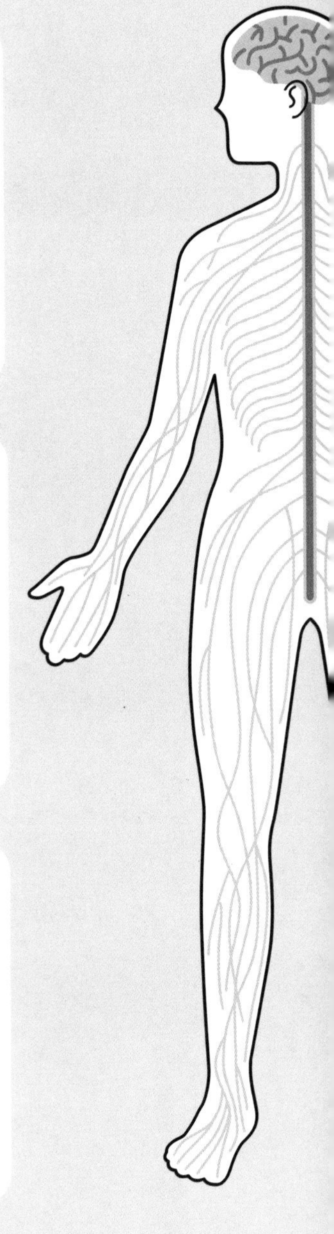

리는 색을 모든 감각으로 인지한다. 우리는 이와 같은 경험을 평생 기억에 보관하고, 이 기억 속에서 경험들은 생 감정과 행동을 통한 반응을 조종한다. 색은 주변 세상, 즉 사람과 공간과 사물의 특징에 대한 우리의 기대를 결 짓는다. 우리는 색의 힘을 모든 만남에서 감지하게 되는 것이다.

5장

기분 좋게 해주는 색

—색은 어떻게 건강에 도움이 될까

진화과정에서 색각이 발전한 이유는 바로 먹을 만한 식량과 살기 좋은 서식지를 잘 선택함으로써 건강을 지키는 데 있었다. 색깔은 어떤 식량과 주변 환경이 우리에게 특히 좋은지 또는 우리를 편안하게 살 수 없게 하는지에 대해서 끊임없이 암시해준다. 색의 생물학적 기능에 대한 장에서 우리는 무엇이 이와 같은 감정의 바탕에 깔려 있는지를 이미 알게 되었다. 이제는 일상에서 편안하고 건강하게 살아가고자 할 때 색들이 어떻게 구체적으로 도움을 줄 수 있는지를 살펴볼 것이다. 만일 식품을 선택하고 주변 환경을 가꿀 때 자신에게 적합한 색을 발견했다면, 그 점은 느낄 수 있을 뿐 아니라 볼 수 있다. 색은 삶의 즐거움과 생동감의 표현이다.

건강한 영양 섭취—무지개 색을 따라

식물성 식품의 경우 무지개 색을 따르면 건강하고 균형 잡힌 영양을 섭취할 수 있다. 무지개의 스펙트럼은 우리에게 가장 중요한 식물성 색소가 무엇인지 가르쳐준다. 녹색 과일과 채소, 허브와 해조류를 넣은 샐러드를 먹을 때면 우리는 엽록소와 루테인 같은 식물성 색소를 흡수하는 셈이 된다. 녹색은 비타민, 미네랄, 섬유질과 플라보노이드처럼 생명에 중요한 많은 성분을 함유한 자연식품이라는 것을 말해주는 척도다. 그러니까 지방이 거의 없고, 소화가 잘되며 건강한 자연식품이라는 표시인 셈이다. 녹색의 식물성 색소인 엽록소는 광합성을 하는 과정에서 탄수화물처럼 에너지가 풍부한 성분을 만들기 위한 기초를 제공한다. 엽록소를 함유한 식물을 철과 합성하면 적혈구가 잘 만들어지게 한다. 엽록소가 포함된 식품을 먹으면 중금속과 다이옥신 같은 몸속의 해로운 성분을 해독하는 데 도움이 된다. 이처럼 식물의 색소에 '디톡스 효과'가 있는 것을 고려하여 '녹색피'라고 부르기도 한다. 엽록소와 마그네슘의 결합은 근육과 뇌신경세포 생성에 중요하다.[1] 따라서 연구에 따르면 녹색 식물색소에 치매를 예방하는 효과가 있다고 한다.[2]

노란색과 **오렌지색**의 카로티노이드는 당근, 호박과 감자 같은 채소류와 오렌지, 레몬과 바나나 같은 과일류에 색을 입혀준다. 항산화물질 카로티노이드는 박테리아, 바이러스와 기생충을 막아주며 우리의 면역체계를 강화해준다. 이를 통해 암, 류머티즘, 알츠하이머, 파킨슨병, 폐렴과 동맥경화 같은 위험한 질병에 걸릴 위험을 줄여준다. 카로티노이드는 피부노화를 서서히 진행시키고, 뼈의 생성과 치유를 촉진한다. 음식물을 섭취함으로써 몸 안으로 들어온 식물색소는 곧 조직 내에서 우리 몸이 스스로 생산할 수 없는 비타민A로 변환된다. 음식물 섭취로 체내에 흡수된 노랑·오렌지색 색소는 시력에 긍정적인 작용을 하며 백내장과 같은 안구질환에 걸리지 않도록 보호해준다. 노란색과 오렌지색 감귤류 과일들은 비타민C를 많이 함유해 감기에 걸리지 않게 해준다. 오늘날 섭취하는 식물성 식품은 대부분 품종 개량을 통해 생산되는데, 이는 합목적적으로 건강하고 영양분이 풍부한 색소의 함량을 높인 것이다. 그와 같은 품종개량으로 생산된 제품의 유전자적인 기초를 잠시 살펴보기로 하자. 당근은 원래는 하얀 뿌리를 가지고 있던 야생 당근에서 나왔다. 대략 1,000년이라는 시간에 걸쳐서 노란색과 보라색 당근이 도태됨으로써 건강에 좋은 카로티노이드의 함량이 점차 높아졌다.

빨간색 스펙트럼은 과당, 비타민, 미네랄과 철이 가장 많이 함유되어 있을 때 특히 잘 익고 맛있어 보이는 과일의 영양가를 드러내 보인다. 하지만 빨간색 플라보노이드, 귤색 카로티노이드와 청보라색 안토시안은 특별히 소화가 잘되고 영양가가 풍부한 식품이라는 척도일 뿐 아니라, 몸 안에서 신경학적 작용, 항염증·항균 작용을 펼치는 부차적인 식물색소이기도 하다.[3] 녹색 토마토가 익는 과정에서 독성을 띠는 식물염기 토마티딘은 떨어지는 반면 빨간색 식물색소 라이코펜은 생성되며, 이로 인해 전립선암, 폐암과 위암 발생 위험이 줄어든다는 연구가 발표되었다.[4] 잘 익은 딸기와 같은 빨간색 과일, 채소, 샐러드 그리고 허브와 향신료를 즐길 때 거기에 포함된 라이코펜은 우리의 신진대사를 활성화한다. 파프리카와 고추의 빨간색 색소 캡사이신 역시 그와 같은 기능을 한다. 빨간색을 띤 이 매운 양념을 먹으면 혈관이 확장되고 혈압이 낮아지는데, 이는 신진대사와

소화를 자극할 뿐 아니라 소화력도 높여준다.[5]

끝으로 안토시안의 **청보라색** 스펙트럼에 대해서 살펴보자. 안토시안이 약간 들어 있으면 분홍색과 빨간색으로 나타나고, 중간 정도로 들어 있으면 파란색과 보라색으로 드러나며, 상당한 양이 포함되어 있으면 심지어 검은색으로 나타난다. 이 안토시안은 꽃에서 가장 흔히 볼 수 있는 색소일 뿐 아니라, 많은 과일을 물들인다. 체리, 사과와 딸기부터 시작해서 자두, 포도와 무화과에 이르기까지 말이다. 나아가 가지, 비트와 적양배추, 치커리와 꽃상추 같은 채소의 색도 모두 안토시안 덕분이다. 건강한 식물의 색소들은 신체에 항산화작용을 하며 활성산소의 활동을 저지하고, 그리하여 혈관을 보호하고 염증을 줄여준다.

주의! 식료품에 들어간 색소

색은 감정, 생각과 행동에 너무 강력한 힘을 행사하므로, 우리는 색에 의해 매우 단순하게 조종당한다. 제품 생산자들은 소비자의 신뢰를 얻고 제품 판매를 늘리기 위해서 색의 효과를 체계적으로 투입하곤 한다. 우리는 신선한 자연 그대로의 식품을 선호하는데, 이런 식품의 품질을 무엇보다 자연스러운 색에 의해서 판단하는 편이다. 우리는 광고에서 제대로 잘 키운 동물들, 지속가능한 조건에서 재배하는 농작물, 그리고 대량생산되

무지개 색을 따라 건강하게 영양분 섭취하기

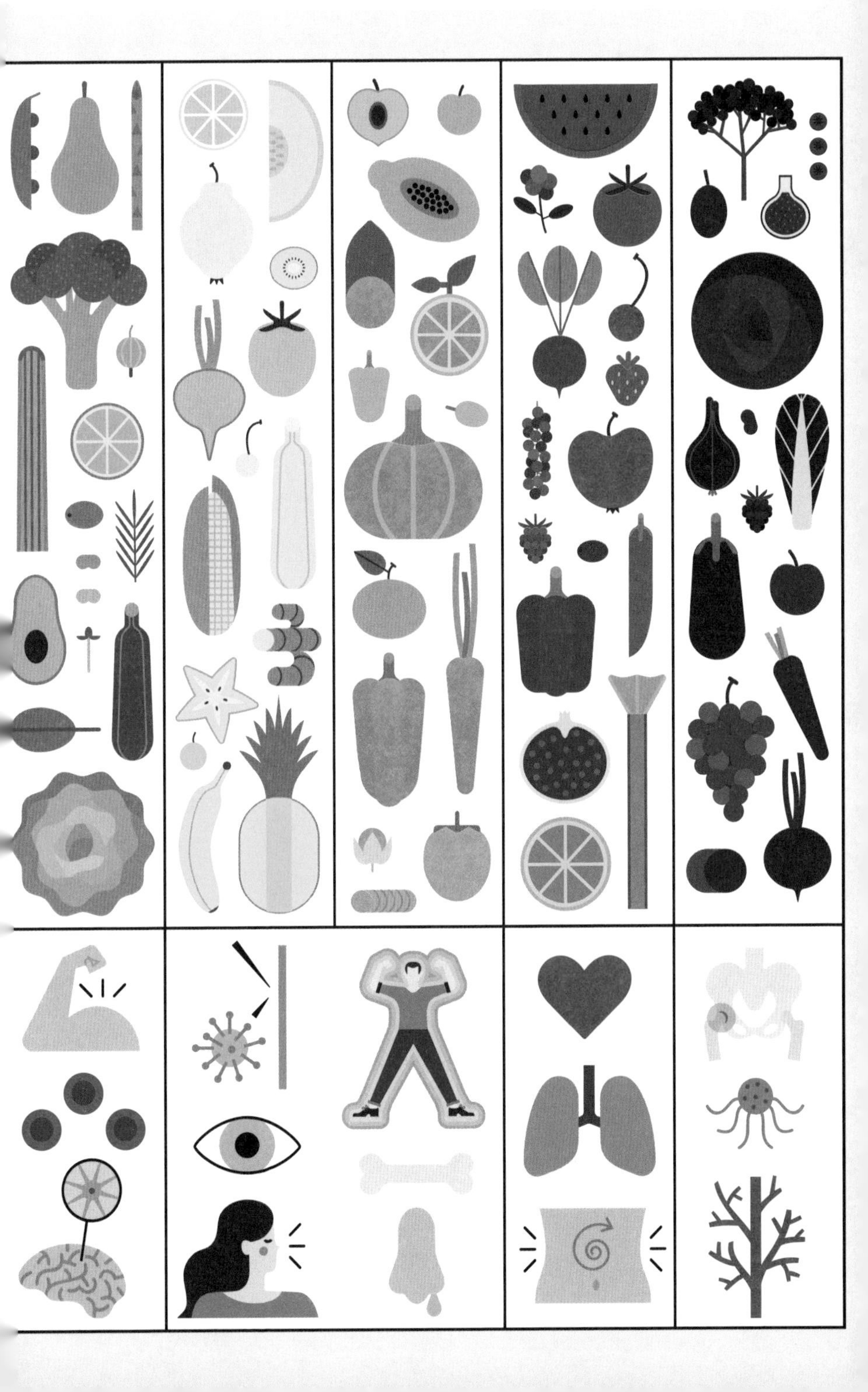

는 현실과는 전혀 상관 없는 산업의 생산과정을 본다. 이와 같은 속임수와 기만은, 만일 우리가 대량생산된 제품이 띠고 있는 색소의 흔적을 알아차릴 수만 있다면 사실 불가능할지 모른다. 이런 일이 생기지 않도록 하려고, 생산자들은 제품에 자연스러운 외양을 부여할 수 있는 식용 색소들을 다량으로 사용하고 있다.

식용 색소로는 천연 색소뿐 아니라 인공 색소가 사용된다. 천연 식품색소는 자연의 산물에서 얻게 되는데, 비트, 포도, 강황, 사프란, 딸기, 국화과에 속하는 천수국속, 유청乳清, 풀, 설탕 또는 당근 등이 그 예다. E 160c라는 표기를 보고 이것이 파프리카 추출물이라는 사실을 알 수 있는 사람은 거의 없다. 왜냐하면 인공 색소도 동일하게 표시되는 까닭이다. 하지만 천연 색소 역시 항상 무해하지는 않다는 점을 생각해야 한다! 모든 작용 물질에서 그렇듯 색소 자체도 중요하지만 그 양도 중요하다.

보통 때는 믿음직한 우리의 육감조차 쉽게 속을 수 있다. 이와 관련해 육류 제품의 색을 들여다보면 된다. 도살된 후에 고기의 자연적인 혈액 색소는 산화되어 점점 잿빛으로 변해간다.

여기에 피와 비슷한 빨간색 색소를 투입함으로써, 눈으로 보는 고기의 신선함을 유통기한을 훨씬 지나서까지 유지하는 것이다. 이와 같은 일반적으로 허용되는 눈속임은 많은 식품에서 광범위하게 이용되고 있다. 바로 이 같은 이유로 공장에서 대량생산되는 제품들이 천연식품에 비해서 오히려 더 신선하고 맛

있어 보이고 건강에 더 좋은 것처럼 보인다. 심지어 많은 사람에게 이런 식품은 맛도 더 있다. 왜냐하면 인공 색소 외에 맛을 더 좋게 하는 재료도 포함될 때가 많으니까 말이다. 유기농 소시지가 더 빨리 회색으로 변하거나 유기농 사과에 몇 개의 점이 있으면, 그것은 결코 흠이 아니라 품질이 좋다는 것을 말해주는 표시다!

이와 같은 속임수는 인간뿐 아니라 동물에게도 통용된다. 이 때문에 동물들에게 주는 사료에도 색소를 사용하는 것이다. 소비자보호단체는 유럽연합에서 식품에 사용해도 된다고 허락한 대략 320종의 첨가물 가운데 절반 이상을 미심쩍게 보고 있다. 이 가운데 대략 40종이 식용 색소이다.[6] 첨가물이 건강에 미치는 효과에 대해 국가 차원에서 통제하거나 첨가물에 대한 표기를 제조업자에게 의무화한 것은 고작해야 몇십 년도 되지 않는다. 이를 통해 건강에 특별히 해로운 황화수은, 납 같은 중금속이나 암을 유발하는 적색 아닐린 같은 타르 염료들은 식품에서 추방되었다. 즉 이전에는 이 색소들이 들어 있어도 아무런 의심 없이 섭취했다는 것이다. 흰색 이산화타이타늄 같은 몇몇 식품 색소는 나노입자 형태로 신체에 일부 남아 있으니, 이로 인한 장기적인 영향도 검사해야만 한다.

소비자인 우리가 제품 성분의 영향에 대해, 성분이 건강에 미치는 위험에 대해 충분한 정보를 가질 경우에 한해, 광고와 속임수를 분리해서 생각할 수 있다. 색소들은 우리의 건강에 모종의 작용을 하는 물질이다! 제약산업의 뿌리는 색소의 연구와 생산에 있는 것이다! 유럽식품안전청(EFSA)은 이미 오래전부터 산업계와 함께 합리적이고 건강에 좋은 기준을 마련하기 위해 노력하고 있다. 이를 통해 약품의 가치를 평가할 수 있으니 말이다.[7] 그러나 소비자보호연맹의 견해에 따르면, 그러한 조치가 대단히 성공을 거둔 것은 아니다.

19세기 말 화학적으로 안정되고, 빛에도 변색하지 않으며, 잘 혼합될 수 있는 아조염료가 발견되었다. 이 염료는 처음에는 석탄타르에서, 오늘날에는 석유에서 생산되고 있다. 아조염료는 우리의 세상을 물들이고 있다. 우리 모두는 살고 있는 집에, 신체에 그리고 냉장고 안에 이 염료를 가지고 있다. 오늘날 이 염료는 전체 색소의 대략 70퍼센트를 차지하며 산업에서 생산되는 제품들에 색을 입히고 있다. 식품, 화장품과 의약품이 바로 그러한 제품에 속한다. 하지만 아조염료는 논쟁의 여지가 많은 첨가물이기도 하다. 원료가 되는 아닐린은 피부와 호흡기에서 알레르기 반응을 일으키고 과잉행동을 야기하며 특정한 조건에서는 암을 유발하기도 한다는 의심을 받고 있다. 특히 아조염료는 아이들이 대부분 좋아하는 달콤한 과자류의 성분이기 때문에, 아이들과 부모들이 이런 사실을 알게 되자 문제가 불거졌다. 아조염료가 아이들에게 과잉행동장애(ADHD)를 불러일으킬 수 있는 것이다.[8] 그리하여 유럽연합은 2010년부터 식품에 포함된 아조염료에 대해 다음과 같이 표기할 것을 지시했다.

"아이들의 활동과 주의력에 해를 끼칠 수 있음."

칵테일용 체리에 주입하는 빨간색 식용색소 에리트로신(E 127)은 갑상선 기능에 영향을 주며, 그리하여 통제할 수 없는 충동이 일어날 수 있다. 널리 이용되는 아조염료 타르트라진에 대해서 잠시 살펴보자. 이것은 몇몇 과일이나 허브를 넣은 리큐어, 채소와 과일로 만든 와인, 발효 및 발효가루, 제과류, 푸딩, 디저트, 생선살 및 게살을 넣어 만든 경단, 치즈의 가장자리와 겨자를 레몬색에서 오렌지색으로 염색한다. 노르웨이에서는 알레르기를 유발하는 부작용 때문에 타르트라진이 금지되었다. 그런데 스칸디나비아 국가들과 독일과 오스트리아에서는 이미 실행되었던 금지 조치가 유럽연합에서 법적으로 균등화하는 과정으로 인해 다시금 해제되었다. 프랑스와 스페인에서 타르트라진은 그야말로 슈퍼마켓에서도 흔히 볼 수 있다. 제품에는 타르트라진이 아니라 다만 "염료colorante"라고 표기되어 있을 뿐이다. 소비자연맹 본부의 보고에 따르면, 아조염료 E 102(타르트라진), E 110(선셋옐로), E 122(카르모이신), E 124(아마란스), E 129(레드알루아), E 104(퀴놀린옐로)가 포함된 식품을 멀리해야만 한다.[9] 가장 확실한 방법은, 제품에서 "인공 색소 무첨가"라는 문구를 발견하든가 유기농 제품인지를 확인하는 것이다.[10]

포장 색의 위험한 힘

오늘날 모든 식품 가운데 대략 90퍼센트가 포장 판매 상품으로, 상품을 광고할 때 소비자들에게 내용물의 품질을 보장하기 위해서 몇 가지 아이디어를 내곤 한다. 색은 상품을 영업할 때 가장 중요한 특징인데, 우리가 상품의 색을 보고 직관적으로 신뢰하는 까닭이다.[11] 포장의 색이 원하는 것을 연상하게 한다면, 인쇄된 그 어떤 문구보다도 많은 사람을 설득할 수 있다. 대부분의 경우 소비자는 상품 포장에 인쇄된 문구는 잘 읽으려 하지 않는다. 혹시 당신은 포장지의 색이 신선하고 건강에 좋으며 맛도 있어 보이더라도, 내용물과 유통기한을 제대로 확인하는가?

독일에서 대부분의 사람은 흰색 달걀보다 갈색 달걀 구입을 선호한다. 암탉들이 알을 낳기 전에 어떤 상태였는지, 달걀의 색에서는 아무것도 읽을 수 없음에도 말이다. 녹색과 파란색의 친환경 인증 마크는, 이런 인증이 어떤 과정을 거쳐서 발급되는지 우리는 전혀 모르지만, 그냥 좋은 느낌을 준다. 최근 몇 년 동안 독창적인 디젤 차량 제조업체가 내세운 '블루'라는 제품명을 생각해보라. 후면에 '블루'라는 문구가 달린 자동차를 몰면서 우리는 마치 환경의식이 강한 것처럼 자부심을 느낀다. 실제로 이 엔진의 연비가 어떤지 묻는 사람이 있다면 그런 자부심은 망가지겠지만.

다른 방향에서 그야말로 문제가 되는 게 있다. 만일 우리가 포장의 색을 보고 전혀 구미가 당기지 않는다면, 포장에서 볼 수 있는 것이 이미지든 글이든 상관없이, 내용물도 그 영향을 받는다. 제품들이 포장되지 않은 채 진열되어 있을 때, 그러니까 고기, 소시지, 치즈와 빵 같은 제품은 항상 신선하고 맛있게 보이도록 적합한 조명을 비춘다. 조명의 색온도에 주의해서 볼 것! 고기와 소시지를 파는 곳은 조명이 따뜻하고 주로 빨간색을 띠고 있으며, 그에 비해 빵을 파는 코너에서는 노란색 조명, 냉동식품을 파는 곳에서는 밝은 파란색 조명을 볼 수 있을 것이다. 색은 식품 구매를 결정하는 중요한 요소가 되는데, 우리는 색을 통해서 신선도, 품질, 건강에 미칠 영향을 비롯해 소화흡수가 잘되는지, 친환경적인지 하는 제품의 중요한 특징을 알아보기 때문이다. 그것이 우리의 본성이기에 다른 방식으로는 하지 못한다. 포장의 색은 제품에 대한 관심과 사고 싶다는 감정을 불러일으켜야만 한다. 왜냐하면 선반에서 포장된 제품을 꺼낼 때, 이 행동은 이미 구매할 의사가 있는 선택이기 때문이다.

하지만 이와 같은 현실은 대가를 많이 치러야 하는데, 환경면에서 자원 사용과 쓰레기처리 문제로 골치가 아플 뿐 아니라, 소비자 건강과 관련해서도 그러하다. 추측하건대 두통을 유발할 수 있는 10만 가지 성분이 포장 재질로부터 우리가 먹는 식품으로 이동하고, 이 가운데 많은 성분은 독성학에서 매우 중요하다고, 포장 분석가이자 '취리히 칸톤 실험실'에서 근무하는 그롭Koni Grob 박사는 추정하고 있다. 그의 말에 따르면, 이와 같은 방식으로 포장지의 화학성분이 식품에 들어가며 독성 살충제 잔류물에 비해 4배는 더 많을 것이라고 한다. 오늘날 포장지를 인쇄할 때 사용되는 4,000여 가지 재료는 독일연방 위험평가연구소에 따르면, 독성 수치를 전혀 제출하지 않거나 불충분하게 제출했다고 한다. 컬러 인쇄를 위해 들어가는 많은 재료의 주요 성분이며 향이 나는 아민amine은 암을 유발할 수 있으며 유전자를 변형시킬 수 있다. 또한 신장과 간을 손상한다는 것도 이미 알려져 있다. 인쇄용 색소는 내용물에 직접적으로 또는 가스를 분출해서 도포한다.[12] 하지만 인쇄용 색소는 가장 큰 문제가 아니다. 이보다 훨씬 심각한 것은 포장의 보이지 않는 색소로, 우리가 거의 예상하지 못하는 곳에 있다. 재생지와 판지의 결에는 석유가 함유된 색소들이 들어가 있는데, 이 색소는 광고지, 매우 반짝거리는 잡지와 신문 같은 인쇄물을 찍는 데 사용된 것이다.[13] 푸드워치 같은 소비자보호단체들은 이미 오래전부터 이와 같은 색소에 대해서 경고한 바 있다.[14]

어떻게 포장에서 우리의 건강을 해치지 않고 환경에도 좋다는 것을 알아볼 수 있을까? 갈색의 목재 색소 리그닌은 아주 많은 에너지를 들여서 펄프에서 제거된다. 종이는 세제, 섬유와 플라스틱에도 투입되는, 이른바 시각적으로 밝게 해주는 첨가물을 통해서 비로소 흰색을 띠게 된다. 만일 포장지가 천연 목재 펄프나 독성이 포함되지 않은 재활용 재료를 통해 생산된다면, 건강에 해를 입히지 않는다. 따라서 표백하지 않은 종이인지 확인하고, 판지일 경우에는 섬유질 구조가 거칠고 자연스러운 갈색을 띠고 있는지 살필 필요가 있다. 나아가 포장지에 인쇄된 색이 독성 용해제 찌꺼기를 포함하고 있지는 않은지 주의 깊게 봐야 한다. 생태학적 농림업에 관련된 유럽연합의 법은 지금까지 유기농 제품의 포장에 대해서는 특별한 요구를 하지 않고 있다. 그리하여 유기농업 제품들은 오늘날 생산자에 대한 정보만 별도로 제공하거나, 가능하면 식량을 판매할 때 포장을 하지 않는다.

무기력과 계절성 우울증—빛을 통한 치료 효과

우리는 빛의 변화에 따른 하루와 계절의 주기에 동기화된 바이오리듬에 따라 살아간다. 빛과 함께 우리가 사는 세계 전체의 색도 변한다. 기후, 날씨와 계절 같은 환경현상들은 우리의 인지와 기억 속에서 전형적인 색조와 밀접하게 연결되어 있다. 낮의 빛으로 색이 변함으로써 많은 신체적 기능, 예를 들어 체온, 식욕, 호르몬 수치나 통증을 느끼는 정도도 변한다. 망막 세포에는 시각용 색소 외에 멜라놉신이라는 색소가 있는데, 이 색소를 통해서 시교차 상핵[원추 형태이며, 시상하부에서 시신경이 교차하는 영역인 시각교차구역 바로 윗부분에 있다]은 지속적으로 광색을 측정한다. 이렇게 함으로써 우리의 뇌는 현재 시간과 계절에 대한 정보를 얻으며 모든 신체기능을 거기에 무의식적으로 적응시킨다. 이 영역에 있는 뉴런들은 많은 정보를 저장해둠으로써, 우리의 시간 리듬이 심지어 완전히 어두운 상태에서도 유지될 수 있게 한다. 먼 외국으로 여행을 가면, 수면-각성 리듬이 새롭게 작동할 때까지 어느 정도 시간이 걸리게 된다.

460나노미터라는 단파 스펙트럼에 속해 있는 밝은 청색광은 우리에게 동기를 부여하는 장치처럼 작용한다. 그러니까 신체기능을 활발하게 만들고, 능률을 높이며, 기분을 밝게 해주는 것이다. 세로토닌이라는 각성호르몬이 분출됨으로써 우리는 침침하고 회색빛을 띤 환경에서보다 더 명랑해지고, 뭔가 하고 싶은 욕구를 느끼고, 더욱 창의적이게 된다. 만일 당신이 성과를 내고 싶다면, 밝고도 차가운 흰색 조명에서 하라. 이런 조명은 오후 내내 비추는 햇빛과 가장 비슷하다. 전등의 조도는 최소한 500럭스는 되어야 하고, 색온도는 5,300켈빈은 되어야 한다.

일을 할 때 성과를 높이고자 하면 조명만큼 중요한 요소가 공간 내에서 조명을 반사하는 표면의 색인데, 이는 필요한 조명의 세기를 계산할 때 대체로 간과되는 요소다. 반사력이 뛰어난 흰색 벽은 빛의 세기를 높여주기는 하지만, 매우 눈부시고 서늘하며 경계를 흐릿하게 한다(이 책의 2부 1장 '흰색'을 참고하라). 만일 당신이 지속적으로 활동적이고자 한다면, 서늘하고 신선하며 생동감 있는 주변 색이 도움이 된다. 예를 들면 밝은 청록색과 파란색 계통인데, 조금 더 쾌적하려면 이보다 약간 가벼운 색을 선택하면 된다. 중요한 건 실내 전체를 이러한 한 가지 색으로 칠할 필요는 없다는 것이다. 각각의 색은 한껏 효과를 내려면 반대편에 속하는 색을 필요로 하기 때문이다. 따뜻한 목재 바닥, 리놀륨이나 양탄자가 깔린 바닥은 즉시 서늘한 벽의 색과 좋은 대조를 이루어주고, 이로써 당신은 집중해서 일하더라도 편안함을 느낄 수 있다. 벽에 색을 입히고 싶지 않다면, 작업장에 커다란 그림을 걸어놓는 것도 좋다. 이런 그림은 조명을 잘 받으면 활발한 분위기를 만들어낼 수 있으니까 말이다. 만일 공간 전체에 조명을 사용하지 않고 작업하는 장소에만 조명을 비춘다면, 더 편안하게 느낄 수 있을 뿐 아니라 에너지도 아낄 수 있다.

오랫동안 작업장 분위기에 주의를 기울이지 않으면, 우리가 느낄 수 있는 편안함도 줄어들고 실적이 떨어질 뿐 아니라, 심각한 건강상의 문제도 일어날 수 있다. 침침한 회색 분위기는 우리의 뇌에 해가 지고 있다는 신호를 준다. 그러면 수면 호르몬인 멜라토닌이 나와서 신진대사 기능을 떨어뜨리고, 피곤하고 약해졌다고 느끼게 된다. 신체는 휴식을 요구하는데, 이러한 신호를 무시하면 거부반응을 일으킨다. 따라서 생물의 체내 시계를 연구하는 이른바 시간생물학자들은 겨울에 겪는 우울증을 겨울잠의 잔재라고 부른다. 시간생물학자들에게, 만연한 겨울철 피로는 정상이라는 말이다. 따라서 춥고 빛이 드문 회색 지역에 사는 주민들이 기나긴 겨울을 나면서 온기, 빛과 색을 그리워하는 것은 놀랄 일이 아니다. 이런 조건은 그들이 사는 집의 분위기에도 반영되며, 또한 따뜻한 지역에 사는 주민들에 비해서 먼 나라로 여행 가는 경우도 훨씬 많다.

계절에 따라 나타나는 우울증의 경우 오늘날에는 광선을 이용한 치료법을 자주 사용하며, 이런 치료법이 성공을 거두자 의과대학에서도 이를 가르치는 것은 물론 의료보험에서도 비용을 지원해주고 있다.[15] 우울증을 겪고 있는 사람은 아침에 일어나서 차갑고 흰색을 띤 전등 빛에 노출하면 가장 좋은 치료 효과를 볼 수 있다. 매일 1만 럭스의 광도에 30분간 쬐면 되고, 2,500럭스일 경우에는 몇 시간이 걸릴 것이다. 만일 휴식, 긴장 해소와 회복 같은 효과를 중요시한다면, 따뜻한 흰색 또는 다채로운 빛깔의 조명으로 광선치료를 하면 효과적이다. 개별 색들이 갖는 효과는 색의 문화를 다룬 이 책 2부 〈색의 문화〉에서 찾아볼 수 있다.

독일에서 계절성 우울증 환자는 인구의 3~5퍼센트 정도로 적지만, 북부 주민들이 비교적 많다. 이와 달리 계절에 따라 기분 변화가 심한 증상은 훨씬 많은 사람이 겪고 있다. 따라서 겨울에 무기력으로 고생하지만 그럼에도 성과를 내야 하는 사람들에게 광선치료를 추천하고 싶다. 하지만 가장 치료 효과가 높은 빛은 자연에서 나온다. 매일 바깥에 나가서 산책을 한다면 무기력, 낙담, 우울 같은 부정적인 기분을 가장 효과적으로 예방할 수 있다. 만일 하늘에 구름이 잔뜩 끼어 있다 하더라도 전혀 방해 요소가 되지 못한다. 그런 날씨에도 인공조명보다 훨씬 건강한 빛을 받을 수 있기 때문이다.

쾌적한 오아시스 같은 분위기 아니면 효율적인 작업장 분위기?—상황에 적절한 조명

적절한 조명은 무기력과 우울증에 치료 효과가 있을 뿐 아니라, 일상에서 삶의 질에 영향을 준다. 하지만 어떻게 상황에 적절한 조명을 찾을 수 있을까?

색의 온도는 우리가 느끼는 쾌적함, 능률, 건강에 지대한 영향을 미친다. 오늘날 우리는 색온도를 켈빈Kelvin[기호는 K]이라는 단위로 측정한다[광원의 색이 붉을수록 색온도는 낮아지고 따뜻한 느낌을 주며 흰색, 파란색으로 갈수록 색온도는 높아지고 서늘한 분위기가 된다]. 지는 해의 붉고 따뜻한 빛은 색온도가 대략 3,000켈빈에 달하며 편안한 분위기를 연출한다. 아침에 일찍 일어나는 사람들은 이와 같은 분위기를 해가 뜨기 시작하는 시점에도 감지할 수 있다. 당신은 색온도가 미치는 영향을 감지할 수 있는데, 이로 인해 낮에서 밤으로 넘어가는 시점이 되면 몸 전체가 피로하고 무겁다고 느끼게 된다. 아침에 이 약한 붉은 빛은, 우리가 서서히 깨어나게 해주고 조용히 낮을 시작할 준비를 할 수 있게 해준다. 직접적인 햇빛 또는 생체 역학에 맞춘 인공조명은 아침에 기상하는 것을 쉽게 해줄뿐더러, 쾌적함, 성취와 건강까지 촉진한다. 강렬함과 색온도를 통해 자명종 역할을 하는 빛은 따뜻한 영역에서 점차 서늘한 영역으로 바뀌면서, 햇빛이 부족할 때도 우리가 최적의 상태에 있도록 도와준다. 스마트폰이나 노트북으로 집 안 전체의 LED 조명을 관리하는, 이른바 '스마트' 조명도 점점 인기를 얻고 있다. 이를 통해 기상하거나 잠을 자는 데 도움을 받을 뿐 아니라, 목적에 맞게 조명을 선택할 수 있다.

저녁이나 낮에 쉬는 동안 자연적인 방법으로 휴식을 취할 수 있으려면, 올바른 조명 선택이 반드시 필요하다. 쾌적한 분위기에서 우리는 훨씬 빨리 그리고 효과적으로 긴장을 해소할 수 있고 새로운 과제를 위해 에너지를 다시 충전할 수 있다. 당신은 이처럼 쾌적한 느낌을 주는 효과를 이미 경험했을 텐데, 촛불을 켜두었을 때나 캠프파이어에서, 또는 벽난로 앞에서 말이다. 이렇듯 따스한 다홍색 빛이 날 때 우리는 그 어느 때보다 편안하고 쾌적하게 느낀다. 비단 장소뿐 아니라, 그곳에 함께 있는 사람들도 더 감정이 풍부해 보이고, 마음도 더 열린 것 같고 더 친절해 보인다. 따뜻하고 은은한 빛에는 주변의 표면 색상이 중요한 역할을 하며, 이런 분위기에서 당신은 개인적인 만남, 활기찬 대화와 사교적인 활동을 할 수 있다. 쾌적하게 느낄 수 있는 바닥의 색으로는 나무나 돌 같은 재료에서 볼 수 있는 자연스러운 갈색이 좋다. 벽은 사용 목적에 따라 파스텔톤이나 전통적으로 사용해온 색, 그러니까 회색이나 회색이 포함된 빨간색, 오렌지색, 녹색 같은 색을 선택하면 된다.

과거에 많이 썼던 백열등이나 에너지 소비가 효율적인 할로겐전등처럼 빛이 많은 온기를 방출하는 곳에는, 색의 온도가 그 자체로 쾌적한 영역에 있다. 요즘 유행하는 환경에 그다지 해롭지 않은 대안으로는LED 조명이 있는데, 2,700~3,300켈빈의 따뜻한 흰색 빛을 방출한다. 전구를 구입할 때는 '주광畫光전구'라는 표시를 살펴보고 구매하면 된다. 연색평가지수color rendering index[조명이 물체의 고유한 색을 얼마나 제대로 보여주는가에 따라 측정함. 예를 들어 태양광의 지수는 100이다]가 90~100이어야 비로소 주광전구라고 할 수 있다. 일반적으로 판매하고 있는 조명등의 연색지수는 80으로, 이는 익숙한 색의 스펙트럼에서 이미 20퍼센트가 부족하다는 의미다. 이러한 빛에서는 그 어떤 색도 자연스럽게 보이지 않는데, 이로 인해 쾌적함을 느낄 수 있는 효과도 사라져버린다.

우리가 쾌적하다고 느끼기 위한 또 다른 중요한 요소는 공간의 광도와 빛의 분포다. 방 중간에 조명을 설치하는 중앙 조명보다는, 오히려 다양한 곳에 전등을 마련하는 게 좋다. 그러니까 책을 읽는 곳, 식사하는 곳, 놀이하는 곳, 오락을 즐기는 곳, 작업하는 곳 또는 긴장을 푸는 곳에 필요한 전등을 각각 설치하면 된다. 또한 알맞은 광도도 용도에 따라 달리 택해야 한다.

50~300럭스에서는 분위기가 침침할 수 있으며, 이런 낮은 광도에는 침실, 거실, 욕실과 같이 편안하게 느낄 수 있는 공간이 적합하다. 그러나 특정 상황에서 기력을 회복하기 위해 필요한 빛의 양과 가장 편안한 색온도를 확인하는 가장 쉬운 방법은 밝기를 직접 조절할 수 있는 조명을 구입하는 것이다.

우리는 집에서뿐 아니라 일상의 많은 상황에서도 오아시스처럼 편안하게 느낄 수 있기를 원한다. 가령 직장 휴게실, 병원 입원실 또는 가능하면 빨리 휴식을 취하고 싶은 곳, 그날의 문제를 잊어버리고 싶은 곳에서는 말이다. 아이들 역시 학교에서 오랜 시간 배우고 집으로 돌아오면 편안하게 쉬고 싶어 한다. 이와 반대로 아이들이 공부하거나 뛰어다니려면 다른 조명이 필요하다.

오후가 되면 푸른 하늘은 색온도가 상승하고, 마치 거대한 반사판이나 되듯 5,000~12,000켈빈에 달하는 햇빛을 지상에 뿌린다. 5,300켈빈이면 이미 파란색이 증가해 차가운 흰색 인상을 받게 되는데, 이로 인해 우리는 보다 주의 깊게, 각성한 채 집중할 수 있다. 이와 같은 색온도를 지닌 조명은 '주광전구'라는 표시로 알아볼 수 있다. 우리가 오랜 시간 동안 지극히 집중해서 일하면서 규칙적으로 짧은 휴식할 수 있는 조건은, 최소한 500럭스의 조도와 6,000켈빈의 색온도에서 탁월하게 갖춰진다. 그러나 사람은 이와 같은 조명에서 줄곧 지내기는 적합하지 않은데, 그와 같은 조건에서는 절대로 편히 쉴 수 없기 때문이다.

다양한 활동을 위한 공간이 필요한 곳에는, 생체리듬에 따라 빛을 조절해주는 스마트한 장치가 적절하다. 아이들이 집중해서 공부하며 대부분의 시간을 보내는 교실에서는 서늘하고 분명한 빛을 계속 사용하면 문제가 될 수 있다. 차가운 흰색 밝은 빛을 오랫동안 비추면 사회적인 활동성을 저해하고, 휴식도 방해하며, 과잉행동장애 같은 증상을 더 부추길 수 있다. 태양도 온종일 중천에 떠 있지 않다! 수학, 언어, 자연과학, 그리고 미술과 음악같이 다양한 과목을 아이들이 적절하게 배우도록 하려면 그때그때 조명을 조절할 수 있어야 한다. 현대적인 조명의 경우에는 조도와 색온도를 아이들의 활동에 맞출 수 있다. 함부르크 대학병원이 실시한 연구에 따르면, 밝고 파란색을 띤 서늘한 조명을 받으면 학생들이 책을 읽는 속도가 거의 35퍼센트 증가했다고 한다. 붉은빛을 띤 따뜻한 분위기로 바꾸자 아이들이 활발하게 움직이던 태도가 76퍼센트 줄어들었다고 한다.[16] 우리 눈의 센서는 마치 조절장치처럼 작동하는데, 이를 통해 최대의 성과를 내도록 하거나 수면에 들게 할 수 있다.

색온도, 조도와 활동수준 사이의 연관성은 저녁에 스마트폰, 노트북 혹은 컴퓨터를 사용한 뒤 우리가 잠을 잘 이룰 수 없거나 불안한 밤을 보내게 되는 이유를 잘 설명해준다. 잘 때 추위를 느껴도, 당연히 잠을 청하는 데 문제가 된다! 모니터의 밝고 차가운 흰색은 우리를 각성시키는데, 색온도가 신진대사와 호르몬 수치 같은 신체기능을 자극하는 까닭이다. 그러면 신체시

게를 오후시간대에 맞추게 되는 것이다. 반대로 저녁에 분비되며 수면에 관여하는 호르몬 멜라토닌은 잘 나오지 않는다. 모니터 앞에서 2시간을 보내고 나면 생산되는 멜라토닌의 양은 대략 23퍼센트 줄어든다. 13~17세 학생 1,600명에게 설문조사를 실시해보니, 방에서 불을 끈 뒤에 스마트폰을 이용하면 그다음 날 5배는 더 피곤함을 느낀다고 한다.[17] 그리하여 몇몇 스마트폰 제조사들은 화면 밝기를 자동으로 줄이고 보다 따뜻한 색온도로 조정되도록 하는 야간 모드를 도입했다.

풍수 그 이상
—공간의 색이 쾌적함과 건강에 미치는 영향

공간의 색이 사람에게 미치는 효과에 주의를 기울이면, 우리는 도교의 조화이론이라 할 수 있는 풍수론을 자주 만나게 된다. 풍수를 보는 지관地官은 고대 중국에서 터에 관한 점쟁이로, 길을 내기에 적당한 터와 건물을 짓기에 적당한 터를 결정해야만 했다. '이로운 기의 흐름'으로부터 건축물을 지을 위치와 방향을 끌어내는 것이었다. 이런 말은 오늘날 우리 귀에는 매우 신비롭게 들리지만, 조금만 더 자세하게 관찰하면 풍수론에서 매우 중요한 자연의 요소들을 발견할 수 있다. 가령 하늘의 방향과 바람의 방향 또는 물의 존재와 같은 요소 말이다.

이 동양의 이론은 오늘날 무엇보다 인간에 대해서 말하는데, 즉 주변 환경과 조화를 이뤄 살고자 하는 의식 있는 인간을 말한다. 우리와 함께 사는 동시대인들의 건축물들을 한번 관찰해 보라! 유형화, 규범화, 표준화를 중요시하는 이 시대에는, 개개인의 쾌적함과 살기 좋은 환경에 대한 주관적인 욕구가 거의 무시되고 있다. 바우하우스에서 공부했던 에른스트 노이페르트Ernst Neufert가 집필한, 전 세계적으로 성공을 거둔 건축에 관한 개론서는 19개 언어로 번역되어 50만 부 이상 판매되었다. 이 책은 '인간과 색'이라는 주제를 딱 한 페이지에서만 다루었다. 물론 그것도 완전히 검정과 흰색만.[18]

조화가 인간에게 주는 효과에 대해 수천 년 동안 수집했던 지식이 실제로 2차대전 이후에 설계이론에서 완전히 추방되고 말았던 것이다. 전통적 모더니즘[시기상으로는 1900년대 전반에 해당하며, 회화에서는 마티스, 피카소, 클레, 몬드리안, 샤갈 등이 아방가르드 양식에 속하는 다양한 작품을 선보였다. 건축은 독일의 바우하우스가 대표적이다]에 속하는 건축물들은 여전히 조화의 규칙에 따라서 세워졌으며, 이러한 규칙은 사실 로마시대 건축의 대가 비트루비우스Vitruvius까지 거슬러 올라간다.[19] 조화를 이루고자 하는 의지는 도시 건설에서부터 시작하여 가로수 길과 건축물을 거쳐 색과 장식에 이르기까지 설계 전반을 관통했다. 전통적 모더니즘을 대표하는 많은 사람, 예를 들어 스위스 건축가 르 코르뷔지에Le Corbusier나 독일 건축가 브루노 타우트Bruno Taut 역시

'색의 조화'라는 주제와 관련해 많은 문화적 유산을 남겼다.[20]

이런 것에 관심을 가지고 유심히 관찰하는 사람이 있다면, 데사우에 바우하우스가 조성한 주택개발단지, 슈투트가르트에 있는 바이센호프 주거지역, 또는 베를린 첼렌도르프에 있는 숲 거주구역 같은 전통적인 모더니즘의 대표 건축물들이 갑자기 완전히 새로운 빛으로 보일 것이다. 이런 건축물의 겉모양만 보고 실망하지 말 것! 이 가운데 많은 건물이 밝은 흰색을 띠는데, 이 색은 바로 새로운 시대가 열린다는 신호였다. 조화롭게 형성된 실내공간은 바로 거주하는 사람들의 것이었다. 실내에 있는 모든 색은 이 공간을 사용하는 사람들의 목적에 맞게 세심하게 선택되었다. 당신은 이 건축물들에서 전체와 조화를 이루지 않은 부분을 발견하지 못할 것이다.[21] 색, 조명과 공간이 사람들의 욕구와 조화를 이루고 있다는 말이다.

하지만 수천 년이나 이어져 내려온 조화이론 풍수가 오늘날 정말 유용할 수 있을까? 풍수이론은 도교의 '음양이론'을 바탕으로 한다. 풍수이론에서는 인간과 자연의 조화가 힘의 균형을 이루어준다고 정의하고 있다.[22] 흰색의 양은 밝음, 온기와 활력처럼 남성적 원칙을 대표한다. 이와 균형을 맞추기 위해 검은색의 음이라는 여성적 원칙은 암흑, 냉기와 휴식을 대표한다. 오늘날 우리가 직접 혼합하거나 기성품을 구입할 수 있는 많은 색조는 활동적이거나 차분한 영역, 밝거나 어두운 영역, 따뜻하거나 차가운 영역으로 분류할 수 있다. 풍수이론에 따라 당신은 많은 빛과 빨간색, 오렌지색, 노란색처럼 밝고 따뜻한 색으로 활기를 자극하는 분위기를 만들 수 있다. 파란색과 보라색 같은 어둡고 서늘한 색은 평정과 조용한 분위기를 만들어낼 수 있다. 풍수이론에서 녹색은 이미 그 자체로 균형이 잡혀 있으며, 두 가지 대조적인 힘의 중앙에 위치한다.

우리가 사는 현대 생활 세계에서도 역시 활기를 주거나 휴식할 수 있는 공간이 필요하다. 거실과 침실, 작업공간과 휴게실 또는 로비와 객실을 생각해보면 된다. 여기에서는 균형을 잡아주는 게 참으로 중요하지만, 그렇다고 해서 검정과 흰색 또는 찬색과 더운색처럼 대비되는 색만으로는 그 어떤 조화도 만들어낼 수 없으며, 편안한 분위기는 말할 필요도 없다. 방위에 따라 색을 분류하거나, 파란색은 물, 흰색은 금속, 노란색은 흙, 녹색은 나무, 빨간색은 불이라고 원소에 따라 색을 분류한다고 해서 조화로운 색을 충분히 만들 수 있다는 뜻도 결코 아니다. 전통적인 중국의 풍수이론은 올바른 길을 보여주는 하나의 학설이지만, 그 이상은 아니다. 우리는 오늘날 특정 장소에서 인간과 자연 사이에 어떻게 하면 조화로운 관계가 만들어질지 직접 찾아봐야만 한다.

앞선 장에서 당신은 이미, 색이 우리와 동떨어져서 어딘가에 존재하는 게 아니라, 주변 사람들과 우리의 머릿속에 존재한다는 사실을 경험했다. 따라서 우리는 사람들의 개별적인 욕구를 각자의 생활공간과 동원할 수 있는 자원과 조화시킬 수 있는 균형을 찾아야 한다. 이 과정에서 우리는 풍수로부터 중요한 것을 배울 수 있다. 조화에 대한 욕구는 우리의 정신적·신체적 건강을 위해 포기할 수 없다. 또한 이 욕구는 시간과 공간, 문화와도 동떨어질 수 없다. 하나의 건물은 주변의 자연, 건물에 거주하는 사람들, 그리고 거주자들의 요구와 조화를 이룰 때에만 건물로서의 기능이 잘 작동하는 것이다. 또한 우리는 모든 중요한 환경 요소들을 고려할 때에만 비로소 설계하고 만들고자 하는 아이디어가 작동할 수 있다는 것을 배운다.

바로 이 지점에서 학문이 역할을 맡게 된다. 조화롭다는 느낌은 주관적이기는 하지만, 결코 우연이 아니다. 조화로운 색은 충분히 계획할 수 있고 계산할 수 있다. 우리는 조화롭다는 것을 사람들이 각자의 환경에 만족하는 정도에서 알아볼 수 있으며, 그들이 느끼는 쾌적함과 건강에서 알아볼 수 있다. 오늘날 우리가 빛과 색으로 조화로운 설계를 시작하기 전에, 우선 사람들의 개인적인 욕구와 이들이 생활하고 일하는 상황이라는 전체를 이해할 필요가 있다. 그리하여 이 장을 끝내면서 나는 직접 실행해본 사례를 예로 들어서 보여주고 싶다. 그러니까 빛과 색이 사람들의 쾌적함, 건강과 작업의 질과 삶의 질에 어떤 영향을 주는지 말이다. 나아가 이 사례는, 이와 같은 효과를 어떻게 체계적으로 계획하고 계산할 수 있는지도 보여준다. 나는 이를 위해 의도적으로 중환자실을 선택했다. 왜냐하면 이런 장소에서는 사람들의 기쁨과 슬픔은 물론 삶과 죽음이 너무나도 밀

접하게 공존하기 때문이다.[23]

이런 프로젝트를 실행하게 된 계기는 중환자실 세 군데를 보수할 계획 덕분이었다. 이 중환자실들은 과거에 일괄적으로 노랑 색조가 가미된 흰색이 칠해진 상태였다. 새로운 색으로 칠을 했으면 좋겠다는 소망은 중환자실에서 일하던 간호사들로부터 나왔는데, 이들은 교대근무를 하며 심리적으로는 물론 신체적으로도 상당한 스트레스를 받고 있는 상황이었다. 근무하는 직원들뿐 아니라 환자들도 새롭게 칠해지는 색으로부터 도움을 받아야만 했다. 과장 의사들은 우리가 칠을 새로 하면서 '섬망 예방'도 할 수 있는지 물어봤다. 섬망이란 주의력과 의식이 상당한 방해를 받는 상태로서, 사망률도 눈에 띄게 높이며, 병원에서 체류하는 기간도 1~10일 더 늘어나게 하고, 치료 효과도 나쁘게 했다.[24] 이것은 연구에 참여한 모든 사람에게 매우 중대한 도전이었는데, 그전까지 아무도 시도를 해보지 않았기 때문이다. 과연 조명과 색을 바꾸는 것만으로 고통을 줄이거나 심지어 목숨을 구할 수도 있을까?

이 프로젝트는 대대적인 성공을 거두었고, 프로젝트에 참여한 사람들은 상당히 놀랐다. 왜냐하면 보수공사는 벽과 천장을 칠하고 조명을 교체하기만 했기에 비용이 그렇게 많이 들지 않았기 때문이다.

공간 디자인 원칙을 다루기 이전에, 우선 수반된 연구 결과들에 관해서 잠시 살펴보기로 하자. 색을 바꾼 뒤 환자들이 주관직으로 느낀 쾌적감은 내략 50퍼센트나 향상되었다. 입원해 있던 환자들은 새로운 공간에 대해 전보다 훨씬 사적인 생활이 보호되고, 안전하며 보호받는 기분을 느낀다고 대답했다. 병원에서 일하는 직원들 역시 색이 바뀐 뒤 편안한 모습을 보였고 (대략 40퍼센트 향상됨), 이로 인해 병원에서 간호를 받으며 느끼는 만족감도 거의 30퍼센트 향상되었는데 환영할 만한 '부수적 효과'가 아닐 수 없다. 1년 뒤에 우리는 색과 조명을 바꾼 영향이 의약품 사용에 미친 결과를 확인했는데, 이는 나뿐만 아니라 프로젝트에 참여했던 과장 의사도 깜짝 놀라게 했다. 환자들에게 특히 섬망을 예방하려고 처방했던 향정신성의약품 사용량이 다른 기간과 비교했을 때 대략 30퍼센트 감소했다. 이런 결과는, 향정신성의약품 투약은 뇌졸중 발작 발생률과 정신질환자를 장기 치료할 때 사망률을 2~4배까지 상승시킨다는 이유 하나만으로도 의미심장하다.[25]

간단하지만 지극히 효과가 좋았던 것은 기존의 모든 형광등을 색을 반사하는 특징이 향상된 주광전구 LED로 바꾼 것이었다. 90이라는 연색지수는, 우리가 익숙한 낮처럼 모든 컬러의 90퍼센트를 반사한다는 뜻이다. 전등을 교체하기 전에는 추측하건대 60퍼센트였을 것이다. 좋지 않은 빛은 동기 부여를 그르칠 뿐 아니라, 삶의 즐거움도 줄인다. 나쁜 조명을 받으면 간병인들, 의사들과 직원들의 얼굴은 창백하게 또는 걱정에 빠진 것처럼 보이거나 심지어 감정이 없어 보인다. 그리고 음식은 전혀 맛이 없어 보이고, 공간은 정 없이 차가워 보인다.

그리하여 우리는 환자들의 방과 휴게실을 따뜻한 흰색 LED 등으로 바꾸었는데, 그러자 사람들은 이곳에서 긴장을 훨씬 더 잘 풀 수 있고 따라서 더 빨리 체력을 회복할 수 있었다. 이와 반대로 통로와 일하는 공간은 분위기를 바꾸기 위해 차가운 흰색 주광등을 설치했는데, 이것은 사람들의 중요한 행동에 영향을 미쳤다. 환자가 누워 있는 입원실과 직원 휴게실에 들어갈 때 과거에 비해 황급히 들어가는 경우가 줄어든 것이다. 이는 소음이 훨씬 줄어든 것과 관계가 있다. 사람들이 느끼는 소음은 이제 30퍼센트까지 줄어들었다.

병원을 방문한 환자 가족들이 기다란 통로에서 방향을 잘 찾을 수 있도록 색상안내시스템도 도입했는데, 이런 안내 방법은 번호로 안내하는 것과 달리 직관적으로 작동하고, 환자 가족이 정신적으로 부담을 느끼는 상황에서도 무리 없이 인지하도록 되어 있다. 환자들의 방에 칠하는 색으로는 안전감, 믿음, 보호받는 느낌을 활성화할 수 있는 색을 선택했다. 색에 가볍게 변화를 줌으로써 환자들의 개별성을 강조하고 동시에 병동 전체와 조화를 이루게 했다. 그리하여 중환자실에 근무하는 직원들은 작업환경이 40퍼센트까지 향상되었다고 평가했다. 그리고 다수의 사람이 우리에게 보고하기를, 새로운 색 덕분에 일이 예전보다 덜 힘들다고 했다.

휴게실의 경우 즉각 스트레스를 줄일 수 있는 '분위기 전환'

에 신경을 썼더니, 직원들은 새로운 환경에서 긴장을 풀 수 있는 생각들을 쉽게 하게 되었고 대화할 때도 재미있는 주제를 좀더 편하게 찾을 수 있었다고 했다. 의사들 역시 개선되었다는 사실을 감지할 수 있었다. 주의 깊게 선택한 색들은 공포와 걱정에 휩싸인 환자의 가족들에게 의사들이 감정 없고 냉정한 사람이라는 인상을 주지 않고, 건실하며 믿을 수 있다는 신뢰감을 강화해주었다. 작업장과의 일체감은 전체 직원들에게서 50퍼센트 이상 향상되었고, 1년 동안 지켜본 결과 병가도 대략 25퍼센트가 줄어들었는데, 특히 전문인력이 부족한 시기에는 확연히 줄어든 것으로 나타났다.

다시 한번 괴테의 말을 인용하자면, 색은 "빛의 행위이자 고통"이기 때문에, 우리는 모든 상황에서 우리에게 딱 맞는 색을 선택해야만 한다. 정신과 육체의 균형, 내면세계와 외부세계의 균형, 그리고 기대와 현실의 균형이 존재하지 않는다면 조화란 없다. 모든 장소와 모든 사회적 상황은 색을 통해서 발전할 수 있고 활성화될 수 있는 특수한 잠재력을 숨기고 있다. 우리는 의사들과 간호사들, 그리고 병원을 운영하는 관리자들, 직원 대표들과 기술자들과 병원의 분위기를 바꾸는 과정을 시작할 때부터 함께했다. 우리는 어떤 구상을 가지고 시작하기 전에, 선택한 색들이 어떤 효과를 낼지 알아야 했다. 사용자들과 프로젝트 책임자들이 참여하는 과정을 통해서 설계안을 마련할 수 있었다. 색은 우리의 체험과 행동에 막강한 힘을 행사한다. 따라서 이런 힘을 무엇을 위해 사용하는지를 세심하게 고민해야만 한다. 이와 같은 출발점에서 우리는 모든 중환자실에 적합한 색에 대한 구상을 개발할 수 있었고, 이곳에서 일하고 병을 고치는 사람들이 아주 만족해하고 있는 현재 상태가 오랫동안 유지될 수 있기를 희망한다.

따라서 풍수와 같은 실용적 이론은 매우 성공을 거둘 수 있는데, 왜냐하면 사람들이 이를 통해서 서로 더 자주 대화를 나눌 수 있는 까닭이다. 우리는 결정을 할 때 전문적·경제적·기술적 배경이 필요할 뿐 아니라, 현장에서 일상적으로 생활하는 사람들의 구체적 관찰도 필요하다. 바로 이로부터 새로이 설계한 색상 환경의 효과는 물론, 그것에 대한 평가와 수용하는 자세가 생겨날 수 있다.

이미 당신도 경험했듯이, 색은 항상 시각적 커뮤니케이션의 수단이자 매체이다. 성공은 우리가 관찰자의 머릿속에서 불러일으키는 연상의 힘을 통해 비로소 나온다. 색과 빛은 우리의 신체와 마음에 대한 의술이다. 한 사람에게 효과가 좋다고 하더라도, 다른 사람에게는 참을 수 없을 수 있다. 다음에 서술할 이 책의 2부에서 나는 인간의 감정, 이성과 행동에 색이 미치는 효과를 소개할 것이다. 우리가 색의 효과를 이해할 때만, 각각의 상황에서 우리에게 딱 맞는 정확한 색을 선택하고 조합할 수 있는 까닭이다.

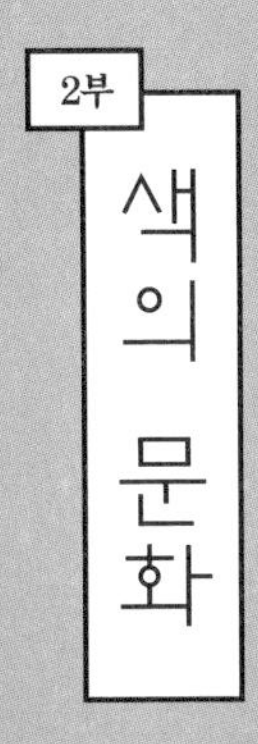
2부
색의 문화

6장

색의 상징적인 힘

색의 다양한 작용을 이해하는 것이 바로 현대적 색채심리학 color psychology의 핵심이다.[1] 이 책의 1부에서 우리는 색의 본성을 관찰했고, 삶에 중요하고 생물학적인 기능에 미치는 영향도 관찰했다. 예를 들어 방향감각, 건강, 경고, 위장, 구애, 사회적 지위와 의사전달 기능 말이다. 2부에서는 이제 색의 문화에 관해서 살펴보려 한다.

문화발전 전반에서 색의 의미는 원시 조상들이 동굴에 그림을 그렸을 때 이미 나타났으며 현재까지 이어지고 있다. 생물학적 특성을 넘어서서 모든 사람은 자신만의 색의 세계에서 살고 있으며, 이와 같은 세계를 우리는 생태적·문화적·사회경제적 조건이 비슷한 환경에서 자란 사람들과 공유한다. 색에 대한 지식은, 우리가 지식을 획득한 상황이나 맥락과 연관이 있다. 그리하여 색은 의미뿐 아니라 가치도 상징적으로 표현한다. 우리의 내면 깊숙한 곳에는, 우리가 자라면서 함께했던 모든 색을 반영해줄 수 있는 색들의 고향이 있다. 그래서 어떤 사람에게 바다는 단순히 파란색이지만, 다른 사람에게 바다는 어두운 회색, 진흙의 갈색, 미역의 녹색, 하늘색, 청록색, 흰색, 빨간색, 밝은 자주색과 금색을 포함하고 있는, 그야말로 색으로 이루어진 소우주로 보인다. 만일 우리가 어린 시절의 색들을 다시 만나면, 이런 환경은 즉각 친밀감을 준다. 이처럼 개인적인 체험과 평가를 기반으로 해서 우리는 어떤 색들을 선호하게 된다. 선호하는 색들은 비교적 비슷한 환경에서 자란 사람과 연결시켜주는가

하면, 완전히 다른 환경에서 성장한 사람들과는 분리해버린다.

색의 문화적 사용을 통해서 색상 환경이라는 특징이 만들어지며, 이러한 색상 환경은 색채 언어가 일상에서 어떻게 작동하는지를 분명하게 설명해준다. 내가 색에 대한 실험을 실행하는 과정에서 함께 일한 여성 동료들과 대학생들은 사진을 통해서 그와 같은 색상 환경을 많이 기록했고 이로부터 프로그램을 이용하여 전형적인 색채코드를 만들어낼 수 있었다. 내가 '컬러 지문color fingerprints'이라고 불렀던 이와 같은 색조의 수집은 함축성이 있어서, 이를 기준으로 모든 사회적·문화적 환경의 특징을 알 수 있다. 아이들이 입은 옷들, 머무는 공간들 그리고 물건들의 색상을 추출해보면, 그야말로 무지개에 포함된 스펙트럼 전체가 나타난다. 왜냐하면 어린 시절에 대한 우리의 이미지는 다양하고 개방적이며 명랑하거나 알록달록하기 때문이다. 이와 극명한 대조를 이루는 것은 노인들의 베이지그레이의 세계로, 이런 세계에서는 흔히 흰색과 파스텔톤만 있다. 하지만 이러한 세계도 동질적이지 않으며, 점차 변화해간다. 늙어서도 정신적으로나 신체적으로 활발하게 살고 싶은 사람은, 그렇게 하려고 뭔가를 할 뿐 아니라 옷차림, 주거환경과 사용하는 물건들의 색을 통해서 그와 같은 삶의 태도를 표현한다.

실험을 할 때마다 나는, 모든 사람이 지인들의 가치관을 그들이 입고 있는 옷 색깔을 통해서 정확하게 맞힌다는 사실을 알게 되곤 한다. 보수적 환경, 실용적 환경, 사회생태학적 환경,

창의적 환경 또는 순전히 재미와 체험을 위주로 살아가는 환경이 선호하는 색들의 차이는 매우 뚜렷하다. 또한 불확실한 환경과 기득권을 누리는 환경 역시 각각 자신만의 색채코드를 이용한다.[2]

색상 환경과 색에 대한 선호는 교육, 생활수준, 종교, 정치 같은 문화적인 요소로만 결정되는 것은 아니며, 기후, 지리와 풍부한 초목처럼 환경 요소에 의해서도 결정된다. 여행하려는 욕구, 호기심과 관용이 강력하게 발달했으며 이민도 자주 일어나는 현대사회에서는, 색의 다양성도 점차 늘어나는 추세다. 다채로운 색은 해당 사회가 개방적이라는 것을 말해주는 메타포일 뿐 아니라, 지진계라고도 할 수 있다. 반면 권위적인 사회는 음울하고 획일적인 회색을 선호하는 경향이 있는데, 이 색은 지배적인 분위기와 사람들의 삶에 대한 느낌까지 특징 짓는다.

색은 우리에게 의미를 전달해주고 행동을 조절하는 데만 그치지 않는다. 색은 또한 우리가 사는 세계를 형성하고, 다시금 인식할 수 있게 해주고, 그렇게 함으로써 직관적으로 우리의 신뢰를 얻는다. 이론적으로 우리는 의미와 작용과는 완전히 무관하게 색을 쓸 자유가 있다. 하지만 실제로는 그렇게 하는 것이 거의 불가능한데, 우리가 사용하는 색들은 관습에 의해서 결정되기 때문이다. 색은 우리가 사용하는 언어의 단어들과 다름없는 상징인데, 자의적으로 교환하거나 변경할 경우 이해하는 데 문제가 생길 수밖에 없다. 일상생활에서 우리는 수백 가지 상황에 처하게 되며, 개별 상황에서 색, 내용과 효과라는 이미 습득한 맥락에 의존하게 된다. 만일 전 세계의 신호등 색을 빨강-노랑-녹색에서 파랑-갈색-흰색으로 바꾸더라도, 시간이 지나면 익숙해질 수 있을 것이다. 하지만 모든 국가, 또는 심지어 각 주정부의 판단에 따라서 신호등 색을 결정한다고 상상해보라! 색은 규범으로 정해졌든 그렇지 않든 우리의 공통된 의미 범주 안에서 사용된다.

하나의 문화에 널리 퍼져 있는 색과 색 조합이 의미하는 상징은 사람들이 사용함으로써 발전한 것이다. 그리하여 우리는, 익숙하고 일상에서 흔히 만나게 되는 사물과 현상의 색을 특히 잘 알고 있다. 우리가 색에 대해서 무엇을 알고 있느냐에서 바로 색에 대한 우리의 지각이 나온다. 당신은 색에 대한 지식을 확장하고 사용함으로써, 언제라도 지각의 경계선을 바꿀 수 있다. 이러한 기회는 일상에서 늘 발견할 수 있다. 다음 장에서는 우리에게 가장 중요한 색들의 문화적 의미와 작용 범위에 대해서 살펴보고자 한다. 색의 문화적 의미에 대해서는 할 얘기가 너무나 많아서, 이런 이야기로 도서관을 가득 채울 수 있을 정도다. 내가 이 책에서 특히 보여주고 싶은 것은, 색을 지각하는 기능이 어떤 원칙에 따라 작동되는지다. 그러니까 사람과 환경 사이의 상호작용은 물론, 색채 문화의 기본이 되는 원칙 말이다. 또한 나에게 중요해 보이는 것은 다양한 문화 사이의 접근으로, 나는 여기에서 색채 문화의 공통점과 차이점을 분명하게 설명할 수 있는 원인으로 보이는 연관성 몇 가지를 실험적으로 다루었다.

앞으로 소개할 13가지 문화적 기본색은 내가 색을 연구해서 얻게 된 광범위한 자료들을 기본으로 삼아서 선택했다. 그리하여 문화마다 특색 있는 기본 색을 탐구하기 위해 흔히 사용되는 색의 이름에서 출발하지는 않았다.[3] 오히려 나는 색을 지칭하는 이름들은 결코 추상적인 언어 목록이 아니라, 구체적인 현상을 표시한다는 확신을 가지고 출발했다. 흔히 이런 구체적 현상들은 언어의 뿌리에서 찾아볼 수 있다. 적절한 부분에서 이런 내용을 다루게 될 것이다.

색에 대한 개념이나 이름을 만드는 초기 단계는 오늘날에도 아마존 우림에서 한적하게 살아가는 피라항족의 언어문화에서 엿볼 수 있다. 피라항족의 언어에서는 색을 지칭하는 단어를 거의 발견할 수 없다. 단지 '밝은'이나 '어두운' 같은 표현만 사용되고 있을 뿐이다. 수를 헤아리는 단어 역시 '적은'과 '많은' 외에는 알려진 게 없다. 만일 피라항족이 빨간색 또는 검은색 대상을 표시하고자 하면, 피와 석탄을 이용한다. 이처럼 모든 단어가 직관적으로 파악할 수 있는 의미를 지시하기 때문에 그들의 언어에는 추상적인 목록이 존재하지 않는다. 우리는 모든 감각을 동원하여 색을 체험한다. 왜냐하면 오로지 이렇게 해야만 이름을 붙여준 것이 의미를 갖기 때문이다.

색을 선별할 때 출발점은 내가 실시한 하나의 연구였다. 연구 목표는 색들의 상징을 끄집어내기 위해 자연과 문화적인 세계의 색들을 전체적으로 묘사하는 것이었다. 하나의 색은 왜 구체적으로 존재하며 이 색이 매일 우리에게 어떤 역할을 하는지를 밝혀내는 일이었다. 이로부터 지난 10년 동안 수많은 사람의 도움을 받은 일련의 연구가 나오게 되었다. 나는 색을 선별할 때 내용의 중요성을 기준으로 삼고 실용적인 숙고를 통해서 결정했다.

색을 선별하기 위해 첫 번째 기준으로 삼은 것은 얼마나 자주 등장하는지였다. 보편적으로 이해할 수 있고 내용상 간단명료해야 했으므로 선별하는 색상의 수는 가능하면 적어야 했다. 두 번째 기준은 모든 문화권에서 정상적인 시각능력을 가진 모든 사람이 분명하게 알아볼 수 있는 명료한 색이어야 한다는 것이었다. 그리하여 여기에서 중요한 것은 문화적으로 기본이 되는 색이며, 이런 기본색은 전 세계의 다양한 지역에서 동일한 실험을 실시했을 때 달라질 수 있다. 세 번째 기준은 색채의 상징 및 효과와 연관이 있다. 회색과 은색, 분홍색과 빨간색, 노란색과 금색처럼 상징과 효과가 명확하게 구별되는 색들은 이런 조건을 넘어서 선별되었다. 13가지 문화적 기본색은 각각 이 세 가지 기준을 충족시킨다. 색의 선별은 우리의 현재 색채 문화의 배경에 바탕을 두고 있다.

마지막으로 장의 구성을 간략하게 살펴보기로 하자. 나는 모든 색을 ‘기억 지도’로 그려 제공했는데, 이것으로 책에서 묘사된 의미와 작용의 다양성을 한눈에 볼 수 있다. 이 그래픽은 뇌의 연상하는 위치에 대해서는 정보를 제공하지 않는다. 정신적 상태도 표시하지 않는다. 우리 뇌 전체를 관통하는 신경망으로 형상화했을 뿐이다. 각각의 장에서 모든 색은 네 개의 하위 소제목으로 분류되고, 여기에서는 동일한 색이 갖는 다양한 또는 정반대의 특징과 작용에 집중한다. 이로써 한 색이 지닌 네 가지 중요한 측면에 집중함으로써 비교할 수 있게 하는 동시에 이해를 높인다. 소제목에 붙어 있는 다분히 시적인 색채에 대한 형용사는, 당신의 상상력으로 내면에 있는 이미지를 불러오기에 충분한 여지를 제공한다. 왜냐하면 색들은 우리가 눈앞에 불러내는 연상 체험을 통해서 힘을 얻기 때문이다.

흰색

신적인, 무죄의, 둥둥 떠 있는, 경직된

흰색의 기억 지도

상징의 의미와 작용 범위

라이트화이트: 빛의 흰색
신적인, 완전한, 미래지향적인

색의 힘은 우리가 직접 몸으로 경험하는 자연현상의 지각에 기반한다. 이러한 토대 위에 색의 상징적인 사용이 결정된다. 광색인 흰색부터 시작해보자. 이 색에서는 모든 생명의 근원에 존재하며 모든 성장과 발전을 촉진하는 우주 에너지의 가시적 형태가 나타난다. 빛나는 태양이 매일 지상에 있는 다양한 색채를 드러나게 해줄 때, 태양의 빛나는 흰색은 초월적이고, 만질 수 없고, 완전하게 작용한다.

'흰색'이라는 단어에는 사람들이 즉각 인식할 수 없는 게 있다. 즉 색을 명명하는 단어 '흰색'이 많은 언어에서 빛, 밝음, 광채라는 자연현상으로 거슬러 올라간다는 사실이다. 독일어에서 흰색을 가리키는 단어 '바이스Weiß'는 인도게르만어 어원인 '퀘이트kweit'로 거슬러 올라가고, 이 단어는 빛나고 밝다는 뜻이다. 희고, 순수하며 깨끗하다는 특징은 프랑스어 '블랑blanc'에 반영되어 있다. 라틴어의 경우 흰색이 다양하게 분류되어 있다. 빛나고 광택이 있는 흰색 톤에 대해서는 '칸디두스candidus'라는 표현이 있으며, 이것은 또한 순수한, 선명한, 투명한 같은 형용사로도 사용된다. 이와 반대로 반짝이는 특징이 없는 흰색 톤을 위해 '알부스albus'라는 개념이 있는데, 이것은 창백한, 밝은, 명랑한 성질을 가리킨다. 라틴어 어원 '알브albh'는 인도게르만어에서 엘프, 즉 정령을 의미하는데, 이것은 빛의 형상이나 흰색 안개 속에서 나타나는 형상으로 보였던 것이다. 또한 중국어에서 '백白'도 흰색, 투명한, 밝은 같은 다양한 의미를 지닌 채 감각적으로 체험할 수 있는 빛의 현상을 지시한다.

그리하여 광색은 많은 문화에서 창조자의 원칙을 상징한다. 우리는 신들과 그들의 사자使者들을 자주 흰색으로 묘사하는 반면, 낙원의 정원에서 즐기는 감각적 즐거움을 알록달록한 색으로 묘사한다. 따라서 이렇듯 화려한 색들은 완벽한 흰색으로부터 아무것도 얻지 못한 인간의 결함을 서술하고 있다.

근대의 흰색은 기나긴 전설의 끝에 있다. 흰색이라는 상징이 갖는 의미는 전통적으로 신성, 완전함, 불멸이라는 개념들로 이루어져 있다. 태양의 흰 빛은 영원을 상징하는 표상이며, 이런 표상은 문화사에서 다양한 방식으로 발견할 수 있다. 세계의 종교에서 흰색은 예배 시 부활, 영생, 행복의 의미로 가장 많이 사용하는 색이다. 흰색 불사조는 불타고 나서 재에서 부활한다. 장례식 때 사람들은 죽은 자가 부활하기를 바라는 마음으로, 그리고 천국으로 가 영생을 누리기를 비는 마음으로 흰색 옷을 입는다. 이와 같은 의식은 한때 인도에서 스칸디나비아반도에 이르기까지 모든 인도게르만 민족들에게서 행해졌다. 유럽 내 일부 농촌 지역에서는 검은 장례식 상복을 받아들이는 데 여전히 저항감이 크다. 독일 동부의 라이지츠 지역과 같이 소르브 문화가 아직 행해지는 곳에서는 전통적인 장례용 흰색 두건을 오늘날까지도 찾아볼 수 있다.

흰색은 신을 상징하는 색이며 지상에서 신을 대표하고 알리는 자들을 상징하는 색이다. 이집트의 신 토트는 자주 흰색 따오기로 묘사되는데, 바로 지혜의 상징이자 세계질서를 유지하는 신이다. 중국에서는 백로가 올바른 길을 가리키는 상징으로 간주된다. 고대 예루살렘에서 성직자가 입었던 옷도 유대인들이 기도할 때 입는 '탈리트'처럼 흰색이었고, 오늘날에도 유대인들은 기도할 때 이 옷을 덮어쓴다. 일본의 신토神道 신관은 '카리기누'라고 불리는 흰색 옷을 입는다. 흰색은 기독교 예배의 색으로서 무엇보다 부활절과 크리스마스 시기에 사용된다. 흰색은 그리스도를 상징하고, 신적인 빛과 지고한 완전함의 표시이자, 평화, 기쁨과 순수함의 상징이다. 이와 같은 이유로 평상시에 입는 흰색 정복은 교황, 즉 지상에서 그리스도의 대리인만이 가질 수 있는 특권인 것이다.

이슬람에서도 흰색은 신성의 상징이다. 천사 가브리엘이 신의 계시를 무함마드에게 전달해주었을 때, 천사의 몸은 흰색이었다. 비록 이슬람교에는 의식이나 예배를 올릴 때 보편적으로 승인되는 색이 없음에도, 기도 선도자인 이맘은 자주 흰색 터번을 두른다. 이와 같은 상징이 일상에서는 영향을 주지 않는다고 생각하는 사람이 있다면, 문서를 기록할 때 사용하는 색의 효과에 대한 최근 연구를 살펴보라. 이런 문서에서는 '좋은 소식'은 흰색 글씨로, '나쁜 소식'은 검정 글씨로 기록함으로써 글자

의 의미가 긍정적인지 부정적인지를 보다 신속하게 알아봤다는 사실이 드러났다.[1]

흰색의 완전성, 진리와 신성함에 대한 믿음은 세계 종교의 빛형이상학[신플라톤주의자인 플로틴Ploin(205~270)의 학설로, 신이 빛의 원천이라는 주장]에 반영되어 있을 뿐 아니라, 근대 자연과학의 광학법칙에도 반영되어 있다. 아이작 뉴턴은 1704년 발표한 광학이론에서 흰색 프리즘 빛은 7가지 스펙트럼 색상의 합으로 구성된다고 서술했다. 기록에 따르면, 뉴턴에게는 빛의 원천인 신의 완벽함을 증명하는 일이 너무나 중요했기에 그는 관찰했던 색이 11가지였으나 7가지로 축소했다. 바로 기독교적 믿음에 따라 신이 세상을 창조하는 데 걸린 7일을 뜻하는 숫자였다.[2] 고대 문화를 재고하려 했던 르네상스 시대에 흰색은 계몽의 상징이었다. 근대에 들어 흰색은 과학을 상징하게 되었으며, 오늘날 과학은 많은 곳에서 종교를 대신하고 있다.

근대의 흰색은 18세기 독일의 유명한 고고학자 요한 요아힘 빙켈만Johann Joachim Winckelmann의 오판과 밀접한 관계가 있다. 그는 백색의 대리석으로 여겨졌던 고대 건축물들의 순수한 고상함이야말로 영원한 아름다움의 이상이라고 설명했다. 그러나 빙켈만의 설명과 달리 고대의 건축물과 조각들은 다채로운 색을 띠고 있고, 이는 이집트와 메소포타미아의 후손들은 물론 그 밖의 많은 고대 세계문명에서도 증명할 수 있다. 이를 증명하는 책이 1817년 바이에른왕국의 왕 루트비히 1세Ludwig I의 예술

고문관 요한 마틴 폰 바그너Johann Martin von Wagner에 의해 출간되었다. 그때까지 다채로운 색 때문에 야만적이라고 여겨지던 건축물들을 새롭게 해석한 이 책은 그야말로 많은 사람에게 충격을 안겨주었다. 조각가 오귀스트 로댕Auguste Rodin은 자신의 가슴을 힘껏 때리면서 이렇게 외쳤다고 한다. "건축물들은 결코 다채로운 색이 아니었다는 걸, 나는 이 가슴으로 알고 있단 말이야!"[3] 고트프리드 젬퍼Gottfried Semper[1803-1879, 19세기 중반에 활동한 건축가이자 예술이론가] 때부터 고대 건축물들이 단순히 흰색이 아니라 여러 색의 조합이었다는 점이 보편적 사실로 인정되었던 것에 많은 전문가들이 오늘날까지 여전히 문제의식을 품고 있는 까닭은, 바로 흰색이 가진 상징적인 힘에 있다.[4]

모든 색 가운데 오로지 흰색만이 정신적·영적인 차원에서는 물론 자연과학적 근거에 따라 완전함을 요구할 자격이 있다. 흰색은 일상에서와 마찬가지로 건축, 디자인과 예술에서 그 어떤 이유를 굳이 대지 않고서도 사용할 수 있는 유일한 색이다. 이와 달리 그 밖의 다른 색들은 사용할 때 정당성을 인정받아야 한다. 그사이 관례가 되어버린 이와 같은 시각은 주택을 임대할 때도 반영된다. 통상적으로 당신이 세 든 집에서 이사 나갈 때 흰색으로 칠해둬야 한다는 의무는 없다. 하지만 가능하면 다음 번에 이사 들어올 많은 임대인이 받아들일 수 있는 색을 선택해야만 할 것이다.[5] 만일 이로 인한 다툼을 미리 예방하고자 한다면, 흰색이 무난할 것이다.

그러나 흰색은 결코 중립적인 색이 아니며, 건축 양식, 새로운 건축물과 사물들에게 미적인 우월함을 부여해준다. 1920년대의 동시대 예술계에서 '흰색 육면체'는 근대 박물관임을 공공연하게 선언하는 것과 마찬가지였다. 우리는 오늘날까지도 백색의 미적 우월함을 인정하는 이런 태도를 견고히 하고 있다. 예컨대, 박물관의 전시장 벽이 노랑이나 녹색처럼 다른 색일 경우 전시 작품의 의도가 왜곡될 수 있기 때문이다. 하지만 흰색은 무색이 아니며 내용상으로 중립적이지도 않다! 흰색은 일반성, 보편성, 영원성이라는 특징을 가지고 정신적, 물질적 창조를 하고자 하는 모더니즘을 상징하는 색이다. 그리하여 흰색의 모던함은 새로운 종교가 되었다.

밀크화이트: 우유처럼 흰색
무죄의, 순수한, 무균의

문화사를 들여다보면 인류는 속죄를 위해 늘 흰 양, 흰 황소와 하얀 비둘기를 제물로 바치곤 했다. 흰색은 순수함, 죄 없음, 순결함을 상징하는 색이다. 이처럼 색이 갖는 상징적인 힘은 종교의식에서 씻는 행위를 통해 더 강화된다. 전 세계에서 치러지는 입회의식에서 흰색이 두드러지는데, 유대인의 성년식인 바르미츠바 축제와 기독교의 세례, 힌두교의 우파나야나 의식 혹은 태어난 아이를 처음으로 신토에 데려가는 일본의 미야마이리 의식에서 그렇다. 상징적인 행위를 통해서 순결한 아이들은 공동체에 받아들여지거나 그들의 비밀 안으로 들어갈 수 있게 안내받는다. 신들의 신부 역시 순결하고 죄와 흠이 없어야 하므로, 이런 목적으로 우리는 흔히 흰색 옷으로 신부들을 감싼다.

기독교 성화聖畫에서 동정녀 마리아는 흰색으로, 또는 흰색 백합으로 묘사된다. 이른바 마돈나 백합은 오늘날까지 순결의 상징으로 간주되고 있다. 흰색의 웨딩드레스와 면사포는 17세기에 비로소 대중화되었는데, 궁중에서 열린 결혼식이 이런 유행을 만들었다. 하지만 모든 신부에게 여신 같은 신비로운 기운을 부여하는 흰색 결혼의상은 여전히 우리를 사로잡아 오늘날까지도 대중의 관습으로 이어지고 있다.

흰색의 의미를 우리는 세상에 태어나서 처음 몇 달간 섭취하는 영양분인 모유의 색에서 이미 경험했다. 우유, 밀가루, 달걀, 쌀 같은 식품이 더 이상 신선하지 않거나 상했을 때, 우리는 매우 예민하게 그것을 감지할 수 있다. 이와 같은 예민함 덕분에 흰색 표면에서 얼룩과 더러움을 발견하면 거부반응이 일어난다. 우리는 흠 하나 없이 희고 깨끗한 공간을 높이 평가하고, 흰색 물건을 갈망하고, 비록 다른 색의 옷에 비해서 더 많이 손질하고 관리하고 세탁해야 함에도 흰색 옷을 입고 다닌다. 전 세계적으로 흰색 셔츠는 작업할 때 옷이 더럽혀지지 않는 사람들이 입는 것으로, 즉 신분을 상징하기도 한다. 주지하다시피, 영이권에서 사용하는 '화이트칼라white-collar'라는 표현은 사무실에서 일하는 노동자와 동의어이기도 하다.

흰색 사물이 가진 순결, 청결 그리고 흠결 없는 깨끗함에 대한 우리의 신뢰는 너무나 막강해서, 오늘날에도 아무런 걱정 없이 그것을 다루거나 취급한다. 하지만 이러한 색상 선호는 아주 높은 대가를 치르게 한다! 수많은 건축자재, 제품, 색소, 플라스틱, 종이, 화장품과 식품에 사용되는 흰색은 무미무취의 흰색 가루인 이산화타이타늄에서 획득한다. 게다가 이 염료는 페인트, 세탁세제와 직물의 표백제로도 쓰인다. 이산화타이타늄은 많은 식품에도 들어가는데, 달걀, 치약과 치즈 같은 많은 제품에 E 171이라는 약어로 표기되어 있다. 매년 사용량이 점점 늘고 있는 이산화타이타늄은 연간 소비량이 전 세계적으로 대략 900만 톤에 달한다.[6] 이 염료의 하얀 나노입자들은 오늘날 많은 장소에서, 전 세계 바다에서부터 인간의 신체기관에서도 발견되고 있다. 특히 인간의 신체에 들어간 이 염료는 매우 서서히 분해된다고 한다. 전 세계에 퍼져 있는 틀린 판단, 그러니까 흰색은 색이 아니며, 따라서 특별히 자연적일 것이라는 오해는 이와 같은 결과로 이어지고 말았다.

이러한 상징적 힘 때문에 흰색은 또한 세탁용품과 청소용품, 그리고 위생제품과 목욕제품을 장악하고 있다. 무엇보다 흰색은 특별히 위생을 요구하는 곳에서 세력을 떨치고 있다. 흰색의 투입은 신뢰할 수 있는 조치로 간주되고, 그리하여 식료품과 건강제품에 관련된 직업, 제품과 장소에 늘 등장한다. 병원에서 위생에 대한 의식은 19세기 말에 생겨났으며, 이때부터 병원의 실내와 의사들의 가운도 흰색을 띠게 되었다.

클라우디화이트: 구름처럼 흰색
둥둥 떠 있는, 힘들이지 않는, 도달할 수 없는

아마 당신은 끝없는 푸른 하늘에서 가볍게 떠다니는 흰구름에 매혹되어 하염없이 쳐다본 적이 있을 것이다. 갈매기, 비둘기, 백조, 거위와 오리 같은 흰 새들이 전혀 힘들이지 않는 듯 우아하게 날아가는 모습은 중력을 극복한 것으로 보인다. 이와 반대로 검은색 조류들이 나는 모습은, 훨씬 많은 노력을 하는 것 같아서 더 힘차 보인다. 하얀색 눈이나 꽃가루의 가벼운 움직임과 회색 재의 무게를 비교해보라. 이런 일이 일어나기를 기다리기 싫다면, 스마트폰 카메라에서 수정기능을 이용하여 임의로 사진 한 장을 밝게 만들어 볼 수 있다. 밝게 만들거나 빛나게 한 것은 항상 이전보다 더 가벼운 인상을 준다. 모든 색 가운데 순수한 흰색은 가장 가볍고, 공기도 잘 통하고, 가장 비물질적인 인상을 준다.[7]

자연에서는 수많은 미립자가 흰색 햇빛이 어지럽게 분산되도록 하고, 이로 인해 구름, 안개와 태양광 같은 현상에 비밀스럽고도 빛나는 힘을 만들어낸다. 이와 같은 이른바 틴들효과Tyndall-effect는 또 다른 자연현상, 그러니까 바다의 파도, 급류와 폭포에도 빛나는 하얀색을 부여한다. 거품은 수많은 작은 기포들로 이루어져 있으며, 이 안에서 빛은 반사되고 분산된다. 우리는 오늘날 그와 같은 연상을 의도적으로 활성화하는데, 바라보는 사람에게 가벼운 느낌, 중력이 없는 듯한, 우아한 느낌을 불러일으키기 위해서다. 하얀 옷은 육상, 체조와 춤 같은 운동을 할 때 입기에 이상적인데, 운동 중인 신체는 도약하는 움직임이 많기 때문이다. 흰색처럼 밝은색 옷을 입은 선수의 신체는 어두운 색에 비해서 눈에 띄게 가벼워 보이며, 그 효과는 움직일 때 더 강화된다.[8]

흰색은 전 세계적으로 이동성을 상징하는 가장 중요한 색이다. 비행기, 기차와 자동차의 도색을 한번 관찰해보라. 흰색은 항상 가장 애호하는 자동차 색 목록에서 발견할 수 있으며 전 세계적으로 30퍼센트 이상을 차지한다.[9] 흰색 외관의 차량이 우아하고 부드럽게 미끄러져나갈 것 같은 인상을 줄 뿐 아니라, 동시에 주관적인 안전감을 더 높여준다! 또한 항해에서도 가벼움의 상징인 색이 지배적인데, 스포츠용 보트는 대부분 흰색이고, 정기운항하는 배나 크루즈선도 마찬가지다. 다만 컨테이너선을 소유한 선박회사들은 승객의 신뢰를 얻을 필요가 없고 오히려 배를 관리하는 비용을 고려해야 하는 까닭에, 대체로 어두운 색을 선택한다. 대부분의 여객기 색도 흰색인데, 항공사를 대표하는 색깔로는 총천연색이 전 세계적으로 인기를 얻고 있다. 승객을 유치하기 위한 전 세계의 경쟁은 항공사의 정체성을 제일 앞에 내세우고 있지만, 사실 비행기를 타는 경험의 가치는 줄어들고 있다. 비행기가 일상의 교통수단인 곳에서는, 반짝이는 하얀 구름 양탄자를 내려다보며 즐기는 숨 막히는 경치 따위는 마법을 잃은 지 오래다.

우주항해에 있어서는 여전히 흰색이 절대적 우위를 차지하고 있다. 이런 항해에서는 색이 수십억 명의 관중 앞에서 가장 최신 기술을 획득했음을 보여준다. 로켓, 우주선과 우주정거장이 지구의 중력을 극복하는 것을 우리는 생중계로 시청한다. 우주비행사들이 입는 우주복 역시 흰색이며, 미래의 삶에서 필요할지 모를 그들의 장비들 역시 흰색이다. 우리가 오늘날 기상관측기구와 인공위성을 우주로 쏘아 올릴 때 사용하는 추진 로켓 역시 흰색이다. 유럽우주국(ESA)의 '아리안', 중국국가우주국(CNSA)의 '쾌주快舟', 또는 미국항공우주국(NASA)의 '새턴'은, 흰색이 상징하는 힘이 문화적인 경계를 넘어선다는 사실을 증명해주고 있다. 흰색은 더 넓은 세계, 미지의 생명체와 새로운 통찰에 대한 우리의 호기심을 표시해준다. 이 색은 미래 기술, 진보에 대한 미래상과 사이언스픽션을 묘사할 때 지배적으로 사용된다.

스노화이트: 눈처럼 흰색
경직된, 조용한, 차가운

새파란 빛이 감도는 흰색 톤은 다른 모든 색보다 더 가벼운 느낌을 줄 뿐 아니라, 보다 차갑고 더 신선하며 더 순수해 보인다. 이는 무엇보다 눈과 얼음 같은 자연현상의 효과 때문이다. 계절이 바뀔 때 우리 지표면의 30퍼센트 이상을 빛나는 하얀색으로 뒤덮는 자연현상 말이다.[10] 결정구조는 온기를 거의 저장하지 않는, 그야말로 막강한 반사판이라 할 수 있는데, 에너지를 가득 담고 있는 햇빛의 스펙트럼을 거의 완벽하게 반사하기 때문이다. 눈과 얼음을 만지면 살을 에는 추위가 피부 깊숙한 곳으로 밀려든다. 만일 우리가 숨을 내쉴 때 하얀색 안개 형태로 응결되는 얼음 같은 공기를 폐에서 감지하면, 추운 느낌은 더 강해진다. 이와 같은 상호작용을 한 번이라도 겪어본 사람이라면, 흰색을 바라볼 때 자신도 모르게 겨울의 냉기로 인한 체험을 떠올릴 수 있다.

겨울의 냉기를 아직 경험해보지 못한 사람이라 하더라도, 적어도 상징을 사용하는 경우에서 맥락을 알아차릴 수 있다. 냉장고, 냉동고와 냉동장치의 색을 관찰해보도록. 이런 것들은 지구상에서 열대 지역에 있더라도 대개 흰색이다!

또한 유제품처럼 쉽게 상하는 식품도 흰색 포장인 경우가 많다. 이처럼 신선하게 보이는 효과는 밝고 차가운 흰색의 제품

조명을 통해서 또다시 상승한다. 흰색의 특징이 두드러진 제품들은 보다 차갑고 신선해 보일 뿐 아니라, 유통기한이 보다 길 것처럼 보이는 효과가 있다. 투명하고 빛이 어른거리거나 반짝이는 효과는 순수한 흰색에 특별히 차가운 느낌을 준다.

찬란한 흰색 톤은 극지방에서나 볼 수 있는 빙하지형을 연상하게 한다. 빙하는 색 깊이가 깊어서 수많은 작은 거울을 형성하는 눈처럼 빛을 반사할 수 있다. 만일 흰색을 파란색과 청록색과 조합하면, 우리가 냉기를 느끼게 되는 근원을 더욱 분명하게 알 수 있다. 기분전환, 냉각, 순수함과 같은 특징을 전달해야 할 때, 빙하의 청록색을 띤 폴라화이트나 하늘색이 감도는 스노화이트 같이 두 가지 색을 혼용하곤 한다. 미네랄워터, 청량음료, 수영장이나 목욕탕을 떠올려보라.

하늘에서 태양이 뜨겁게 빛나는 곳에서는 흰색의 표면이 반사도가 높은 까닭에 특별히 서늘하게 하는 데 효과적이다. 흰색 표면은 거의 가열되지 않고, 실내 온도와 습도를 조절하는 기능이 있기에 열대 지역 또는 아열대 지역에 건축물을 지을 때 이상적인 색이라 할 수 있다. 지중해를 둘러싼 지역들의 전통적인 모습은 바로 파란 하늘 밑에 들어서 있는 석회처럼 흰 건물들로서, 이는 근대 건축에 지속적으로 영향을 주고 있다. 아돌프 로스Adolf Loos와 르 코르뷔지에 같은 대표적인 아방가르드 건축가들은 에게해에 있는 그리스의 키클라데스제도에서 볼 수 있는 건물들의 색채와 형태에 몹시 열광했다. 오늘날에도 우리는 이 섬의 파랗고 하얀 건물에 김단을 금치 못하고 있다. 이와 같은 기후조건에서는 완벽하게 작동하는 것이, 이곳보다 더 서늘하고 황량한 지역에서는 문제가 된다. 환경문제로 인해 추위를 막아주는 수단을 구해야만 하는 사람에게 흰색 표면과 차가운 흰색 빛은 비생산적으로 작용한다. 순수한 흰색의 표면은 푸르스름한 백색광처럼 차가운 느낌을 더 강화하고, 이를 통해 긴장 완화와 신체의 재생과정을 방해한다.[11] 사방이 눈으로 뒤덮인 풍경, 움직임이라고는 찾아볼 수 없는 나무들, 꽁꽁 언 호수와 강은 겨울처럼 춥게 하는 효과가 있을 뿐 아니라, 살아 있지 않은, 인위적이고 경직되어 있다는 인상도 준다. 빛처럼 하얀 공간에서 흘러나오는 서늘한 분위기는 사회적인 교류에 방해가 된다. 우리가 깨끗한 흰색 옷을 입을 때도 그와 같은 효과가 나타난다. 만일 흰색이 가진 긍정적인 효과를 이용하고 싶다면, 간단하게 이 색에 약간 변화를 주면 된다. 빨강, 오렌지, 노랑 또는 갈색 같은 따뜻한 색의 악센트를 추가하면 불편한 냉기를 없애고, 반대로 밝은 효과는 지속시켜준다.

겨울의 추위가 시작되면 동물계와 식물계의 다채롭고 알록달록한 세상도 사라진다. 서리는 꽃의 색을 용납하지 않으며 싱그러운 녹색도 참아주지 않는다. 눈과 얼음은 반사율이 상당히 높으므로 겨울의 풍경은 비물질적이라는 인상을 주고, 추상적이며 명암이 뚜렷해 보인다.

끝없이 단조로운 경치를 보노라면 고독감, 정적, 단조로움 같은 감정들이 우리를 엄습할 때도 드물지 않다. 흰색은 공허함을 상징하는 색이다. 지식이 부족한 경우에도 지식 공백이라는 표현을 쓰는데, 이는 우리의 기억지도나 기억능력이 흰색으로 비어 있다는 의미와 연관시킬 수 있다.

흰색의 텅 빈 표면, 밝음과 어둠의 대조, 빛과 그늘의 대조, 여백과 문자의 대조는 소박하고 단순한 삶을 지향하는 미니멀리즘에서도 지배적이다. 청빈한 삶을 살아가는 모습에 알록달록한 색은 방해가 되므로 색들은 지극히 축소되거나 완전히 제거된다. 서늘한 흰색이나 순수한 흰색 배경이 있을 때 인간, 사물, 공간과 그래픽에 묘사된 이미지는 색이 변조되어 단순하고 순수해 보이며 이는 오늘날까지 창작의 원칙으로 많이 이용하는 스타일 장치다.

검은색

사악한, 드라마틱한, 암시적인, 다가갈 수 없는

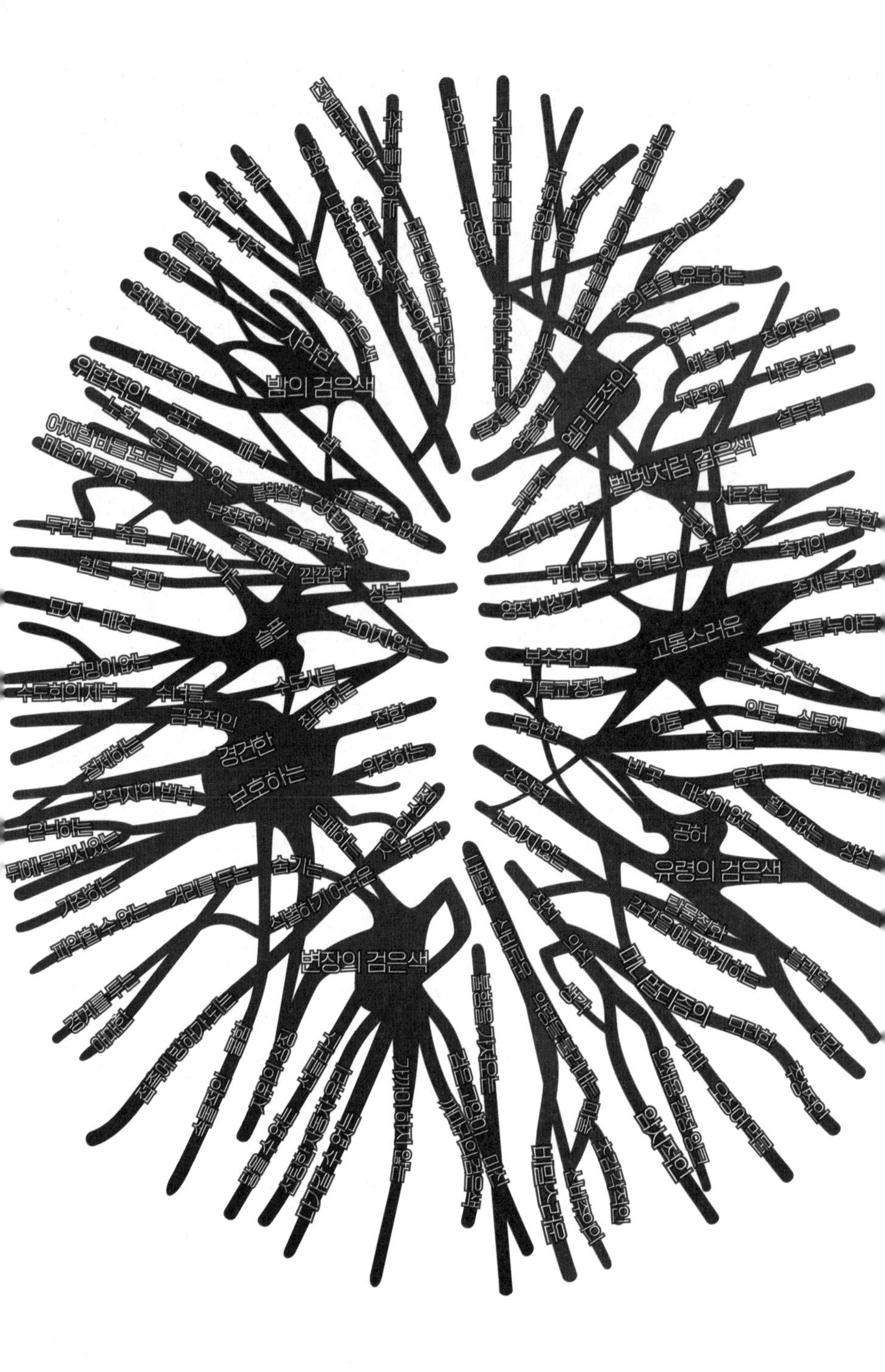

검은색의 기억 지도

상징의 의미와 작용 범위

나이트블랙: 밤의 검은색
사악한, 위협적인, 슬픈

"하나님이 이르시되 빛이 있으라 하시니 빛이 있었고 빛이 하나님이 보시기에 좋았더라 하나님이 빛과 어둠을 나누사 하나님이 빛을 낮이라 부르시고 어둠을 밤이라 부르시니라." 바로 창세기 1장에 나오는 내용이다.

이 세상에 있는 모든 언어는 빛과 어둠, 낮과 밤, 흰색과 검은색 같은 자연현상을 구분하며, 이런 자연현상들은 또한 상징적인 의미도 담고 있다. '검은색'은 많은 언어에서 빛의 부재로 정의된다. 어둠은 라틴어 어원으로 '니제르niger'이고, 고대 북유럽어로는 '블라크르blakkr'이며, 고대 영어로는 '블래크blæc', 그리고 중세 고지 독일어로 '슈바르츠swarz'이다. 빛이 진리와 선함, 아름다움의 상징이라면, 검은색은 거짓과 사악함, 추함을 표시한다. 그런데 이와 같은 부정적인 연상은 어디에서 나왔을까?

선천적 시각장애인들은 어떤 색도 감지하지 못하므로 검은색도 알 수 없다. 그런데 전체 시각장애인 중 대략 75퍼센트가 빛이 가득한 다채로운 세상이 늘 부재하는 상태인 '블랙홀'에 빠진다. 이와 같은 상실감은 지극히 부정적인 정신적·심리사회적·육체적 효과를 가져올 수 있다. 지속적인 어둠은 잠시만 계속되더라도 '수면호르몬'인 멜라토닌의 생산을 증가시킨다. 어둠이 증가하면 이와 더불어 피로감도 늘어나며, 동시에 주의력과 안전감, 의욕도 사라진다. 볼 수 있는 사람들은 이처럼 불안한 상황에 처하지 않으려고 흔히 인공적인 빛이나 반짝거리는 TV, 컴퓨터, 핸드폰 등의 매체를 과도하게 이용하곤 한다. 우리는 낮에 활발하게 활동하는 동물이며, 그리하여 우리의 감각은 빛이 제공하는 정보에 상당히 의지하기 때문에 밤에는 눈이 어두워진다.[1] 빛이 없는 세계에서는 모든 것이 막막한 것이 옴짝달싹할 수 없고 쉽게 다칠 수 있다고 느끼기 때문에, 모든 형태의 어둠을 위협으로 체험한다. 두려움이라는 감정은 생존이라는 중요한 생물학적 목적에 기여한다. 해가 지면서 어둑해지기 시작하면 우리는 본능적으로 행동할 때 더 주의를 기울이고, 더 느려지고, 더 주저한다. 우리가 어둠 속에서 안전하다고 느끼지 못하면, 스트레스호르몬인 코르티솔이 지속적으로 우리를 각성시킨다.

어둠은 야행성 동물들이 먹이를 노획하는 시간이다. 주행성 동물에게 죽음은 갑자기 그리고 예고 없이 찾아온다. 적은 어두컴컴한 주변에서 충격적으로 등장하고, 그리하여 도주할 수조차 없다. 우리가 죽음에 대해서 느끼는 본능적인 두려움은 속수무책, 압박감, 경악 같은 두려운 느낌과 결부되어 있으며, 이는 검은색에 대한 지각과 무의식적으로 연관된다. 가장 유능한 감각인 시력을 잃었으므로 우리는 다른 모든 감각을 더 강하게 지각한다. 목소리와 소음이 의미를 얻게 되고, 그것들은 더 크고, 더 가깝고, 더 강렬하며, 흔히 더 위협적이게 된다. 신뢰할 수 없는 인상들은 더 이상 해석할 수 없고, 이는 불확실한 상태를 만들어내거나 심지어 온몸이 마비될 정도의 공포를 불러일으킬 수 있다. 이러한 분위기에서 우리는 쉽게 두렵고 슬프며 고독한 감정에 빠지게 된다.

어둠, 질병, 죽음에 관해 자주 악몽을 꾸거나 상상하는 것은 조현병의 신호일 수 있다. 이런 병은 아주 어린 아이들에게서도 나타난다.[2] 연구에 따르면, 비교적 어둡고, 회색을 띠거나 푸르스름한 사진이 인스타그램에 게시되어 있으면, 이는 우울증의 전조를 알리는 중요한 징후라고 한다. 어떤 사람이 이처럼 음침한 사진들을 자주 게시할수록, 그런 질병에 걸릴 확률은 더욱 높아진다는 것이다.[3] 이렇듯 어두운 색과 우울한 기분 사이의 관계는 은유적인 표현에서도 나타나는데, 독일어에서는 '비관적으로 생각하다schwarzsehen' 혹은 '비관적으로 표현하다schwarzmalen'라는 개념에서 비관적이라는 뜻으로 검은색을 의미하는 슈바르츠schwarz라는 단어를 사용한다. 검은색은 많은 유명 예술가들의 후기 작품에 나타나는 징후로, 여기에서는 뉴욕의 화가 애드 라인하르트Ad Reinhardt의 〈블랙 페인팅〉 연작을 언급할 수 있다. 그는 죽기 전에 계속해서 "형태도 없고, 빛도 없으며, 공간도 없고, 관계도 없고, 관심도 없는" 모티브를 화폭에 담았다. 검은색 그림들은 화가 자신과 회화 작품의 소멸을 상징적으로 표현했던 것이다.[4] 또한 색면color field 화가라 불리며 조울증을 앓던 성격을 작품에 표현했던 마크 로스코는 1970년에 자신의 아틀리에에서 마지막 그림 연작 〈회색 위에 검정〉 사이에서 자살을 감행했다.[5]

다음과 같이 확정해도 무방하다. 즉 부정적인 기분에 휩싸여 있거나 폐쇄적인 사람들에게서 검은색의 사용이 갑자기 늘어나면, 이는 진지하게 받아들여야 하는 질병의 징후로서 전문가의 도움이 필요하다.

문화사를 살펴보면 검은색은 흔히 악을 상징하는 색이며, 이 사악한 악마는 오늘날까지도 죽음, 파멸과 저주를 가져온다. 우리는 이와 같은 검은색의 의미를 이미 아주 어릴 때부터 배워왔다. 나는 아이들과 수많은 실험을 했는데, 뭔가 추하고 사악한 특징이 있는 것을 그려보라고 하면, 아이들은 항상 어둡고 음침한 색을 선택하곤 했다. 거의 모든 문화와 종교에서 악은 빛을 두려워하고, 아무도 모르게 깜짝 놀라게 할 수 있는 어둠을 찾는다. 의인화된 죽음도 검은색으로 나타나는데, 사악한 악마든 끔찍한 살인자든 양심 없는 무정부주의자든 마찬가지다. 전투가 벌어질 때면 선은 밝은 빛으로 향하고, 반대로 악은 그늘에서 나오는 행동을 하고 어두운 형태로 묘사된다. 속수무책 상태와 절망 단계에서 선은 어둠에 사로잡혀서 꼼짝 못 한다. 검은색 제복과 가면은 두려움과 공포를 퍼뜨리며, 희생자들이 감히 반항하지 못하게 하고 구경꾼들을 위협한다. 검은색은 사형집행인, 해적과 무정부주의자뿐 아니라, 나치친위대나 이슬람국가(IS) 같은 테러집단의 특징을 나타내는 색이다.

또한 검은색은 죽음을 상징하는 색으로도 오랜 역사가 있다. 기독교 문화에서 검은색은 19세기에 죽은 사람을 애도하는 색으로 통용되었다. 검은색은 빈 곳, 속수무책과 절망을 의미하기도 하는데, 이는 가족이나 친구의 죽음이 우리에게 남기는 감정 상태다. 검은색 옷을 입고 장례식에 참석하는 것은 유가족에게 우리의 비통함과 애도에 참여하는 자세를 보여주는 것이다. 전통적으로 과부나 홀아비는 배우자가 죽은 뒤 애도 기간이 끝날 때까지 검은색 상복을 입는데, 이는 다른 사람들에게 특별히 고려하고 배려해달라고 주의를 주는 표시다. 애도하는 기간은 문화마다 상당한 차이가 있다. 남부 유럽지역에서는 죽을 때까지 애도하는 색의 옷을 입는 과부들도 있는 반면, 북부 유럽에서는 1년이면 적당하다고 여긴다. 다시 평범한 색의 옷을 입으면, 이 사람이 애도를 끝내고 다시 일상으로 돌아올 수 있다는 사실을 보여주는 것이다.

벨벳블랙: 벨벳처럼 검은색
드라마틱한, 고통스러운, 엘리트적인

검은색은 극적인 수단이다. 어두운 공간은 많은 사람으로 하여금 흥분, 불확실 또는 공포와 같은 감성을 유발한다. 어두운 지하실이나 다락으로 가는 복도를 상상만 해도 이미 몸이 마비되기도 한다. 어두운 공간으로 들어가기 전에 우리는 우물쭈물 망설일 수밖에 없는데, 매 순간 예기치 않은 일이 일어날 수 있기 때문이다. 갑자기 불이 들어오면, 어둠에 쌓여 있던 주변은 그야말로 놀랍게 드러난다. 따라서 검은색 공간은 무대로서 참으로 적합하다. 이런 검은색 공간은 극장 무대를 위해 최적의 가능성을 제공하는데, 의도적으로 조명을 사용함으로써 존재를 드러나고 사라지게 하거나, 또는 줄거리 안으로 들어가게 할 수 있기 때문이다. 검은색은 몰입하는 강도를 높여준다. 우리는 완벽하게 시각적인 세계에 빠져들고 현실과의 연계성을 잃어버린다. 흔히 우리의 신체조차 감지할 수 없다. 조명이 다시 켜질 때야 비로소, 우리는 여전히 극장, 영화관 또는 콘서트홀에 있다는 것을 알아차리게 된다.

바로크 시대의 회화기법으로 키아로스쿠로chiaroscuro라는 게 있었는데, 이 화법은 그림에 등장하는 대상을 극적으로 묘사하기 위해서 공간의 분위기를 의도적으로 아주 깊은 검은색으로 묘사했다.[6] 명암 효과는 예술뿐 아니라, 모든 종류의 연출에 적합하다. 검은색은 웅변술의 수단이 되기도 하는데, 이러한 수단으로 우리는 상대에 대한 설득력뿐 아니라 작품과 메시지의 설득력을 높일 수 있다. 검은 옷을 입으면, 다른 사람들에게 얼굴과 손을 더 눈에 띄게 할 수 있으므로 표정과 몸짓의 감정적인 효과를 향상할 수 있다. 그러면 웅변가로서 더 진지하고, 더 엄숙하고, 더 인상적인 효과를 줄 수 있으며, 전달하고자 하는 메시지도 마찬가지다.

팬터마임(무언극)이라는 예술 장르를 한번 보자! 검은색 양복, 의상과 법복을 입고 무대에 등장하면 말하는 사람의 권위가 높아지는 데 그치지 않고, 이들이 표현하는 바도 덩달아 잘 전달된다. 이와 반대로 마음을 열고 친근감과 공감을 얻고자 하거나 청중과 개인적인 접촉을 원하는 사람은 검은색 옷을 포기하고 밝은 조명을 받는 게 훨씬 좋은 효과를 얻을 수 있다.

오늘날 검은색은 새로운 정신적 지도자, 세계적인 엘리트라는 표시다. 이는 이 색이 지닌 무대효과뿐 아니라, 이와 연관된 문화사회적 전통 덕분이기도 하다. 사회적으로 중요한 이야기를 해야 하는 중요한 인물들이 검은색 옷을 입고 등장하고 있다. 성직자들이 평상시에 입는 정복인 검은색 수단에서 시작된 것이 판사들과 교수들의 제복으로 이어지고 있다. 사실 교수들은 중세의 대학에서부터 이런 옷을 입었으나 1960년대의 개혁운동을 통해 대학에서는 제복 규정이 이전보다 훨씬 느슨해졌던 반면, 법관들은 검은색 법복을 유지했다. 검은색은 교육, 부, 권력 같은 전통적인 가치들에 영향력을 행사하는 기득권 계층을 상징하는 색이기도 하다. 그리하여 경제, 문화와 정치계의 책임자들은 비싼 검은색 맞춤 양복과 검은 리무진처럼 지위를 상징하는 물건들을 통해 자신들의 가치를 세상에 보여주곤 한다. 동일한 이유로 검은색은 보수성을 상징하기도 하며 종교적인 성향을 상징하기도 한다.

20세기 초반, 남성들만 점유하던 사회적 지위를 차지하며 부상한 여성 엘리트들은 자신들의 새로운 자의식의 상징으로 역시 권위적인 검은색을 이용했다. 이는 그 어떤 것에서보다 코코 샤넬Coco Chanel이 디자인했던 우아하고 몸에 꼭 맞는 '리틀 블랙 드레스'에서 잘 나타난다. 이 옷은 패션 역사에서 클래식으로 통한다. 필름 누아르나 실존주의 같은 운동이 일어났던 시기부터 검은색은 또한 예술가와 지식인을 상징하는 색이었다. 장 폴 사르트르Jean-Paul Sartre, 알베르 카뮈Albert Camus와 시몬 드 보부아르Simone de Beauvoir로부터 시작된 검은색에 대한 애정은 현재의 예술가들과 철학자들에게로 이어지고 있다. 애플사의 공동창업자인 스티브 잡스Steve Jobs의 등장은 늘 전설적이었는데, 그는 새로운 제품을 극적이며 완벽하게 소개하기 위해서 항상 목까지 오는 검은색 터틀넥 스웨터를 입었다. 여기에 비교적 자유로운 분위기의 청바지를 입고 젊은이들이 애용하는 흰색 운동화를 신었기에 아버지처럼 가르치려 드는 권위는 보이지 않았다.

만일 당신이 첫 데이트나 취업 면접에서 자신감 있고 창의적이며 믿을 수 있으며 지적으로 보이고 싶다면, 검은색은 당연히 포기할 수 없다.[7] 하지만 너무 많은 검은색은 위선적으로 보일 수 있으니 주의하길! 이에 대해서 곧 언급하겠다.

팬텀블랙: 유령의 검은색
암시적인, 비밀스러운, 미니멀리즘의

검은색은 되도록 단순한 요소에서 최대의 효과를 이루려는 이른바 미니멀리즘을 상징하는 색이다. 어둠 속에서 우리는 정신이 행하는 조작에 취약하다. 시커먼 상태의 '무無'는 우리의 상상력을 도발하여 절망적으로 정보를 구하고 제공되는 모든 암시를 감사하게 받아들이게 한다. 비록 암시만 존재하더라도 우리는 여기에서 의미를 읽고, 그 어떤 맥락조차 인지하지 못함에도 의미를 구축한다. 구체적인 시각이 부족한 곳에, 비이성적인 상상과 위협적인 환상이 꽃을 피운다. 검은색은 초감각과 심령론을 상징하는 색이다. 악천후와 같은 재앙을 가져오는 자연현상, 그리고 이성으로 설명할 수 없었던 처치 방식은 오랫동안 '흑마술'로 불렸다. 그와 같은 행사를 도맡아 했던 사람들은 흔히 마녀나 마법사로 중상모략을 당했고 사회적으로 배척당했다. 많은 신화에서 마법사들은 어두운 숲과 동굴에서 사는데, 이런 곳을 사람들은 검은 고양이나 까마귀 표시로 알아볼 수 있다.

하지만 우리는 의식적으로 검은색을 도입하기도 한다. 뭔가 불확실한 것을 그대로 내버려두고자 하는 경우다. 여기에서 메카에 있는 이슬람교의 정육면체 영묘靈廟 카바Kaaba는 아주 좋은 본보기가 된다. 검은색 육면체는 이슬람교의 근본적인 성소로, 이러한 영묘를 보는 것만으로도 이미 기도로 간주된다. 금과 은으로 무늬를 넣은 검은색 커튼은 '신의 집'을 은폐하여 신자들의 환상에 불을 붙인다. 이와 같은 신성한 장소를 지은 이는 신자들에 의해 인류의 조상이라 할 수 있는 아담까지 거슬러 올라간다. 반면 고전영화에 속하는 스탠리 큐브릭Stanley Kubrick의 〈2001: 스페이스 오디세이〉에서 검은색 비석은 지적인 자극을 상징한다. 그러니까 원숭이에 의해서 인간에게까지 이어져온 지적인 자극 말이다. 검은색은 인간 정신과 사고를 상징하는 색인데, 이것이 전 세계의 기호 문화에 반영되어 있다. 이 검은색의 문화사는 초기 인간이 시커먼 색으로 동굴에 그렸던 그림들에서 시작해서 두루마리에 먹물로 쓰던 글자와 검은색 잉크로 인쇄를 하던 시대를 거쳐서 오늘날의 디지털 인터페이스 시대까지 이른다.

검은색은 형상이 존재하지 않는, 이른바 빈 곳을 상징하는 색이기도 하다. 이는 '밴타블랙Vantablack'이라는 색에서 분명하게 나타나는데, 2014년 영국의 과학자가 군인들이 위장할 때 사용할 수 있도록 개발한 것이다.[8] 세상에서 가장 검은 이 검은색은 탄소 나노튜브로 구성되어 있으며, 이 나노튜브는 머리카락 한 개의 1만분의 1 정도로 가늘고 가시광선의 99.96퍼센트를 흡수할 수 있다. 만일 당신이 밴타블랙으로 표면을 바르면, 속이 전혀 보이지 않는 구멍이 생겨난다. 이 검은 구멍은 그야말로 진짜처럼 보여 이곳에 손을 넣고 싶을 정도다.

'블랙홀'이라는 것도 천체물리학적인 자연현상으로, 이곳은 중력이 너무 강해서 물질과 에너지가 그 안으로 빨려 들어가서 결코 다시 빠져나오지 못한다. 새카만 표면에 대한 감각적인 공허감으로부터 느끼는 환상은 러시아 화가 카시미르 말레비치 Kasimir Malewitsch가 잘 보여주었다. 그는 이미 1915년작 그림 〈검은 사각형〉을 통해서 대상이 없는 주제로 최대의 효과를 냈다.

매스커레이드블랙: 변장의 검은색
다가갈 수 없는, 보호하는, 경건한

짙은 어둠은 마치 사람들의 시선을 막아주는 외투처럼 우리를 감싼다. 그리하여 우리는 비밀스러운 의도나 자기 자신을 숨기기 위해 검은색 옷을 입거나 검은색 선글라스를 끼곤 한다. 다가갈 수 없을 것 같은 인상은 검은색에 냉정한 특징을 부여하는데, 선글라스의 경우 특히 두드러진다. 모두가 나를 쳐다본다 해도 내가 무엇에 시선을 두고 있는지 아무도 알아챌 수 없다. 검은색은 우리를 비밀스러운 존재로 만들 수 있을 뿐 아니라, 훨씬 날씬하고 우아해 보이게 한다. 옷에 그림자가 생기지 않으며, 볼록한 살들이 덜 눈에 띈다. 이런 숨바꼭질은 숨은 매력을 증폭시킨다. 심지어 신체 전체를 감싸는 복장인 검은색 부르카도 비밀스러운 메시지를 전하는데, 사람들은 이를 매우 다르세 인시한나. 태어날 때부터 이런 문화적 관습에 익숙해 있는 사람은 이 의상을 보더라도 결코 경악하지 않는다. 여기에 굽이 높은 신발을 신거나 눈을 치켜뜨는 모습만 보여도 관찰하는 사람의 환상에 불을 지르게 되는 것이다. 그러한 문화에 속하지 않는 관찰자에게 검은색은 근접할 수 없음, 은둔과 거리감같이 완전히 다른 감정을 불러일으킨다.

사보나롤라Girolamo Savonarola, 루터Martin Luther나 칼뱅Jean Calvin 같은 기독교 개혁자들도 알록달록한 색을 강력하게 거부했다. 죄로 뒤덮인 인간들의 의복과 집은 단정하고 검소하며 소박해야만 했다. 이들의 생각에 따르면 경건함과 검소함을 상징하는 색은 바로 검은색이었다.

정신적 지도자들이 입는 평상시의 검은색 정복, 두건 달린 수도복과 법복은 다른 사람들과 거리를 두게 한다. 은자들, 수도승과 수녀들은 검은색 의복을 통해서 세속과 거리가 먼 신과의 관계를 강력하게 시사한다. 즉 금욕적이고 침묵하며 은거하는 삶의 태도를 드러낸다. 기독교의 성직자들뿐 아니라, 랍비들도 기다란 남성용 상의인 검은색 카프탄을 입는데, 기도를 할 때는 이 상의 위에 흰색 탈리트를 두른다. 보수적이거나 엄격한 신자인 유대인들은 머리에 검은색 키파도 쓴다. 반면 다채로운 색은 신앙을 보다 현대적으로 믿는 태도라고 볼 수 있다. 또한 이슬람교에는 복장에 대한 규정이 전혀 없음에도, 이슬람교 지도자인 이맘도 검은색을 자주 입는다. 이슬람교의 예언자 무함마드의 아내 열 명 가운데 한 사람이었던 아이샤는 알라신이 보낸 사자使者를 위해 검은색 외투 부르다를 완성했다고 전해진다. 정통 유대교 신자들, 기독교도들과 이슬람교도들은 자신들이 정교를 신봉한다는 표시로 검은색 옷을 입는다. 이들은 공공연한 사회적 흐름과는 경계를 두기 위해 종교에 대한 엄격한 태도를 분명하게 내보인다. 검은색 옷을 자주 입는 사람은, 다른 사람들과 거리를 두는 게 필요한 것이다.

회색

중재하는, 소박한, 음울한, 오래된

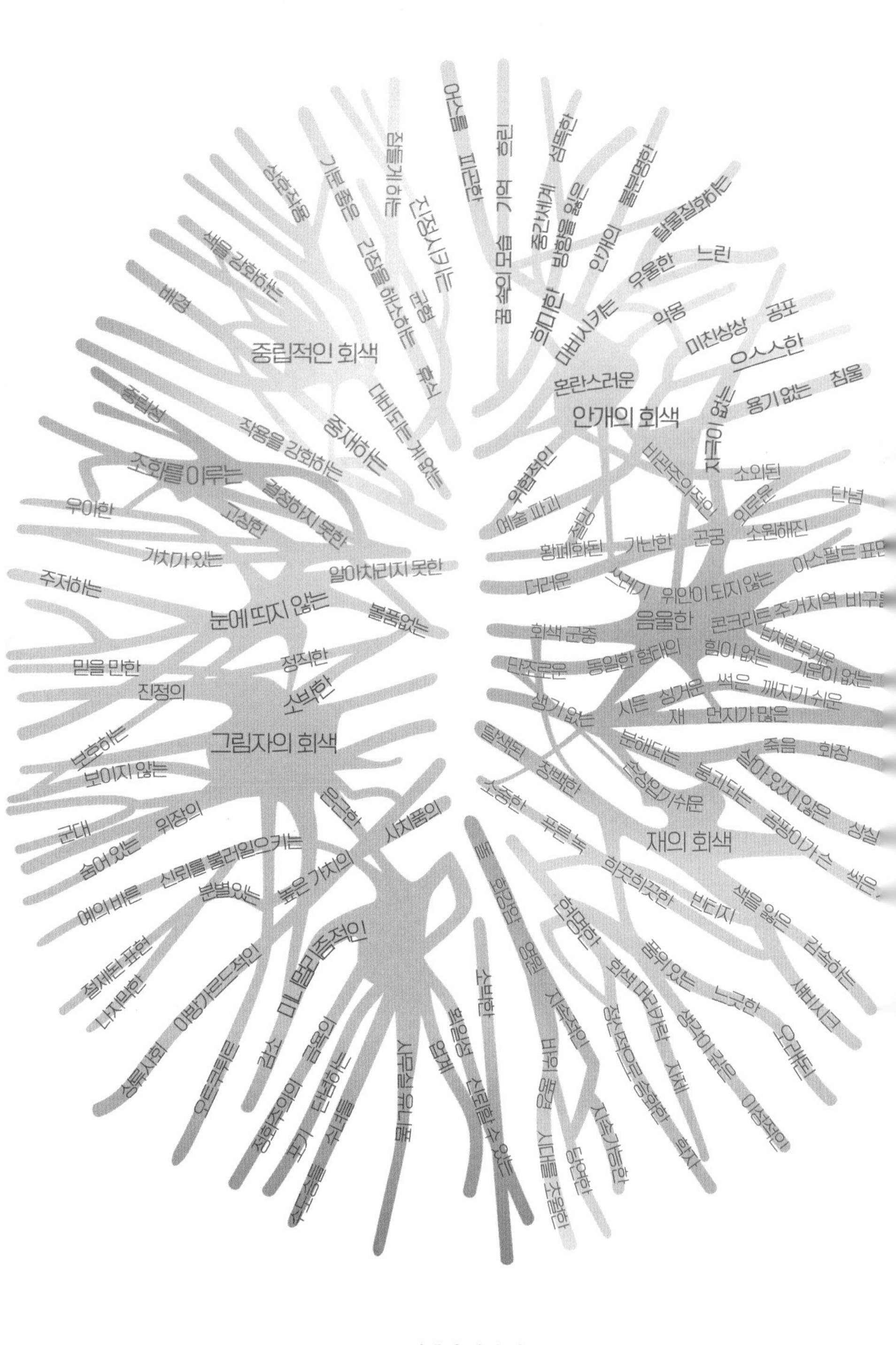

회색의 기억 지도

상징의 의미와 작용 범위

뉴트럴그레이: 중립적인 회색

중재하는, 진정시키는, 조화를 이루는

잠시 눈을 감으면, 어떤 색을 지각할까? 망막에 빛의 자극이 더 이상 없으면, 정지해 있는 안구는 우리가 제어할 틈도 없이 반짝이는 중간 회색 톤을 만들어낸다. 마치 미세환속운동 microsaccade처럼 신속하고 예측할 수 없게 움직이는 것이다. 이처럼 미세한 눈의 활동은 꿈을 꿀 때도 수반된다. 수면을 취하는 가운데 눈을 빠르게 움직이는 '렘수면 구간'에서는 특별히 더 활발한데, 이를 통해 우리는 내면에 있던 이미지들을 불러오게 된다. 바로 이와 같은 이유로 꿈, 망상이나 기억 같은 비현실적인 사건을 영화에서는 회색으로 보여주는 것이다. 그야말로 '눈앞이 캄캄한 현상'은 기절하기 일보 직전에야 비로소 나타난다. 많은 사람이 누워 있다가 갑자기 일어났을 때, 잠시 혈액순환이 악화되었을 때 보이는 색들을 잘 알 것이다. 이와 반대로 우리가 자려고 눈을 감으면, 내면에 있는 따뜻한 회색 빛이 쾌적하게 진정시켜 잠이 들 수 있게 해준다. 이와 비교할 때 완벽하게 어둡게 해둔 공간은 오히려 더 음침하고 위협적인 효과를 낸다. 그러므로 두려움 없이 잠들고 싶다면, 눈을 감아야 한다!

회색은 밝은 낮과 어두운 밤을 중재하는 자연현상인 어스름을 상징하는 색이다. '회색'이라는 단어의 어원은 색처럼 다의적이다. 동틀 녘의 여명과 광채를 의미하는가 하면, 또한 나이가 들어서 생기는 현상을 의미하기도 한다. 회색을 의미하는 독일어 '그라우grau', 영어 '그레이grey', 네덜란드어 '그라gra' 그리고 프랑스어와 스페인어의 '그리/그리스gris'는 동일한 어원에서 나왔으나, 어원을 분명하게 설명할 수는 없다. 언어를 연구하는 많은 사람이 중세의 고지 독일어 '그라벤grāwen'에서 유래했다고 보는데, 이 단어는 여명이나 나이가 드는 자연현상을 모두 표현했다. 그런가 하면 오늘날까지 아이슬란드에 남아 있으며, 원시 게르만어에서 사용했으리라 추정하는 '그리자grisja'라고 보는 언어학자들도 있다. 이 단어의 뜻은 '밝게 하다'였다. 라틴어 '카누스canus'는 회색을 의미할 뿐 아니라, 나이 든, 고령의 그리고 소중한 사람이라는 의미도 있다. 이처럼 의미가 다양하기 때문에, 회색이라는 의미는 문맥 속에서 매우 다양하게 해석될 수 있다! 가령 회색 옷은 수수하고 겸손해 보이게도 하고, 실제보다 조금 더 나이 들어 보이게 하거나 더 나약해 보이게도 한다.

감탄이 절로 나올 정도로 회색에는 다양한 색조가 있다. 때문에 회색을 빼놓고는 색상 디자인을 논할 수 없다. 다채로운 색들을 변조하고 컬러풀한 회색 톤의 색들을 혼합함으로써 진정한 대가의 솜씨가 나오는 것이다. 어슴푸레한 분위기, 그리고 약간의 빨강, 오렌지, 보라 또는 노랑을 포함한 따뜻한 색조의 회색은 진정시켜주고 긴장을 완화해주며 편안하게 해준다. 따뜻한 색조의 회색은 이미 수백 년 전부터 아늑함, 쾌적함과 안전감을 강화하기 위해 사람들이 거주하는 공간을 꾸미는 데 사용되었다. 파랑, 녹색이나 청록색이 약간 들어간 서늘한 회색은 그와 반대로 사무적인 효과가 있고 집중하는 데 도움이 된다. 그리하여 특히 작업실에 적합한데, 이런 작업실은 따뜻한 색의 가구와 바닥재를 사용함으로써 너무 싸늘한 느낌을 막고 조화를 이룰 수 있다.

회색은 생물학적으로 중간, 중립, 균형을 상징하는 색이다. 회색과 조합하면 어떤 색도 대비로 인한 방해를 받지 않기 때문에, 모든 색의 특징이 훨씬 두드러지게 나타난다. 따라서 회색 옷은 세련된 옷장에는 반드시 구비되어 있어야 한다. 만일 당신의 옷장에 밝은 회색, 중간 정도의 회색, 어두운 회색 옷이 있다면, 그 어떤 알록달록한 옷에도 조화를 이룰 수 있는 옷을 갖춘 셈이다. 회색은 컬러풀한 색들의 효과를 더욱 강화해주는데, 다채로운 색들의 특징, 밝기, 순수함을 보다 강렬하게 만들어주는 까닭이다. 회색 옷은 수수하고 단순해 보이게 그대로 입을지, 아니면 다양한 색과 조합해서 입을지 선택의 여지를 준다. 회색 또는 다채로운 색이 가미된 회색은 우리의 기분, 선호와 유행이 바뀌더라도 이를 탁월하게 극복해나갈 수 있게 해주는 클래식한 색이다.

섀도그레이: 그림자의 회색

소박한, 눈에 띄지 않는, 미니멀리즘적인

회색에서 가장 눈에 띄는 것은 은폐하는 효과이다. 회색은 그림자의 색으로, 우리의 인지체계는 그림자를 의식조차 하지 못하며 그림자의 의미도 집요하게 무시해버린다. 시험해보고 싶다면, 오늘 당신이 얼마나 많은 그림자를 의식했는지를 잠시 생각해보면 된다. 회색 옷을 입을 때마다, 우리는 남의 시선에 띄지 않고 배경으로 들어간다. 그래서 회색은 군대에서도 완벽한 위장 색으로 사용되며 군인들, 장비들과 기지 전체를 사라지게 한다. 하지만 비즈니스 세계에서도 훌륭한 위장은 자주 필요하다. 회색 정장은 전 세계적으로 가장 인기 있는 사무실 옷차림에 속하는데, 이런 옷을 입으면 눈에 띄지 않고 겸손하게 배경에 머물 수 있는 까닭이다. 알록달록한 색은 그와 같은 환경에서 극단적으로 눈에 잘 띈다. 타인의 이목을 집중시키며 궁금증을 자아낸다. 또한 검은색이나 흰색도 사무실에서 입는 복장의 색으로는 결코 중립적이라 할 수 없다. 이에 대해서는 앞에 나오는 장에서 이미 설명했다. 그에 비해 회색은 비즈니스 세계에서 존중, 겸손, 신중함, 겸양 같은 특징을 암시한다. 회색으로 가득 찬 사무실에서 눈에 띄는 컬러풀한 옷을 입는 사람이 있다면, 이 사람은 아마 리더, 아웃사이더, 괴짜, 창의적인 사람이거나 인턴일 것이다.

회색의 무던함은 문제가 될 수도 있다. 만일 다른 사람들의 관심을 얻고자 한다면, 회색은 전혀 적절하지 않다. 회색은 매우 나지막하게 말하는 사람과 같은 인상을 준다. 모든 색 가운데 회색은 가장 눈에 띄지 않는다. 자주 회색 옷을 입는 사람은 손쉽게 배제될 뿐 아니라 과소평가를 받기 쉽다. 그런데 회색은 특히 시끄럽고 컬러풀한 곳에서는 효과를 발휘하는데, 예를 들어 패션쇼, 언론계, 박람회와 전시회 같은 곳이다. 우리의 주의를 끌기 위해 앞다투어 알록달록한 광고로 경쟁을 벌이는 곳에서는, 회색의 사진과 사물들이 갑자기 흥미롭고 비밀스럽게 작용한다. 부자, 권력자, 대중의 인기를 누리는 사람들과 미인들 사이에서는 회색이 심지어 시기를 불러일으키는 요소를 감소시켜준다. 상류사회라는 인간관계에서 회색의 '절제된 표현'은 고상하고 겸손하며 간소한 것으로 간주되고 완전히 특별한 형태의 사치가 된다.

모든 색 가운데 회색은 겸손과 중립을 원한다면 거기에 가장 근접한 색이다. 주변이 너무 컬러풀하고 너무 시끄럽고 표현이 난무한다면, 회색을 섞으면 훨씬 조화롭고 더 조용하고 겸손해진다. 독일의 화가이자 조각가인 게르하르트 리히터Gerhard Richter는 다음과 같이 표현했다. "회색. 이것은 어떤 발언도 하지 않으며, 어떤 감정이나 연상도 불러일으키지 않고, 보이는 것도 아니고 그렇다고 해서 보이지 않는 것도 아니다. 드러나지 않음은 어떤 사이에서 중재 역할을 하거나 자기 외의 것을 돋

보이게 하는 데 적합하다. 그리하여 사진과 비슷하게 환상적이다. 그리고 '무'를 증명하는 데 회색만큼 적절한 색도 없다."[1]

포그그레이: 안개의 회색
음울한, 희미한, 으스스한

우울한 사람들에게 삶은 음울하고 회색으로 보인다. 이들의 세계는 삶의 기쁨이 넘치는 다채로움뿐만 아니라 기쁨과 슬픔이라는 대비조차도 상실한 상태다. 모든 것이 구분할 수 없이 무질서하고, 회색을 띤 안개와 같아서 그 안에서 밖으로 빠져나오는 것도 없다. 회색 커튼은 의기소침, 우수와 염세 같은 부정적인 감정을 암시하는 표상일 뿐 아니라, 우울증을 증명해줄 수 있는 증상이기도 하다. 어떤 사람이 주변에서 회색만 보고 명암을 보지 않을수록, 그의 심리 상태는 그만큼 더 심각해진다. 우울증이라는 중압감과 명암을 인지하는 것 사이에는 직접적인 관련이 있다.[2] 며칠이고 계속되는 회색 하늘은 우리의 의욕을 앗아갈 뿐 아니라, 부정적인 생각과 감정을 더 촉진하곤 한다. 만일 우중충한 하늘로 말미암아 기분이 망쳐진 상태라면, 회색을 포기하는 편이 더 낫다. 가장 좋은 방법은 환하고 명랑한 색으로 우울한 기분과 싸우는 것이다.

또 다른 자연현상이 부정적인 감정을 만들곤 하는데, 수천 년 전부터 이것이 나타나면 위협적인 재앙의 징후로 받아들였다. 그리스 신화에서 정의의 여신 디케는 불의를 물리치기 위해 안개 속에 나타난다. 괴테의 담시 〈마왕Erlkönig〉에서는 죽어가는 아들을 말을 태우고 필사적으로 달리는 아버지를 옅은 회색 안개가 감싸는 장면이 있다. 회색 안개가 끼기 시작하는 것을 본 사람은 이런 감정을 매우 잘 이해할 수 있다. 자욱한 안개 속으로 들어가면 우리는 순간적으로 방향감각을 잃어버리고 만다. 하늘과 땅은 무질서한 회색 속에 녹아 있다. 인간들, 사물들과 장소는 예고 없이 우리 앞에 나타났다가 다시 흔적도 없이 사라진다. 짙은 안개가 모든 현상을 윤곽만 보이게 하고 언어도 마치 소음처럼 허공에 묻혀 버리는 바람에 전체 분위기는 불분명하고 으스스하다.

오늘날 안개 낀 고속도로를 달리면서 느낄 수 있는 그런 상황에서, 도처에 위험이 도사리고 있다. '회색인 것'에 대한 우리의 공포는 생물학적인 원인에 기인한다. 환경이 회색으로 변하는 것은 다가올 위험을 경고하며, 이전보다 더 신중하게 활동하거나 보다 안전한 피난처를 찾아야 한다는 것을 암시한다. 그럼에도 우리가 회색 안으로 들어간다면, 의도하지 않더라도 우리를 마비시키는 감정이 엄습할 것이다. 이런 감정은 우리의 행동을 느리게 하거나 완전히 정지시킨다. 만일 이런 공포감을 무시하면, 적절하지 않은 태도를 취하게 되고 그리하여 재난에 가까운 결과를 가져올 수 있다. 사망자들의 숫자가 이를 증명해줄 것이다.

따라서 절망적인 미래를 의미하는 디스토피아는 많은 경우에 두려운 감정을 불러일으키는, 이른바 안개가 자욱한 회색 세상이라는 상상으로 시작한다. 악몽, 우리가 상상하는 두려움과 공포의 원료가 회색이다. 이처럼 파악할 수 없는 무질서한 중간 세계에서 현실과의 연관성은 전혀 찾아볼 수 없다. 과거와 현재는 구분할 수 없다. 이미 오래전에 죽고 끝나버렸던 것이 갑자기 다시 살아나서 현존한다. 수많은 무서운 소설과 공포영화가 허구와 실재를 그럴듯하게 혼합하기 위해 회색의 분위기를 이용한다. 독일어에서 형용사와 동사들, 그러니까 '두렵다grauen', '무서워하다grausen', '끔찍한grausam' 또는 '등골이 오싹하다gruseln'라는 단어는 회색을 의미하는 단어와 비슷하게 생겼지만, 어원을 살펴보면 전혀 다르다.

애시그레이: 재의 회색
오래된, 현명한, 생기 없는

돌과 바위로 이루어진 풍경은 지구 역사상 가장 오래된 증거에 속한다. 화강암, 편암과 현무암 같은 대부분의 단단한 암석은 생명이 없고 어둡게 보인다. 이런 돌들이 생겨날 당시의 압력과 열기가 생명체의 흔적을 모두 지워버린 것이다. 이와 반대로 대리석, 모래로 이루어진 사암, 그리고 석회석 같은 무른 돌들은 눈에 띄게 밝고 다채로운 색이며 생기가 있다. 하지만 이런 돌들은 기상 상황과 산성비가 공격하고 시간의 힘이 가해지면 침식된다. 돌의 회색은 자연에서만 만날 수 있는 게 아니라, 주거지역에서도 만날 수 있다. 좁은 길과 넓은 거리, 광장이나 담과 건물들이 있는 곳 말이다. 회색은 영원을 의미하는 색이므로, 온갖 시류와 단기간에만 유행하는 트렌드에서 벗어나 있다. 회색은 시대를 초월한 듯 보이고 지속적이며 당연해 보이는 까닭에, 마치 항상 존재해온 것 같다. 회색인 것은 나이가 들지 않으며, 이미 나이가 들어 있다. 따라서 새로운 건물의 정면, 담벼락, 가구와 장신구들은 마치 오래된 것처럼 속이기 위해 인위적으로 회색이 감도는 푸른 녹을 입히기도 한다. 이와 같은 트렌드를 일컬어 '새비시크Shabby-Chic' 또는 '빈티지 룩'이라고 부른다.

생명체는 돌만큼 오래 살지 못하며 시간과 함께 늙어간다. 신체를 덮고 있는 모든 표피가 회색으로 변해가는 것은 바로 나이가 들어간다는 신호다. 인간의 경우는 흰색이나 회색 머리카락에서, 동물의 경우는 털이나 깃털이 회색으로 변해가는 모습에서, 식물의 경우 시들어버린 회색을 통해서 노쇠를 알아볼 수 있다. 또한 나무와 덤불도 생을 마감할 때가 오면 회색으로 변한다. 갈색의 세포색소인 리그닌은 나무에 색과 단단한 성질을 부여한다. 나무의 줄기와 가지는 나이가 들어감에 따라 색소 생산이 더디어지면서 회색이 되고 썩는 것이다. 그래서 우리는 산을 오르다가 붙잡을 게 필요할 때 직관적으로 회색의 가지는 잡지 않고 피한다.

사람과 동물이 나이가 들면 무슨 일이 일어나는지 한번 살펴보자. 세포 조직은 퇴색되는데, 노화하는 조직은 색소 생산에 투입할 수 있는 에너지가 점차 적어지기 때문이다. 나이가 들고 있다는 흔적은 후손들에게 나약함의 표시로 드러나고, 그리하여 동물들의 경우 권력투쟁을 불러일으켜서 마침내 세대교체가 일어나게 한다. 우리는 이와 같은 생물학적 원칙을 성공적으로 무효화했는데, 대표적인 엘리트 지도자 다수가 회색 머리라는 사실을 인상적으로 드러내 보임으로써 말이다. 회색은 나이가 들었다는 것을 상징하는 색으로, 위엄, 진정성과 신뢰같이 긍정적인 특징과 연결되기도 하지만, 아름다움, 힘과 생동감의 상실처럼 부정적인 특징과 관련되어 있기도 하다. 사람들은 나이가 들면 노화되고 색을 잃을 뿐 아니라, 이와 동시에 더 쉽게 부러지고 상처 입고 더 피곤해하며 더 타협적이게 된다.

어떤 사람들은 나이가 들어서 나타나는 징후를 받아들이고 당당하게 잘 견뎌낸다. 그런가 하면 또 어떤 사람들은 노화의 흔적을 감추기 위해 염색을 하고 화장을 한다. 센 머리를 염색하고 주름진 피부와 창백한 입술에 화장을 하면 마치 실제로 젊어진 것처럼 보인다. 화장품업계가 추정하는 바에 따르면, 현대사회에서 전체 여성 중 50~80퍼센트가 염색약을 사용한다고 한다.[3] 코펜하겐 대학에서 실시한 조사에 의하면, 남성들은 훨씬 적었다. 여성 75퍼센트가 머리카락을 염색하는 반면, 남성은 16퍼센트만 염색약을 사용한다. 다른 연구도 다음과 같은 사실을 증명해주고 있다. 즉 회색 머리 남자들은 많은 사람에게 흥미롭게 보이는 반면, 여자들은 그렇지 않다는 것이다.[4] 이처럼 성에 따른 차이는 문화적인 원인 때문으로 보이기는 하지만, 다른 한편으로 생물학적인 원인도 있다. 즉 여성들의 가임 능력은 남성들에 비해 훨씬 일찍 중단된다.[5] 이런 것으로부터 자유로운 사람은 노화 현상에서도 긍정적인 측면을 발견할 수 있다. 위엄을 보여주는 회색은 성별과 무관하게 그 사람의 단정함, 진정성과 신뢰를 강화해준다. 그래서 광고업계는 시청자들이 제품과 메시지를 더욱 신뢰할 수 있도록 희끗희끗한 머리를 한 모델을 투입하곤 한다.

하지만 회색은 나이 든 사람을 가리킬 뿐 아니라, 죽음도 의미한다. 생명체가 죽으면 파괴의 과정이 시작된다. 그전에 조직 내에서 생명유지 기능을 충실하게 이행했던 소중한 색소들은 이제 새로운 생물학적 과제를 안게 된다. 생명체가 죽은 뒤에 남기는 것은 회색 먼지로 부서진다. 그 어떤 것도 시체를 태워 버리는 화장처럼 생명이 가지고 있던 색소의 흔적을 그토록 신속하고 철저하게 지우지는 못한다. 재의 회색은 그야말로 최종적인 죽음을 표시하며, 신체가 철저하게 파괴되고 나서 남아 있는 생기 없는 무인 것이다. 화장 관습은 고대로부터 내려온 문화의 일부이며 세계의 모든 종교에서 증명할 수 있다. 재는 죽은 자와 관계를 이어가기 위해 유골단시에 남긴다. 이 유골단지는 사자死者를 숭배하는 문화에서는 대단히 중요한 역할을 한다. 힌두교에서는 기독교 이전의 많은 종교와 마찬가지로 재가 속죄를 하고 죽은 자들을 기리는 데 이용되었다. 속죄하는 자들은 유골의 재를 자신들의 머리 위에 뿌리거나 한동안 재가 담겨 있는 자루 안에서 지내기도 한다. 기독교의 장례의식은 예수 그리스도의 죽음과 부활에서부터 비롯되었다. 부활을 믿는 인간이라면 다시 태어나기 위해 먼저 참회를 해야 한다는 구약성서의 말씀에 그 어떤 반박도 할 수 없을 것이다. 그리하여 신자들은 사순절이 시작하는 재의 수요일에 자신이 죄인임을 잊지 않기 위해 재로 이마에 십자가를 그린다. 재의 수요일을 위해 경고하는 말들은 결코 과장된 것으로 받아들이지 않는다. "너희들이 먼지와 재와 다름이 없음을 생각하고 다시 먼지와 재로 돌아올 것임을 생각하라."

라틴어 '쿨투라cultura'는 보살피고 관리한다는 것을 의미한다. 지속적인 관리를 하지 않는다면 우리의 문화적 유산도 신속하게 먼지로 변하고 말 것이다. 붕괴나 몰락이 갑자기 일어나는 경우는 드물다. 노후화는 위험한 주거지역이 황폐해지면서 시작하는데, 이런 장소에서는 녹색 공간이 시들해지고, 건물의 정면은 퇴색되고, 아스팔트가 깔린 도로에서는 인적을 발견할 수 없으며 도처에 쓰레기와 오물이 널려 있다. 그럴 능력이 있는 사람은, 몰락의 전조를 보여주는 이런 회색의 메시지를 보고서 기회가 전혀 없는 이런 장소로부터 도망칠 것이다. 이러한 빈민가 배경에서 회색은 전 세계적으로 가난과 비애를 상징하는 색이기도 하다.

긍정적인 삶의 느낌들, 예를 들어 낙관주의, 삶에 대한 기쁨과 자부심은 더러운 회색의 세계에서 신속하게 질식해버리고, 그러면 비관주의, 절망과 포기가 번져나가게 된다. 점차 늘어나는 황폐화의 효과는 가난한 사람들에게서도 관찰할 수 있다. 거리에 떠다니는 회색 먼지와 오물이 그들의 피부, 머리카락과 옷에만 앉는 것이 아니라, 인격 전체를 덮어버리는 것이다. 궁핍이 점차 심해지면 개인들의 개성도 사라지고, 그리하여 관찰하는 사람들에게는 얼굴 없는 '회색 군중'으로 녹아버리게 된다.[6] 이처럼 위장하는 회색 때문에 가난은 보이지 않지만, 그럼에도 어디에든 존재하게 된다. 그래서 우리는 이 가난을 직접 대면하고서야 비로소 알아차린다.

빨간색

생동하는, 당혹스러운, 지배적인, 치명적인

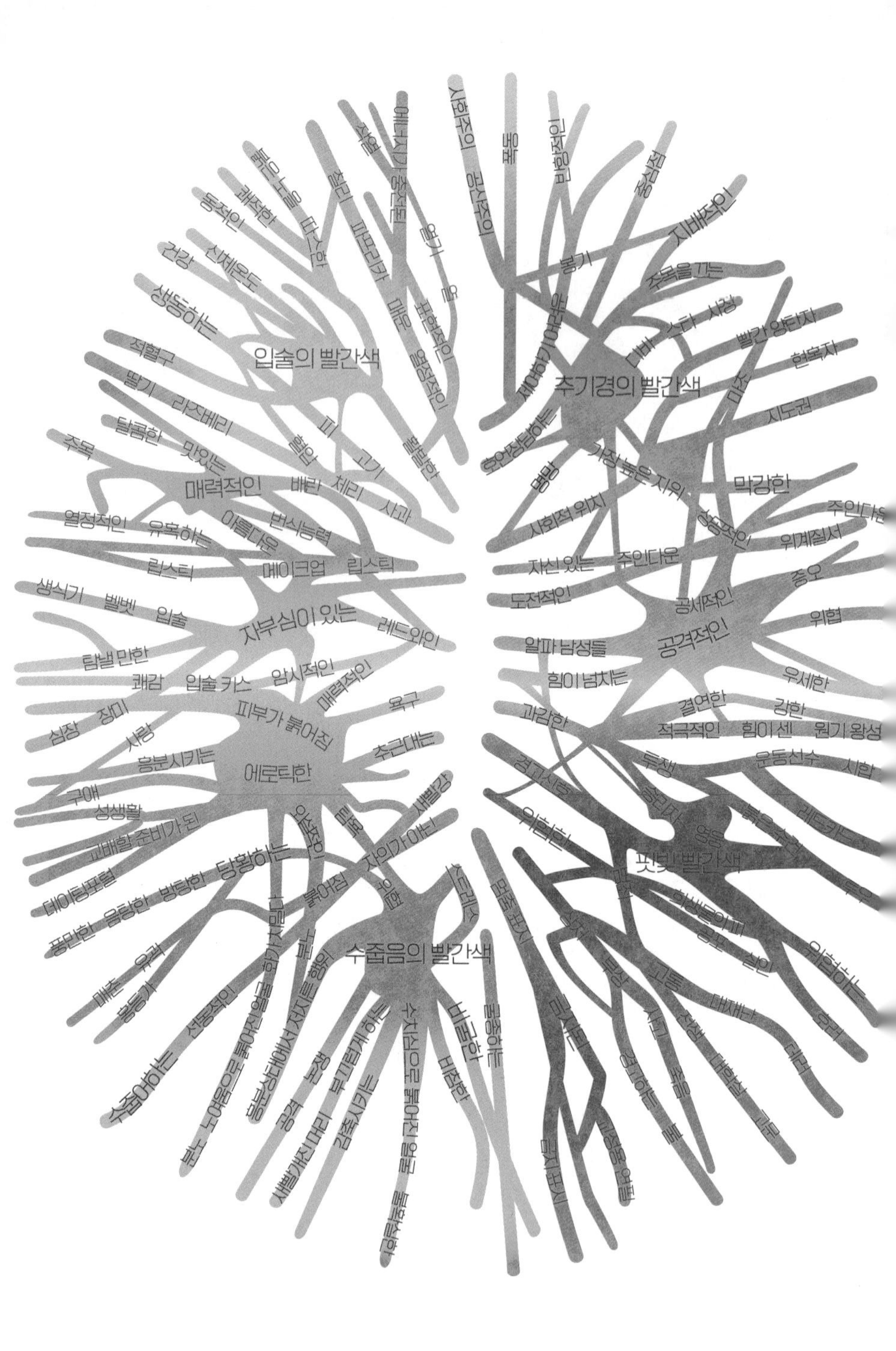

빨간색의 기억 지도

상징의 의미와 작용 범위

립레드: 입술의 빨간색
생동하는, 매력적인, 자부심이 있는

전 세계의 문화에서 생명과 아름다움 그리고 성性을 상징하는 빨간색만큼 많은 의미를 가진 색은 없다. 모든 색 가운데 혈홍색은 가장 주의를 집중시킬 뿐 아니라, 매우 강력한 감정을 불러일으킨다. 러시아에서는 빨간색을 '크라스니krasny'라고 하는데, 오랫동안 아름다움과 동의어로 사용되었다. 세계에서 가장 유명한 장소 중 하나인 모스크바의 '붉은 광장'은 가장 '아름다운 광장'이기도 했다. 밝기와 어둠을 기준으로 하면 빨간색은, 우리의 언어에 다양성을 최초로 열어준 색을 지칭하는 단어이다. 빨강이라는 단어의 어원은 주로 피나 이와 관련된 피부 홍반에서 직접 유래하는데, 고대 인도어의 '루디라rudhiráh'나 고대 그리스어의 '에리스로erythró'에서도 나타난다. 그리하여 적혈구를 독일어로 '에리트로치트Erythrozyt'라고 칭하기도 한다.

중세에 '로트rōt'라는 단어가 교활하고 거짓된 성격을 가리켰다는 사실에는 이론의 여지가 없지만, 기독교적인 윤리가 상당히 많이 변했다는 점도 말해준다. 쾌락과 공허뿐 아니라, 사랑과 애욕과 같은 자연적인 욕구를 넌지시 암시하기만 해도 광신자들에게는 커다란 충격이었다. 배신자 유다의 동시대인들은 유다를 그의 빨간 머리카락으로 알아보았고, 북유럽 스칸디나비아의 신들인 토르와 오딘도 마찬가지로 머리가 붉었다. 이 신들을 숭배하기만 해도 이단으로 낙인찍히곤 했다. 악마들도 빨간색으로 묘사되는 경우가 점점 늘어났다. 무엇보다 빨간색 머리카락을 가진 여자들에게 이런 낙인이 찍혔는데, 이들은 쾌락을 추구하고 무절제하며 음란하다고 싸잡혀 비난받았다. 악명 높은 마녀재판에서 빨간색 머리카락은 악마와 계약했다는 표지로 간주되었다.

빨간색의 매력에는 단순하게 생물학적 원인이 있다. 얼굴, 귀, 입술이 발갛게 상기되고, 둔부와 생식기가 발그레해진 모습은 많은 영장류의 경우에 생물학적으로 강한 번식력을 알리는 신호이다. 이런 신호는 잠재적인 짝에게 성적으로 흥분되어 있고 짝짓기할 준비가 되어 있다는 것을 보여준다. 특히 개코원숭이 암컷에게서 분명하게 볼 수 있는데, 털이 없는 엉덩이 부위가 새빨갛게 부풀어 오른 모습은 호르몬 때문으로, 배란이 곧 시작된다는 것을 알려준다.[1] 이렇듯 붉은색 신호가 보이면 수컷들은 극심한 흥분상태에 빠진다. 영장류의 뇌는 성호르몬을 뿜어내고, 이로 인해 수컷들은 암컷에게 구애 행동도 하고 다른 수컷과 경쟁해서 싸움을 벌이는 무의식적인 반응도 하게 된다. 이러한 시기에는 얌전한 태도를 기대해서는 안 되는 것이다.

인간도 호르몬상으로 비슷한 작용이 보이는데, 이때 남녀에 차이가 나타난다. 남성들의 성적인 자극과 홍조를 담당하는 것은 남성호르몬 안드로겐이다. 남자들의 발기는 오르가슴을 느낄 때 '성 홍조sex flush'를 담당하는 전달물질과 동일한 전달물질에 의해서 이루어진다. 여성호르몬 에스트로겐과 임신에 필요한 여성호르몬 게스타겐은 여성의 피부가 홍조를 띠게 하며, 특히 볼, 입술과 음순에서 나타난다. 이러한 홍조는 나이가 들면서 줄어들고 어린 소녀들에게서 흔히 나타난다. 따라서 이런 작용은 순수함의 징표로 평가된다.[2] 배란기가 되면 여성들은 일련의 성적 신호를 연이어 표출하게 된다. 그들은 더 빨리 더 자주 홍조를 띨 뿐 아니라, 평소와는 다른 향기가 나고 다르게 말하며, 평소보다 더 유혹적으로 몸을 움직이고, 옷을 사 입는 데 더 많은 돈을 소비하고, 더 매력적으로 옷을 입으며, 더 많은 시간을 들여서 자신을 아름답게 꾸민다.[3] 생리기간 후반에 이르면 얼굴의 홍조는 거의 느껴지지 않는다.[4] 완전히 홍조가 사라졌는지 아닌지는 입는 옷을 통해 추측해볼 수도 있다. 왜냐하면 여성들은 이 기간에 빨간색과 분홍색 옷을 더 자주 입기 때문이다.[5] 이와 반대로 분명하게 알 수 있는 얼굴의 홍조는, 여성들이 매력적인 남자를 만나게 된다면 알아차릴 수 있다. 홍조가 없다면 이 여성에게 구애한 남자가 마음을 얻을 기회는 없다. 여성의 얼굴이 냉정하고 창백하다면 이는 거부한다는 확실한 표시다.

홍조 효과는 따뜻한 빛의 효과를 통해서 높아질 수 있으므로, 해돋이와 일몰은 캠프파이어와 촛불처럼 낭만적인 분위기를 만들어낼 수 있다. 사랑은 아무런 말이 필요하지 않다. 오로지 붉은 기운만으로 사람들을 더 흥분시키고, 더 매력적으로 보이게 하고, 더 열망하는 대상으로 보이게 한다. 이것은 모든 피부색에서 감지할 수 있는 효과다. 립스틱을 바르는 것처럼 신체를 치장하는 행동은 붉게 만드는 효과를 특히 잘 보여준다. 벨벳, 비단, 가죽과 고무로 만든 빨간색 옷과 신발은 특히 관능적인 효과가 있는데, 이 모든 것이 흥분한 인간의 피부를 연상하게 하는 까닭이다. 사랑의 메시지는 빨간색 심장, 키스하는 입술 또는 장미를 통해서 상징적으로 전달할 수도 있다. 윌리엄 셰익스피어William Shakespeare는 이와 같은 상징을 이미 14행으로 이루어진 시 소네트의 한 구절에서 표현한 바 있다. “나는 빨간 장미를 봤었지—다마스쿠스 장미, 빨간 장미, 하얀 장미, 하지만 그녀의 볼에서는 그런 장미를 찾아볼 수 없네….”[6]

그러나 빨간색이 지닌 유혹하는 힘은 이미 오래전부터 잘 알려져 있었다. 현재 가장 오래된 립스틱은 수메르의 도시 우르에서 발견되었는데, 오늘날 이라크에 해당하는 곳이다. 꿀이나 기름에 붉은색 황토안료를 섞어 바르는 입술연지는 5,000년 이전부터 사용했다.[7] 구약성서의 아가서에는 이스라엘의 아들들에게 아름다운 여자들의 진홍색 입술로부터 흘러나오는 꿀을 조심하라고 하는 경고가 나온다. 또한 붉은색은 오늘날에도 돈을 받고 파는 사랑의 상징이기도 한데, 다른 어떤 색도 이런 의미를 더 잘 전달하지 못하기 때문이다. 홍등가는 전 세계 어디를 가도 매춘을 한다는 표시다. 관음증적 쾌락을 이용해서 부도덕한 놀이도 한다. 빨간색은 여성의 신체를 성적 대상화하며, 이는 남녀 모두에게 효과가 있다. 따라서 우리는 빨간색으로 대상화된 몸을 보지 않도록 해야 한다!

이는 연구를 통해서도 증명되었다. 남성들은 여성들의 사진을 볼 때 흰색 배경보다 빨간색 배경에서 보통 2배는 더 매력적으로 본다.[8] 데이트 알선 앱에서 실시한 조사에 따르면, 연애를 하고자 하는 여자들은 프로필에 빨간 옷을 입은 사진을 더 많이 올린다고 한다.[9] 히치하이킹으로 여행하는 여자들이 빨간 옷을 입으면 남자 운전자들이 두 배는 더 잘 태워준다고 한다.[10] 빨간 옷을 입거나 빨간 립스틱을 바른 웨이트리스는 팁을 확실히 더 많이 받는다.[11] 자주 빨간 옷을 입는 사람은, 자신을 주시하는 시선을 의식하고 이를 멋지게 다루는 법을 배웠을 것이다. 프리마돈나, 마초들과 유명 스타 같은 인물들은 빨간색 옷을 입고서 사람들의 주목을 받는 것을 즐긴다.

섀임레드: 수줍음의 빨간색
당혹스러운, 수줍어하는, 비굴한

우리는 왜 수치심을 느끼면 얼굴을 붉히고, 이러한 감정을 억누르는 데 실패할까? 얼굴 피부가 붉어지는 현상은 생물학적인 신호로서, 스트레스호르몬 아드레날린이 쏟아지면서 동반되는 색상 신호다. 이로 인해 심장박동수가 늘어나고 혈압도 올라간다. 붉은 정도는 바로 우리가 감정적으로 얼마나 흥분했는지를 보여주는 척도다. 얼굴의 홍조는 사의와는 상관없이 나타나므로 특히 믿을 수 있는 몸짓에 속한다. 얼굴을 붉힘으로써 우리는 타인에게 감정 상태를 드러낼 뿐 아니라, 감정과 연관된 생각과 의도하는 행동을 상대가 인지할 수 있게 한다. 어떤 상황에 처해 있는지에 따라서, 우리가 격앙했는지 사랑에 빠졌는지, 흥분했는지 불안해하는지, 화를 내고 분노하는지 아니면 정열적으로 열광하는지가 분명해진다.

이미 찰스 다윈도 홍조에 대한 이론으로 우리를 기쁘게 했다. 그는 홍조 현상에 매료됨과 동시에 어찌할 바를 모르며, "가장 독특하면서도 인간적인 표현"이라고 설명했다.[12] 실제로 얼굴의 홍조는 다른 영장류들과 달리 우리 인간만이 가진 유일한 특징이다. 하지만 진화론의 창시자는 오류를 범했는데, 홍조에 결코 생물학적 목적이 없다고 가정했기 때문이다. 정신분석학자 지크문트 프로이트Sigmund Freud는 홍조를 이미 "짝짓기를 위한 외침"으로 봤으며, 이는 복잡한 감정을 성적인 의미로 함축한 것이다. 홍조는 오로지 구애라는 목적에만 사용되는 게 아니며, 앞으로 취할 수 있는 우리의 공격 가능성과 싸울 태세를 감지한 잠재적인 적을 위협하고 제지하는 데도 이용된다.[13] 우리의 뇌는 1초도 안 되는 짧은 시간 동안 적이 우리를 공격해올 가능성을 분석하고 무의식적으로 공격이나 도주를 명령한다. 이렇듯 뇌가 보여주는 반사적 반응은 혈액순환이 억제되거나 상승하는 것에서 읽을 수 있다. 공격적인 말과 몸짓은, 얼굴

색이 붉게 변하는 현상을 동반하지 않으면, 공허한 위협으로 끝난다. 오로지 분노로 얼굴이 벌겋게 달아오르는 사람만이 진지하게 화가 난 것이다. 영화를 보면 전문 킬러들은 흔히 감정적으로 흥분한 모습을 보이지 않아 냉정함을 발산한다. 그러나 실제로 창백한 얼굴은 오히려 공포감에 의해 만들어지고, 이는 상대에게 싸울 용기를 줄 때가 많다.

얼굴의 홍조는 또한 전혀 기대하지 않은 방식으로 손해를 전혀 입지 않고서 갈등 상황을 넘길 수 있도록 도움을 줄 수 있다. 78개의 언어권에서 빨간색은 수치심이라는 감정과 직접적으로 연관되어 있다. 수치심으로 붉어진 얼굴을 보는 사람이 굴종하겠다는 의지로 받아들인다면, 홍조는 완벽하게 자신을 낮추는 전략이 되는 셈이다.[14] 홍조가 수치심에 의한 것인지를 보다 확실하게 판단하려면 신체의 다른 신호, 예를 들어 몸짓이나 목소리를 참고하면 된다. 민망할 정도로 '벌겋게 달아오른 머리'는 염증이 생겼을 때 이를 방어할 목적으로 분비되는 면역물질과 동일한 면역물질이 관여한다. 뇌의 안와 전전두엽피질은, 수치심으로 인해 얼굴에 나타나는 홍조가 믿을 수 있는 것처럼 보이게 한다. 우리는 한순간 감염된 것처럼 아프고 비참하게 느끼게 된다. 비록 고통스러워하는 동물들처럼 웅크리고 앉아 있지는 않지만, 지극히 복종하는 모습으로 보인다.[15] 붉은 머리에 대한 공포심은, 우리의 사회적 행동에 영향을 주어 수치스러운 일을 하지 않게끔 한다. 또한 수치심에 의한 홍조는 우리가 생각하는 만큼 다른 사람들에게 부정적으로 작용하지 않는다. 당사자에게는 고통스러울 수 있는 이 홍조는 많은 사람에게 오히려 긍정적인 본성을 활성화할 수 있는데, 도움을 주거나 동정심을 발휘하게 만드는 것이다.[16]

카디널레드: 추기경의 빨간색
지배적인, 공격적인, 막강한

색은 사회적 위계질서를 만들 수 있는 가장 효과적인 도구이다. 많은 영장류의 경우 막강한 권력을 가진 수컷은 단 한 마리이며, 이 수컷은 무리를 이끌고 종이 보존되도록 노력한다. 이를 거부하는 수컷이 있으면, 싸워서 이기든가 무리에서 떠나야 한다. 개코원숭이들의 위계질서는 코가 얼마나 빨간지를 보고서 알 수 있는데, 코의 붉기가 바로 수컷들의 지위를 보여주기 때문이다.[17] 여기에서 우리 종 가운데 알파 남성들과 유사점을 볼 수 있다. 연구조사에 따르면, 우리는 남자들의 얼굴에 나타나는 강렬한 홍조를 처음에는 공격성의 표시로 해석하고, 그러고 나서 우수한 지배력의 표시로 보고, 마지막으로 매력의 표시로 본다고 한다.[18]

색을 선택할 때 이런 점을 고려해야만 한다. 만일 사무실에 빨간색 양탄자를 깐다면, 회사 자동차로 빨간색을 선택한다면,

또는 빨간색 숄을 걸친다면, 경쟁자들은 이것을 도전으로 이해할 수 있다. 왜냐하면 이로써 당신은 주변에 지도자 자격이 있는 사람임을 보여주기 때문이다. 색이 누군가의 마음에 들든 그렇지 않든, 이 경우에는 중요하지 않다. 빨간색은 권력을 상징하는 색이며, 문화사에 빨간 줄을 긋는 것처럼 중요한 역할을 하고자 하는 요구인 것이다. 붉은 흙을 몸에 바르는 행위는 이미 고대의 부족사회에서도 지위를 상징하는 데 사용되었다. 빨간색 표시는 남자가 사냥과 전쟁에서 성공을 거두었다는 것을 암시하며, 그의 명예와 사회적 지위에 큰 영향을 주었다. 그리하여 부족을 이끄는 지도자는 자동으로 가장 능력 있는 사람에게 돌아갔다. 지구상에서 가장 외진 곳에 있는 종족들, 그러니까 파푸아뉴기니 우림지역, 브라질 아마존 지역 그리고 아프리카 몇몇 지역에 사는 원주민들은 오늘날까지도 이와 같은 관습을 따르고 있다.[19] 신체에 붉은 흙을 칠하는 행위뿐 아니라, 빨간색 문신을 새기는 행위 역시 의식에 속해 있다. 직물을 염색하는 것은 사회적 지위를 확고하게 다지기 위해 몸에 칠을 하는 것에서 더 많이 발전한 단계일 뿐이었다.

인공적인 적색 염료인 알리자린이 1868년에 발명되기 전까지 윤기 흐르는 빨간색 섬유는 그야말로 고급스러운 사치품에 속했다. 그때까지는 빨간색으로 염색하기 위해 식물성 색소 꼭두서니를 자주 사용했으며, 이것은 4,000년 넘게 전 세계적으로 애용되었다. 인디언레드와 터키레드 역시 꼭두서니 염료에서 나온 것이다. 순수하고 빛이 나는 빨간색 색조의 염색은 3~4개월에 걸친 과정이 필요했으며 면과 비단 같은 비싼 직물만 물들였다. 그런 옷은 지극히 비쌌으므로 사회적인 엘리트 계층에게 신분의 상징으로 이용되었다. 심지어 많은 제후가 신분에 따른 의복 색깔을 지정해 공표했고 이를 엄격하게 지키는지를 관찰하도록 지시했다. 여자들과 아이들은 이와 같은 명령에 해당 대상이 아니었는데, 그들은 가부장적 사회에서 경쟁 상대가 되지 않았기 때문이다. 이와 반대로 남자들이 이런 명령을 어기면 반항의 표시로 보고서 엄하게 처벌했다.

빨간색 의복이 신분의 상징이 되면서 빨간색은 반란과 반역을 상징하는 이상적인 색이 되었다. 하지만 반란군들뿐 아니라 정치적 이데올로기들도 빨간색의 이와 같은 효과를 인지했다. 사회주의, 공산주의와 파시스트 국가 국기와 정당의 깃발들을 한번 살펴보라! 이런 이데올로기들이 서로 다르다 할지라도, 권력투쟁에 참여한 추종자들은 하나같이 빨간색 깃발을 들고 모여든다. 빨강 외에 그 어떤 색도 그만큼 투쟁의지를 확연히 보여주지 못하기 때문이다. 한 조각의 빨간색 천은 상징적인 힘으로 발전할 수 있으며, 이런 힘은 수백만 명을 도취상태에 빠뜨리기도 하고 어떤 경우에는 열광에 빠지게 해서 죽음으로 몰고 갈 수도 있다.[20]

권력을 상징하는 색은 모든 종교를 구성하는 확고한 요소이다. 오스만제국의 마지막 칼리프 압뒬메지트 2세Abdülmecid II는 빨간색 터번을 두르고 어깨띠를 한 모습이다. 오늘날까지 이 색을 착용하는 달라이 라마처럼 말이다. 성경을 보면, 로마의 군인들이 예수에게 가시 면류관뿐 아니라 그의 권세에 대한 징표로 자색 왕의 외투를 건넸다는 말이 나온다.[21] 오늘날 교황은 평상시 흰색 정복을 입은 모습으로 자주 등장하지만, 다른 국가를 방문할 때면 작은 모자가 달린 빨간색 모제타를 입는다. 1464년 교황 바오로 2세Paulus PP. II는 빨간색 추기경 복장 사용에 대한 규정을 내렸다. 진홍색 모자, 의복과 12미터까지 이르는 긴 옷자락은 그 누구도 간과할 수 없는 교회의 막강한 등장을 알렸다.

처음에 추기경이 입는 빨간색 망토는 윤이 나는 선홍색 색소인 코치닐Polish cochineal로 제작했는데, 이 제작과정은 이미 고대 이집트에도 잘 알려져 있었다. 스페인의 정복자들은 중앙아메리카를 정복함으로써 잉카족과 아스텍의 염색기술을 발견하게 되었다. 이 기술은 코치닐이라는 곤충의 암컷에게서 나온 색소를 이용했는데 빨간색의 농도가 이전에 사용하던 염료에 비해 12배는 더 강했다. 수백 년 동안 코치닐을 거래함으로써 스페인 왕가는 아메리카에서 약탈한 금과 은에 맞먹을 만큼 많은 이득을 보았다.

블러드레드: 핏빛 빨간색
치명적인, 위협하는, 금지된

"피는 완전히 특별한 즙이지"라고 괴테는 다분히 많은 뜻을 담고 있는 말을 메피스토펠레스의 입을 빌려 표현했다. 피의 빨간색은 위험을 상징하며, 그래서 공포와 경악을 퍼져나가게 할 수 있다. 범죄를 다루는 이야기를 한번 생각해보라. 범행 장소와 범행 경과를 나타내는 피의 흔적에서 출발하는 때가 드물지 않다. 피를 많이 쏟으면 쏟을수록, 범죄는 그만큼 더 잔인하게 보인다. 피비린내 나는 사건에 대한 신화는 어떤 문화사에서든 찾아볼 수 있으며 오늘날에는 뉴스로 생생하게 전달되고 있다. 살인사건, 끔찍한 사고와 무서운 전쟁에 대한 보고의 진위 여부는 흔히 피를 통해서 증명되곤 한다. 조명을 잘 받은 상태에서 클로즈업하면 빨간색 피의 신선한 흔적이 최대한의 주의와 격정을 이끌어낼 수 있으며, 시청자들이 이 사건에 몰입할 수 있게 해준다.

투우사들이 사용하는 붉은 천도 비슷한 작용을 한다. 하지만 대부분의 사람이 예상하는 것과 달리, 붉은 천은 색맹인 동물을 향하는 게 아니다. 소의 투쟁성은 천이 아니라 투우사의 행동을 통해 자극된다. 붉은 천은 이런 경기를 집요하게 눈으로 좇으며 희생물인 동물이 어떻게 기운을 잃어가는지를 지켜보는 관객들을 위한 것이다. 관객들은 피 흘리는 동물이 회피할 수 없는 죽음에 대항해서 용감하고 영웅적으로 싸우면 열광한다. 소의 죽음은 정작 소에게는 보이지 않지만 관객의 눈앞에서 펼쳐진다. 이와 비슷하게 극적인 효과가 있었던 것이 중세에 재판관이 빨간색 잉크로 완성한 사형선고였다. 선고문은 이어서 사형집행인에게 전달되고, 집행인은 붉은색 옷을 입고 구경하는 관중 앞에 서서 형을 집행했다. 독일어의 '분개하다rotsehen'라는 표현도 빨강rot이라는 단어를 사용하는데, 이런 분개한 사람을 보면 피해야 한다. 왜냐하면 이런 사람은 우리의 신체를 상하게 하고 목숨을 위협할 수 있는 위험요소인 까닭이다.

스포츠에서도 빨간색은 능력을 최대한 발휘한다는 신호다. 운동선수들은 빨간색 그 자체를 보는 게 아니라, 이를 통해 상대 선수의 두려움과 팬들의 감정으로부터 이득을 얻는다. 통계를 조사해보니 이런 효과가 분명히 있었다.[22] 심지어 눈에 잘 보이지 않는 참새조차 빨간색 표식을 달아두면 갑자기 승자 유형이 된다. 빨간색은 같은 종들에게 상당한 스트레스 반응을 불러일으키고, 그리하여 빨간색 표식이 달린 동물과의 대립을 회피하게 하는 것이다.[23] 빨간색은 경기를 할 때, 우리의 유전자가 어떤 특징이 있든 그리고 어떤 트레이닝을 받았든 상관없이 우리에게 이점이 된다. 동등한 조건에서 빨간색은 결정적으로 중요한 요소가 될 수 있는 것이다.

일상에서 빨간색의 무서운 효과를 오늘날 우리가 가장 잘 볼 수 있는 경우는 무엇보다 금지 표시에서다. 경고의 색으로 전 세계에서 사용되고 있는 현실을 보면, 빨간색은 문화가 달라도 위험을 상징하는 표시로 잘 작동한다는 것을 알 수 있다. 적신호는 건강이 위험하다는 사실을 다른 그 어떤 색보다 더 신속하고 효과적으로 경고해준다. 생명에 중요하며 우리가 어린 시절부터 배워서 잘 알고 있는 빨간색 신호등을 한번 생각해보라. 하지만 이러한 경고 기능으로서의 빨간색은 교통신호에만 사용되는 게 아니다. 우리는 빨간색으로 대부분의 기능을 정지키실 수 있는데, 기계에 부착된 빨간색 비상용 스위치, 차량의 비상 브레이크나 전기제품에 달린 빨간색 차단기가 바로 그런 예가 될 수 있다. 그리고 스포츠 경기에서 '레드카드'를 받은 선수는 퇴장해야 한다.

이렇듯 빨간색이 지닌 힘은 몇 군데에서는 예상치 못한 문제를 불러일으킬 수도 있다. 빨간색 펜으로 교정을 했을 때 첫눈에는 매우 이상적으로 보일 수 있는데, 왜냐하면 모든 설명을 매우 분명하게 볼 수 있는 까닭이다. 그러나 빨간색은 마치 경고를 하는 것처럼 보인다. 조사를 해보니, 빨간색으로 텍스트를 수정하면 수정한 내용에 대한 평가뿐 아니라 교사와 학생 사이의 관계에 대한 평가에도 부정적인 영향을 준다고 한다.[24] 만일 당신이 누군가에게 경고하고자 한다면, 빨간색보다 더 나은 색은 없다. 하지만 당신의 비판으로 어떤 사람을 돕고 새로운 시도를 할 수 있게 용기를 주고 싶다면, 녹색이나 파란색 펜을 사용하라고 권하고 싶다. 왜 그런지는 이 색들을 사용해보면 알 수 있다. 덧붙이자면, 당신이 중립적으로 보이고 싶으면, 전통적인 회색 연필을 쓰거나 디지털로 교정하는 방법으로 대체하면 된다.

녹색

자연스러운, 건강한, 낭만적인, 덜 익은

녹색의 기억 지도

상징의 의미와 작용 범위

리프 그린: 잎사귀의 녹색
자연스러운, 살아 있는, 희망에 찬

녹색은 자연스러움, 성장, 생생함, 살아 있음을 상징하는 색이다. 모든 로망어의 '녹색'이라는 단어는 라틴어 '비르디스virdis'에서 유래했는데, 이 단어는 녹색을 의미하지만 동시에 힘, 성장과 생명을 의미하기도 한다. 게르만어의 색을 지칭하는 단어 '그로안grōan'은 '싹트다, 성장하다, 번창하다'라는 의미다. 이와는 달리 고대 그리스어에서 색을 지칭하는 단어 '클로로스chloros'는 노란색과 파란색 사이에 있는 색의 전체 스펙트럼을 하나로 묶어서 칭하는 개념이다. 호메로스Homeros는 '클로로스'를 식물을 가리킬 때뿐 아니라, 얼굴, 나무로 만든 곤봉과 꿀을 칭할 때도 사용했다. 고대 민족들은 녹색을 인지할 수 없었다거나 심지어 색맹이었을 것이라고 하는 다분히 완고한 억측은 전설의 왕국에나 속할 얘기다.[1]

로마인들은 녹색을 의미하는 '비르디스' 말고도 다양한 색 개념을 알고 있었다. 예를 들면 '헤르베우스herbeus'(풀색), '글라우쿠스glaucu'(회청색), '프라시누스prasinus'(녹옥綠玉색), '갈비누스galbinus'(황록색) 등이다.[2] 녹색을 염색하는 기술에 있어서 로마인은 처음에는 게르만족에게 뒤처져 있었다. 게르만족은 파란색과 노란색 염료를 혼합해서 녹색을 만들어낼 수 있었던 것이다. 그렇다 보니 로마에서는 회색을 띤 희미한 녹색의 옷은 주로 가난한 농부들과 일용직 종사자들이 입었다. 하지만 로마가 세계적인 제국이 되자 새로운 영토만 획득한 게 아니라, 새로운 문화적 기술도 획득하게 되었다. 네로Nero가 로마 황제였던 시절에 녹색은 마침내 상류층에서 유행하는 옷 색깔이 되었다. 네로는 녹색 옷을 입었을 뿐 아니라, 에메랄드를 수집해서 색안경으로 쓰려고 그것을 매끄럽게 연마하라고 지시했다. 이처럼 선글라스의 초기 형태라 할 수 있는 것을 쓰고서는 검투사들을 멀리서 보다 정확하게 구경할 수 있었지만, 검투사들이 흘린 혈흔은 녹색 필터로 걸러져 보기 어려웠다. 에메랄드에는 눈을 진정시키는 효과가 있어서 중세까지 학자들이 사용했다고 한다. 외과 의사들이 녹색 가운을 입는 것도 차분하게 해주는 효과 때문인데, 의사의 작업복이 녹색으로 자리 잡은 것은 19세기 말이 되어서였다.

녹색 스펙트럼은 우리가 볼 수 있는 모든 색의 절반 이상을 포함하는, 이른바 가장 넓은 색 공간이다. 식물계의 색들은 우리의 시각적 지각체계가 발전할 수 있게 된 기반이라 할 수 있다. 따라서 식물계는 서로 그리고 주변과 조화를 이루고 있다. 우리 망막의 모든 시세포들은 가시광선의 중간 영역을 기록한다. 이때 녹색은 중앙에 있으며, 균형과 조화의 색인 것이다. 식물의 성장이 인간의 삶에 주는 의미는 우리의 색 문화에 반영되어 있다. 성장과 부활을 담당한 신은 고대에 흔히 녹색으로 표시되었다. 그리하여 죽음과 수확, 그리고 식물계의 신이었던 이집트의 오시리스는 흔히 녹색 피부나 녹색 의상과 장식품으로 알아볼 수 있다. 녹색은 행운을 상징하고, 곡식이 무럭무럭 자라나서 수확할 수 있기를 바라는 인간의 희망을 표현한다.

온대지역이나 냉온대지역에 사는 주민들은 몇십 년 전까지만 해도 녹색 부족현상을 감지했는데, 특히 겨울에 그랬다. 일찍이 로마인들도 동짓날이 되면 집을 월계수 나뭇가지로 장식했는데, 삭막하고 빛이 부족한 계절에 희망을 표현하기 위해서였다. 이로부터 기독교에서는 늘 녹색을 띠고 있는 크리스마스 트리가 나왔다. 부활절 축제는 식물 생장주기의 시작을 알리는 것이며, 기독교 이전 시대부터 이어져온 의식이다. 기독교인들의 단식기간은 초록 목요일이라고도 불리는 세족洗足 성목요일에 끝나며, 성경에 따르면 이날은 예수가 최후의 만찬을 들었다는 날이다. 그리하여 중세에 가장 탁월했던 교황 인노첸시오 3세Innocentius III는 가톨릭 전례에 쓰이는 색으로 녹색을 선택했는데, 신자들의 매일을 희망으로 가득 채울 수 있게 하기 위해서였다. 녹색은 많은 문화권에서 성장, 부활과 새로운 시작을 원하는 인간의 희망을 상징한다.

희망의 색은 불교에서 '녹색 타라'라는 여성 보살의 형태로 나타나는데, 우리를 구원하고 해방한다. 또한 사랑과 동정심을 상징하기도 하는 녹색 타라에 대한 명상은 부정적인 에너지를 몰아내준다고 한다. 오늘날 녹색은 그 어떤 때보다 희망을 상징하는 색이다. '녹색당', '녹색 정치' 또는 전 세계를 무대로 활동하는 환경단체 '그린피스'가 1970년대부터 있어왔다. 오늘날 녹색은 나날이 의미가 커지고 있는 자연, 종의 보호와 기후대책 같은 주제를 상징한다. 지구에서 녹색 공간의 상태와 확장은 오늘날 우리 삶의 질, 기후변화와 미래 세대가 생존할 수 있는 기회를 한눈에 확인할 수 있는 지표가 된다. 독일인, 한국인과 미국인이 가장 좋아하는 색 중에서 녹색은 2위를 차지했다. 1위는 파란색에게 내어주었다.

오가닉그린: 유기농 녹색
건강한, 치유하는, 안전한

자연에 대한 새로운 평가는 전 세계적으로 녹색이 건강, 환경보호와 기후대책을 상징하는 색으로 사용되는 경우가 늘어나는 데서 나타난다. 이러한 전 지구적 트렌드는 생태계를 위협하지 않는 방식으로 농사를 지어 생산한 제품들에 관심을 불러일으켰고, 그사이 유럽에서는 적절한 절차를 통해 친환경 상품임을 표시하는 유기농인증도 실행되고 있다. 유기농 인증 식품들은 관리가 잘된 상태에서 재배한 것으로, 유전자 조작기술이 쓰이지 않으며, 동물의 경우 정당한 방법으로 사육되고 항생제와 성장호르몬이 투입되지 않았다는 것을 의미한다. 점점 늘어나는 녹색운동은 건강, 웰빙, 동물윤리와 환경보호 같은 이유로

육식을 완전히 포기하는 사람들을 늘어나게 한다. 이런 제품을 표시하기 위해서 오늘날에는 V라벨을 붙이는데, 이 라벨은 노란색 원 안에 녹색 식물과 녹색 글자가 새겨져 있다. 만일 라벨에서 신선한 녹색 사과를 발견하면, 그것은 엄격한 채식주의자인 비건vegan을 위한 제품임을 의미한다. 그런가 하면 밝은 녹색의 콩은 일반적인 채식주의자를 위한 제품임을 가리킨다. 녹색운동의 핵심에는 건강한 식품에 대한 소망만 있는 게 아니라, 인간과 자연이 다시금 서로 조화를 이루어 보다 좋은 세상을 만들 수 있다는 희망이 있다.

녹색 포장지와 바이오인증이 늘어난다는 건, 에너지를 절약하고 자원을 아끼며 지속가능한 제품들과 생산방식이 전 세계 어디에서든 대세라는 사실을 말한다. 설문조사를 해보니, 이와 관련해서 연두색의 색조가 특히 신뢰를 주는 효과가 있는 것으로 나타났다.[3] 건강이 달린 문제일 때, 우리는 그 어떤 색보다 녹색을 신뢰한다. 그리하여 오늘날 녹색이 식재료의 안전성을 전해주는 경우가 늘고, 이 경우에도 녹색은 내용물이 건강에 해롭지 않다는 표시로 받아들인다. 특히 독일에서 대부분의 약국과 건강식품점은 녹색 십자를 브랜드로 사용하는데, 그들이 판매하는 제품에 치료 효과가 있다는 것을 강조한다. 물론 이러한 경우에 내용물이 오로지 식물로 이루어져 있으며 식물에 의해서만 치료 효능이 생긴다는 의미는 결코 아니지만, 이런 사실을 굳이 분명하게 밝히기보다 오히려 숨겨둔다.

심시어 세계적인 기업조차도 시대의 흐름에 편승하고 있다. 미국의 패스트푸드 대기업인 맥도널드가 2009년부터 회사의 상표 색을 빨간색에서 녹색으로 단계적으로 바꾸고 있으니 말이다. 전 세계적으로 유명한 상표의 색을 바꾸는 작업은 비용이 엄청나게 들어가고 상당한 위험도 따른다. 그런 까닭에 이 대기업의 회장은 색을 바꾸는 작업을 "환경을 인식하고 존경한다"는 자세라고 표현했다.[4]

녹색과 가장 극단적인 대비를 이루는 것은 빨간색으로, 이는 색의 대비 효과 때문만이 아니고 색이 상징하는 것 때문이기도 하다. 빨간색이 손상과 죽음이라는 신호를 보내는 반면, 녹색은 건강과 삶을 상징한다. 신호등의 색을 한번 유심히 관찰해보라. 이 신호등의 색은 대조적인 효과, 그러니까 위협과 신뢰라는 효과에 의해서 작동된다. 색이 보내는 상징을 직관적으로 이해하는 것은 목숨과 관련해서 지극히 중요한데, 그래야 우리가 반응하는 시간도 줄어들고 오해할 위험도 줄어들기 때문이다.

비상구처럼 긴급한 순간에 탈출 경로를 가리키는 그림문자에 쓰이는 녹색의 국제 통용기호를 따라가는 사람은 건강을 지키고 다치지 않는다.[5] 미국, 캐나다 또는 오스트레일리아 같은 나라들조차, 기존에 쓰던 빨간색 출구 표시를 녹색으로 대체하는 중이다. 모든 문화권에서 위험한 상황에 처한 사람들이 고민 없이 올바른 결정을 내릴 수 있도록 도움을 주고자 만든 표지판들처럼 말이다. 빨간색-녹색 상징이 발휘하는 효과는 다른 상황에서도 도움을 제공하는데, 그야말로 직감에 따라 작동하기 때문에 우리가 일상에서 거의 의식하지 못할 뿐이다. 가정에서 사용하는 도구들, 텔레비전이나 핸드폰을 생각해보라. 여기에 달린 녹색 버튼은 작동을 시작하며, 빨간색 버튼은 확실하게 종료한다.

파라다이스 그린: 낙원의 녹색
낭만적인, 고향 같은, 회복에 도움이 되는

녹색 공간은 조상 대대로 유전자에 새겨져 내려온 색의 고향이라 할 수 있다. 인간이 정착생활을 시작하기 전에 녹색 숲은 총면적의 60퍼센트를 차지했으며, 오늘날에 비해 대략 2배는 넓었다. 게다가 푸른 초원이 대략 15퍼센트였다. 녹색이 가장 많은 땅은 줄곧 열대 우림지역으로, 이곳은 한때 '녹색 지옥'으로 간주되었다가 지금은 '녹색 낙원'으로 여겨진다. 우리의 전통적인 녹색 고향을 상실하게 된 사연에 대해서는 수많은 이야기가 있다. 구약성서에서 사랑스러운 '에덴동산'으로부터 추방된 신화는 가장 유명한 이야기에 속하며, 유대인들, 기독교도들과 이슬람교도들이 공통으로 받아들이고 있다. 하지만 에덴동산보다 훨씬 이전에 만들어졌다는 전설적인 정원 이야기도 전해진다. 고대 바빌론의 전설상의 여왕 세미라미스Semiramis가 만들었나는 '세미라미스의 공중 정원'이다. 이 바빌론의 공중 정원은 고대 세계의 일곱 가지 불가사의 가운데 하나로 간주되었다. 세심하게 가꾼 전 세계의 모든 정원을 보면, 우리가 지상 낙원을 얼마나 그리워하고 있는지를 알 수 있다. 그런가 하면 수도원의 정원에서 우리는 종교적인 의미를 직접적으로 읽을 수 있다. 오늘날까지도 신자들은 이러한 정원에서 관조와 명상, 휴식을 위한 시간을 발견한다.

그 어떤 곳도 사막지역에 있는 녹색만큼 중요하지는 않다. 녹색의 오아시스가 지니는 의미는 상징적인 사용에 반영되어 있다. 여기에서 녹색은 천국의 낙원뿐만 아니라, 행복, 부와 희망 같은 지상의 재산도 상징한다. 전해지는 바에 따르면 녹색은 예언자 무함마드가 가장 선호했던 옷 색깔로, 그는 녹색 터번을 두르고 주변을 녹색 직물로 장식했다. 훗날 녹색 터번은 왕위 계승자의 표식으로 간주되었고 많은 칼리프의 방패도 녹색으로 장식했다. 그렇듯 녹색은 이슬람의 성스러운 색이 되었다. 전해 내려오는 바에 따르면 무함마드의 추종자들은 630년 메카를 점령했을 때 처음으로 녹색 깃발을 달았다. 이 예언자의 추종자들은 침략전쟁을 하러 나갈 때도 녹색 깃발을 들었으며 이로써 거대한 제국뿐 아니라 세계적인 종교의 기반을 조성했다. 오늘날에도 종교전쟁에서 많은 투사들은 '성전 지하드'에서 죽은 뒤 천국으로 곧장 갈 수 있도록 녹색 띠를 이마에 두른다.[6]

어떤 이들에게 성공을 안겨주었던 것이 다른 이들에게는 고통이 된다. 기독교 세계는 오랫동안 부정적인 것을 상징했던 녹색으로부터 존재를 위협받는다고 느꼈다. 중세 후기의 기독교에서는 녹색이 악마를 묘사할 때 사용되었다. 희귀한 녹색 눈을 가진 사람들은 마법사나 마녀로서 악마와 연계되었다는 의심을 받았다. 이런 생각은 산업시대로 넘어가는 시기에 와서야 다시 변했다.[7] 장자크 루소Jean-Jacques Rousseau 같은 자연철학자들이 에덴동산에 대한 향수를 새로이 노래하고 산업사회의 '인간 소외'를 진단했을 때였다. 그들이 외친 슬로건 "자연으로 돌아가자"는 바로 자유와 평등, 형제애를 자연의 상태에서 찾고자 하는 근대 인간들의 시대정신과 감성을 표현했다. 이와 같은 낭만적인 향수는 오늘날까지 우리를 충동하고 있다. 우리는 식물로 이루어진 '녹색'으로 둘러싸이려 하고, '녹지'로 산책을 가거나 '녹음'이 우거진 야외로 차를 몰고 간다. 모든 것을 내려놓고, 활력을 채우고, 재생하기 위해서 말이다. 이렇듯 녹색 오아시스는 오늘날 매우 비용이 많이 들고, 금방 훼손될 수 있으며, 보호할 필요가 있다. 만일 우리가 안정, 휴식, 긴장해소를 찾는다면, 숲이나 초원, 들판과 저지대의 초지로 떠나는 산책은 거의 즉각적인 도움이 된다.

그럴 기회가 없는 곳에서는 '녹색'을 바라보는 것만으로도 고통이 완화된다. 이 색은 주의력 결핍과 과잉행동장애를 가진 아이들에게 사용할 수 있고 노인들의 치매에도 적용할 수 있다.[8] 따라서 머물고 있는 공간에서 녹색을 띤 야외를 보는 게 가능하면, 이런 선물은 선상을 고려한 건물이 될 수 있다.[9] 벽의 색을 고를 때 '녹색 흙'처럼 미네랄을 포함한 자연의 색소는 이미 고대부터 쾌적함, 안정과 긴장해소를 위해서 선택되었다. 녹색은 공간을 비좁거나 답답하다고 느끼지 않게 하면서도 경계를 만들어준다. 하지만 모든 녹색 톤이 쾌적한 느낌을 주는 게 아니라는 것을 염두에 둘 필요가 있다. 가령 짙은 녹색의 전나무와 이끼로 빼곡한 숲으로 산책을 갔다고 생각해보자. 그곳에서 긍정의 생기를 불어넣는 밝은 녹색을 찾기란 어렵다. 짙은 녹색은 강조하거나 포인트를 주고 싶을 때 오히려 적합한 색이다. 숲에서 나는 향기 또한 그와 비슷한 연상 효과를 줄 수 있다.[10]

포이즌그린: 독성의 녹색
덜 익은, 선동적인, 창의적인

믿을 수 없겠지만 녹색으로 많은 잘못을 저지를 수 있다. 왜냐하면 몇 가지 녹색 색소는 독성이 있거나 매우 위협적인 위험을 지시하기 때문이다. 녹색 토마토, 덜 자란 상태에서는 건강을 해치는 솔라닌이 다량 포함된 감자와 가짓과 식물들을 한번 보라. 이런 식물들은 예기치 못한 냄새와 맛 성분도 포함하고 있다. 아직 덜 익은 채소나 곡식을 먹어본 사람이라면, 앞으로 불신, 구토, 거부감을 가지고 독성을 띤 녹색을 바라볼 것이다. 익는 마지막 과정에서 독성의 녹색 색소는 분해되며, 반대로 영양분은 증가한다. 식물들은 자신들의 종이 퍼져나갈 수 있도록 도와줄 배고픈 조력자가 매우 필요하기 때문에, 씨를 퍼뜨리기 시작할 수 있을 만큼 잘 익어서 먹을 수 있게 되면 노랗고 빨간 색소를 띠게 된다.

미가공 상태에서는 먹고 싶지 않은 녹색 콩과 같은 몇몇 채소와 과일은 조리 과정에서 비로소 그 독성이 사라진다. 그 안에 포함된 복합 단백질 성분 렉틴은 요리하지 않고 섭취했을 때 두통과 구토, 설사를 유발한다. 이처럼 불확실한 성분이 포함되어 있으므로, 아이들이 오로지 녹색을 띠고 있다는 이유로 특정 음식을 거부하더라도 결코 놀라운 일은 아니다. 음식의 색만 봐도 우리의 몸에서는 구토감과 같은 방어기제가 작동할 수 있는 것이다. 따라서 이러한 징후를 진지하게 받아들이고, 우리는 물론 타인에게도 그런 음식을 먹으라고 강요해서는 안 된다.[11]

일상의 또 다른 상황에서는 유감스럽지만 본능이 우리를 위험으로 몰고 간다. 모방할 수 없는 광채로 인해 녹청으로 알려진 아세트산구리나 슈바인푸르트녹[1814년 독일의 슈바인푸르트에서 발명된 인공 녹색 안료. 조개나 해초와 같은 것들이 달라붙지 못하게 하려고 선박 밑에 칠하는 유독성 도료로 유명하다] 같은 많은 독성 염료는 모방할 수 없는 광채로 인해 더욱 매력적이다. 유배당한 황제 나폴레옹Napoléon I의 사망 원인을 밝히기 위해 그의 시체를 부검했을 때, 머리카락과 손톱에서 다량의 비소가 검출되었다.

나폴레옹은 독살당하지 않았다. 유배지였던 세인트헬레나섬은 매우 습기가 많았고, 그리하여 슈바인푸르트녹색으로 염색했던 양탄자에서 비소 성분이 공기 중으로 나왔던 것이다. 나폴레옹은 공기 속에 떠다니던 이 독을 상당히 오랜 기간 들이마셨다. 그가 살던 당시에 슈바인푸르트녹색은 집 안을 꾸밀 때 가장 선호하는 색이었는데, 이 염료로 벽이나 가구들을 칠하면 너무나 아름다울 뿐 아니라, 박테리아와 곤충으로부터 지켜주었기 때문이다. 비소를 포함한 이 색은 직물, 선물포장용 종이와 아이들 장난감에도 많이 사용되었다. 심지어 빵이나 과자를 구울 때도 들어갔다.

유럽의 전문가들과 국민건강을 담당하는 기관에서 수십 년 동안 이 염료의 위험성에 대해 알고 있었음에도, 이 빛나는 녹색 염료를 금지하기까지 거의 100년이라는 세월이 걸렸다. 독일 출신 화학자이자 작가였던 에밀 야콥센Emil Jacobsen은 1868년에 시의 형태를 빌려 녹색 연기에 대해서 보고했다. 무도회에서 어떤 숙녀가 입고 있던 무도복에서 흘러나와 자신에게 엄청난 구토를 유발한 연기에 관한 시였다. 녹색으로 염색한 얇은 모슬린으로 만든 공기가 잘 통하는 망사 옷은, 당시에 유행해 전 유럽 궁정까지 사로잡고 있었다. 이렇듯 지극히 위험한 염료에 대해서 경고했으나 오랫동안 아무도 귀담아 들어주지 않았던 것이다.[12] 슈바인푸르트녹색은 금지된 뒤에도 20세기 중반까지 여전히 식물의 병충해를 막기 위해 살충제로 투입되었고,

이러는 가운데 농부들과 포도 재배자들이 심각한 비소 중독으로 사망했다.

많은 사람이 어린이와 청소년을 '풋내기green beaks'로 보는 것을 좋아하며 기회가 있으면 언제든 그들이 여전히 '새파랗게'[우리말 '파랗다'는 파란색뿐 아니라 새싹과 같이 밝고 선명하게 푸른 것, 즉 녹색을 뜻하기도 한다] 젊은 상태'임을 증명해준다. 오늘날의 관습에 따르면 젊은 사람들은 이와 같은 특징을 밖으로 보여도 되며, 그리하여 타인의 눈에 띄고, 적절하지 못하고, 호기심 어린 행동을 해도 된다. 하지만 주의할 게 있다! 카나리아색, 밝은 연두색이나 형광녹색 같은 눈부신 녹색 옷은 오로지 아이들과 청소년들에게만 적합하다. 노동세계에서 어른들이 이런 옷을 입으면 성숙함과 적응력이 부족하다는 비난을 받을 수 있다. 이와 반대로 창의적인 직업에서는 눈부신 녹색도 전혀 문제가 되지 않는다. 선동적인 녹색 색조는 젊고 창의적이며 순응하지 않는 세대를 상징한다. 최근에 실시한 조사에 따르면, 과제를 해결하기 위해서 잠시 녹색을 주시하는 것만으로도 우리의 창의력이 촉진될 수 있다.[13] 그래서 나는 이런 충고를 하고 싶다. 만일 막힌 생각을 풀어내거나 혁신적으로 문제를 해결하고 싶다면, 녹색 벽이나 배경화면을 뚫어지게 쳐다보지 말고, 차라리 공원에서 조깅을 하거나 산책을 하라고 말이다.

파란색

진실한, 무한한, 애수에 찬, 서늘한

파란색의 기억 지도

상징의 의미와 작용 범위

애저블루: 청렴淸廉의 파란색

진실한, 평화로운, 신뢰를 형성하는

"오, 마이 갓! 저걸 좀 보세요!" 1968년 12월 아폴로 8호를 타고 달에 갔던 우주비행사는 우리가 사는 '푸른 행성'을 보고 감탄해서 외쳤다. 달에 발을 내디뎠던 최초의 인간 닐 암스트롱Neil Armstrong은 자신이 겪었던 일을 다음과 같이 묘사했다. "갑자기, 이토록 작은 완두콩이, 너무나 아름답고 파란 이것이 지구라는 사실을 의식하게 되었습니다." 이렇듯 시적인 그림 속에 우리가 사는 세계의 독특함과 아름다움이 나타나 있다. 위협적이고 캄캄한 우주에서 살아 있는 지구의 파란색 대기층은 그야말로 무한히 소중하고 그만큼 섬세하고 연약하게 보인다. 지구에 좀 더 접근하면 지구 표면의 3분의 2 이상을 차지하고 있는 짙은 파란색의 바다가 나타난다.

공기와 물이라는 요소의 의미는 우리 색 문화에 반영되어 있다. 이집트블루는 세계에서 가장 오래된 합성 색소이다. 이집트 사람들은 4,500년 전에 이미 색소합성의 비밀을 장악하고 있었다. 고대 이집트 창세 신화에 등장하는 아몬Amon[이집트어로 감추어진 존재, 혹은 '모든 것을 위한 생명의 숨결'이란 뜻이다. 뒤에 태양신 라Ra와 결합해 아몬 라라 불리며 오랫동안 이집트인들의 숭배 대상이 되었다]은 파란색 피부로 묘사되었다. 이집트블루는 사원의 지붕, 조각품, 지난 시대의 권력자들이 저세상으로 가는 길에 동행하는 석관石棺에서만 볼 수 있는 것은 아니었다. 수많은 글자와 그림들이 이 색으로 파피루스에 그려졌다. 심지어 화장품, 의복과 일상에서 사용된 질그릇들도 이집트블루로 염색했다. 이집트 사람들이 스스로 '인공의 라피스라줄리(청금석青金石)'라 불렀던 이 색소는 당시 알려진 모든 지역으로 수출되었다.

진짜 라피스라줄리는 오늘날의 아프가니스탄 지역에서 수입했다. 지극히 귀한 이 암석은 중요한 예술품과 최고위층 인물에만 사용되었다. 그래서 파라오 투탕카멘의 금속 가면에서도 이 색이 발견되는데, 파라오의 눈에 바로 이 라피스라줄리가 사용되었다. 또한 여기에서 색을 가리키는 단어 '라줄리lazuli'의 어원도 흥미롭다. 스페인어에서 파란색을 칭하는 '아줄azul'과 이탈리아어 '아주로azzurro', 그리고 아랍어 '라자와르드lāzaward'와 페르시아어 '라제바르드lājevard'의 어원도 하늘색 돌의 색으로 거슬러 올라간다. 반면 프랑스어 '블뢰bleu', 영어 '블루blue' 그리고 독일어 '블라우Blau'는 광택이 있고 빛난다는 의미를 지닌 고대 고지 독일어 '블라오blāo'에서 나왔다. 중세에는 이로부터 하늘의 파란색인 '볼켄블라wolkenblā'가 되었다.

파란 하늘은 풍경의 형태로 지평선까지 뻗어 우리에게 익숙한 지표면의 배경이 된다.

파란색은 우리에게 공간을 개방해주는 광색이라는 특징이 있는데, 이런 특징은 비물질성을 바탕으로 하므로 전혀 위험해 보이지 않는다. 그리하여 우리가 직관적으로 파란색보다 더 신뢰하는 색은 없다. 닿을 수 없을 것 같다는 느낌을 주는 파란색을 우리는 만지지도, 조작할 수도 없다. 이처럼 파란색은 우리가 손상할 수 없는 가치를 담고 있기 때문에 안전, 공정, 진리를 대변하는 상징으로 흔히 사용된다. 기업, 인물이나 언론이 신뢰를 얻고자 하는 곳에는 항상 파란색이 완벽한 배경이 될 수 있다. 이와 같은 이유로 뉴스를 전달하는 언론과 온라인서비스는 파란색을 회사의 대표 컬러로 사용하곤 한다. 여기에서 파란색은 항상 빨간색과 경쟁하는데, 이로써 기업과 인물, 이들의 메시지가 더 자주, 신속하게 발견될 뿐만 아니라, 더욱 생생하고 보다 감정적이며 재미있어 보이는 효과가 있다.

폭력이 우리의 지구를 황폐화시키고 있지만 하늘에까지는 닿을 수 없는 까닭에, 파란색은 평화를 상징하는 완벽한 색이기도 하다. 이 상징 효과는 전 세계에서 보편적으로 받아들여진다. 유엔, 세계보건기구, 유니세프 같은 국제기구도 파란색을 상징색으로 선택했다. 이들은 사람들에게 단번에 자신들이 여러 민족과 국가 사이에서 평화적이고 믿을 수 있는 협업을 지원한다는 것을 보여주고자 한다. 유엔은 오늘날 무엇보다 인도적 지원 차원에서 국제적인 임무를 띤 유엔평화유지군을 파견한다. 유엔이라고 새겨진 파란색 모자를 쓴 유엔평화유지군의 모습은, 전 세계에서 같은 의미로 이해되어야 하는데, 임무를 수행하기 위해서는 사람들의 신뢰가 필요하기 때문이다. 그런 이유로 파란색은 전쟁으로 고통받던 유럽 사람들에게 최초로 공동의 정체성을 부여했던 유럽연합의 평화 프로젝트를 표시하기도 한다. 유럽연합 소속의 정치적 조직뿐 아니라, 경찰조직 역시 단일하게 파란색으로 표시하고 있다. 파란색 제복이나 관용차들은 사람들로 하여금 위압감을 덜어주고 갈등을 완화시켜주는 효과가 있다.

뭔가를 파란색으로 표시한다는 건 별 의심 없이 우리의 생명을 맡겨도 된다는 뜻이다. 우리의 안전과 생명을 보호할 목적으로 기호를 사용한 지시를 내릴 때 파란색은 국제 표준이 된다. 매일 접하게 되는 교통표지판을 한번 생각해보라. 당신은 아무런 생각 없이 이 지시표지에 생명을 맡기고 있는 것이다. 파란색은 공포, 의구심과 불신을 허물어뜨리고 신뢰를 쌓게 해주는 조치처럼 작용한다. 또한 이 색의 상징이 발휘하는 효과는, 우리가 자산과 안전을 누구한테 믿고 맡길지를 결정할 때도 도움을 준다. 바로 이와 같은 이유로 특히 은행과 보험회사들이 이 색을 활발하게 사용하는 것이다.

이러한 신뢰 효과는 소비자들의 행동에서도 증명되었다. 가령 파란색으로 인테리어를 꾸민 가게에서 사람들이 돈을 더 많이 쓰게 된다고 한다.[1] 구글에서 2012년에 테스트를 실시했는데, 상업적인 링크를 사용할 때 색이 어떤 효과가 있는지를 확정하는 실험이었다. 2013년 검색어를 오로지 파란색으로 정하자, 이 기업의 수익은 대략 2억 달러로 높아졌다.[2] 이러한 성공은 물론 주변에 신속하게 퍼져나갔고, 그리하여 파란색은 검색 결과에 광고를 달 때 표준색이 되었다. 또한 파란색은 페이스북, 트위터와 링크드인 같은 소셜미디어 제공자들에게도 매우 인기 있는 색인데, 그래서 우리는 별다른 생각 없이 개인의 비밀을 이런 소셜미디어에 털어놓곤 한다.

스카이블루: 하늘의 파란색
무한한, 창의적인, 자유롭게 하는

푸른 하늘을 보면 정신과 육체가 자유로워지는 무한한 공간감을 받게 된다. 따라서 전 세계에서 일광욕 애호가 수백만 명이 푸른 하늘을 바라보며 명상을 수행하는 것도 놀라운 일이 아니다. 햇빛 치료법의 이점은 오늘날 쉽게 설명할 수 있다. 일광욕은 세로토닌 수치를 증가시킴으로써 기분과 신체에 긍정적인 작용을 한다. 우리의 시선은 넓은 하늘에서 끝닿는 곳을 찾지 못하는데, 이는 따뜻한 느낌과 함께 긴장을 완화시켜주고 스트레스로부터 우리를 해방한다.

그 어떤 먼지입자도 닿을 수 없는 매우 높은 곳에서 하늘은 특히 순수하고 찬란하며 반짝거리는 파란색 색조를 띠고 빛난다. 우리는 무한한 자유를 만끽하기 위해서 모든 산의 정상까지 오르고 비행도구를 이용해서 날기도 한다. 예술가 이브 클랭은 파란 하늘을 "나의 가장 크고 아름다운 단색"이라고 단언하기까지 했다. 그런가 하면 그는 자신의 울트라마린블루 그림들을 "무한으로 향한 창문"[3]이라 불렀다.

바다, 강, 호수의 반짝이는 파란색을 바라볼 때도 우리를 자유롭게 하는 파란색의 효과가 나타난다. 하늘과 바다의 파란색은 마치 사람을 최면에 빠지게 하는 것 같은 효과를 만들어낸다. 만일 당신이 바닷가나 바다 위에 있다면, 사람들의 자세를 한번 관찰해보라. 이들의 시선은 마치 나침반의 지침처럼 수평선을 향하고 있을 것이다. 우리의 눈으로는 결코 다 담아낼 수 없는 자연현상의 거대한 확장은 무한한 공간감을 만들어낸다. 게다가 우리에게는 규모를 가늠할 기준이 없다. 하늘의 파란색만큼, 크기라든지 거리를 말로 형용하기 어려운 색도 없다.

이와 같은 지각이 바로 우리의 색 문화에 반영되어 있다. 물과 공기 같은 요소들을 연상하게 하는 파란색은 표면의 색이 주는 인상을 사라지게 한다. 파란색 벽, 천장, 바닥과 물건들은 우리의 시선에서 사라지곤 한다. 이런 효과는 좁은 공간과 복도를 넓게 느끼거나 낮은 천장을 높게 느끼게 하는 데 놀라울 정도로 유용하다. 다만 바닥은 주의할 필요가 있다. 왜냐하면 바닥의 파란색은 상당한 불쾌감을 유발하거나 심지어 불확실성과 방향감각 상실을 야기할 수 있기 때문이다. 젊고 건강한 사람들에게는 파란색 바닥이 매우 짧은 순간 주저하게 만들 뿐이지만, 늙고 아픈 사람들에게는 위험한 결과를 가져올 수 있다. 파란색 바닥은 특히 치매에 걸린 사람들이 자신들의 방에서 나오거나 방 안으로 들어서는 것을 심리적으로 방해하는 요소가 될 수 있다.

이와 같은 공간적 효과는 배경화면에서 분명하게 나타난다. 만일 직접 시험해보고 싶다면, 우선 흙의 갈색을 선택하고 그런 뒤에 하늘의 파란색으로 바꿔보라. 파란색은 컴퓨터 앞에 앉아서 일할 때 당신의 시각적-인지적 성과에 긍정적인 작용을 주므로 바탕화면을 파란색으로 그대로 설정해두어도 좋다.[4] 이처럼 차가운 빛은 각성하게 해주고 집중력도 향상시키는 데 도움이 된다.[5] 우리의 연상을 통해서 모든 파란색은 즉각 배경이 된다. 우리가 다른 색들로 파란색 위에 덧칠하는 모든 것은 밝은 파란색의 더 넓은 공간에서 둥둥 떠다니거나, 깊은 파란색 안에서 헤엄치기 시작한다. 왜냐하면 우리의 상징세계의 입체성은 우리가 경험한 세계와 색을 대조함으로써 비로소 나타나기 때문이다.

파란색을 배경으로 해서 다양한 색들이 주고받는 상호작용을 한번 관찰해보라! 파랑-흰색의 색조는 밝고 가볍고 명랑한 효과가 있으며, 탁 트인 여름 하늘에 떠 있는 깃털 같은 구름이나 끝없이 파란 바다 위에 떠 있는 범선과 같다. 그리하여 파랑-흰색으로 내보내는 휴가 광고는 매년 수백만 명을 강렬한 햇빛을 누릴 수 있는 바다로 유혹하는, 이른바 중독성 물질과 같은 작용을 한다. 파랑-흰색 색조는 이와 같은 이유에 의해서만 마법 같은 효과를 내는 게 아니다. 흰색 글자 역시 파란색 배경에서 훨씬 밝게 빛나며 둥둥 떠다니기 시작한다. 이와 같은 색조를 통해서 모든 메시지는 즉각 보다 긍정적이고 함축적인 의미를 갖게 된다.

하지만 파랑-흰색 표시가 식품에서 불러일으키는 작용은 더욱 놀랍다. 우리는 직감적으로 이런 색이 붙어 있는 음식과 음료는 칼로리가 낮다고 생각한다. 그리하여 '저칼로리 제품'들은 이처럼 파랑-흰색이라는 색조를 띤 경우가 많다. 많은 소비자가 이 두 가지 색조를 너무나 신뢰하는 나머지, 지방과 설탕의 함량 표시를 더 이상 확인하지도 않는다. 같은 맥락에서 실시한 실험도 매우 흥미롭다. 실험 대상자들이 동일한 커피를 다양한 색의 잔으로 마시는 실험이었다. 그러자 갈색 잔으로 마신 커피가 가장 진하다고 대답했으며, 노란색 잔으로 마신 커피가 가장 부드럽다는 대답이 나왔다. 빨간색 잔으로 마신 사람들은 커피의 향이 매우 풍부하다고 했고, 파란색 잔으로 마신 사람들은 커피의 향이 연하다고 대답했다.[6] 파랑-흰색은 밝고 가볍고 공중에 떠 있는 듯한 효과를 낸다.

울트라마린블루: 청금석의 파란색

애수에 찬, 향수에 젖은, 꿈꾸는 듯한

지상의 시각에서 보면 하늘과 바다의 밝은 파란색은 영원을 상징한다. 이런 색을 보는 순간 애수에 찬 느낌이 우리를 사로잡곤 한다. 파란색은 결코 이룰 수 없는 불멸의 그리움이 투사되는 색이기도 하다. 문화사가 시작될 때부터 파란색은 부활, 구원, 영생에 대한 인간의 희망에 근접해 있었다. 게다가 파란색을 띤 닿을 수 없는 아득하고 멀리 떨어진 곳에는 모든 소망, 그러니까 현실에서 우리가 실패했던 모든 소망이 투사된다. 파란색은 우리의 그리움, 희망, 꿈을 상징하는 색이다.

초반에 언급했던 청금석으로부터 얻을 수 있는 귀중한 광물 안료 울트라마린보다 이런 감정을 더 밀접하게 표현하는 재료는 없다. 라틴어에서 이 색의 명칭 울트라마리누스ultramarinus는 안료가 '바다의 저편'에서 나왔음을 알려준다. 울트라마린은 많은 고딕 대성당의 창문에서 빛을 발하곤 하는데, 이는 성스러운 빛이 퍼져 있는 이곳의 신성한 작용을 더욱 강화한다. 성모 마리아를 숭배하는 문화에서 금과 울트라마린은 열망의 대상이었다. 신과 인간 사이를 이어주는 마리아 외에 그 어떤 사람도, 그 어떤 것도 관찰자의 눈에 들어와서는 안 되었다. 마리아가 입은 울트라마린의 외투는 현세를 사는 우리 존재의 덧없음을 천국에서 부활하리라는 희망과 연결해준다.

중세 말기에 이르면 제후들과 명문 귀족들은 '하늘의 여왕'과 상징적인 관계를 맺기 위해 파란색을 점점 더 많이 이용했다.[7] 울트라마린은 오늘날까지 비싼 가격으로, 금에 비할 바가 아니다. 그리하여 그림을 주문하는 계약서에서는 이 안료의 양과 용도가 정해져 있었다. 교황 율리오 2세Julius II 역시 시스티나 성당에 그림을 그릴 때 금과 울트라마린을 사용하라고 요청했다. 이러한 요구는 이 성당의 그림을 담당한 예술가 미켈란젤로Michelangelo Buonarroti에게 신뢰도 문제를 유발했다. 그는 완전히 벗은 상태의 성자들을 그림으로써 그림을 관찰하는 사람들에게 현세의 부 따위는 경멸한다는 인상을 주고자 했으나, 울트라마린이라는 색은 그가 묘사하려 한 성자들의 모습과 모순되었던 것이다.[8]

파란색은 귀중해 보일 뿐 아니라, 멀리 있고, 잘 알 수 없으며 다다를 수 없는 모든 것에 대한 그리움을 부추긴다. 애수나 비애와 같은 감정들이 시적인 비유로 나타나곤 하는데, 영어의 '기분이 울적하다to feel blue' 또는 '우울하다I've got the blues' 같은 표현에 쓰인다. '블루스blues'는 전형적으로 단조 음의 비애로 표현되는, 블루 노트[재즈에서 사용되는 음계]라고 하는 아프리카계 미국인들의 음악이다. 블루스의 뿌리는 노예들의 노래에 있다. 돌아갈 수 없는 고향에 대한 비애를 표현하기 위해 아프리카 노래의 멜로디를 끄집어내어 불렀던 노예들의 노래였다. 이와 반대로 '윈터블루'는 겨울철의 우울한 기분을 가리키며, 햇빛을 잘 받지 못하는 지역에 사는 사람 다수가 바로 이와 같은 기분으로 인해 고통스러워한다. 오늘날 파란색은 전 세계가 겪는 고통, 비애와 우울을 상징한다. 그것도 전 세계가 공통적으로 말이다. 낭만주의 시대에 파란색은 그리움의 화신이었다.

노발리스*Novalis*의 미완성 소설 《하인리히 폰 오프터딩겐*Heinrich von Ofterdingen*》에서 주인공은 몽환적인 '푸른 꽃'을 찾아 헤맨다. 괴테가 1774년 소설 《젊은 베르테르의 슬픔*Die Leiden des jungen Werthers*》을 세상에 내놓았을 때, 이로써 그는 유럽의 젊은이들 사이에 그야말로 '베르테르 마니아'들을 만들어냈다. 이루어지지 않는 사랑으로 인해 자살한 주인공이 입고 있던 상징적인 파란색 옷은 '베르테르풍'으로 유럽의 의상 트렌드가 되었다.[9]

씨블루: 바다의 파란색
신선한, 서늘한, 축축한

물 자체는 투명하다. 그런데 바다는 왜 파랗게 보일까? 단순한 빛 반사 때문만은 아닌 게, 빛이 바닷물을 통과할 때 파장이 긴 붉은 계열이 먼저 흡수되고 파란 계열이 늦게 흡수되기 때문이다. 의미심장한 파랑 색조는 무엇보다 단파의 햇빛이 물 분자들로 강력하게 산란됨으로써 발생한다. 구름이 끼거나 태양의 상태가 영향을 주어서 흐릿해지거나, 모래와 오염으로 탁해지면, 그제야 우리는 비로소 바다의 색이 변한 것을 인지하게 된다. 밝은색 모래와 바위는 빛을 반사하고 특별히 찬란한 파랑 색조를 만들어낸다. 그리하여 평평한 해안지역과 모래사장에는 이국적인 청록색들이 나타나곤 한다. 바다가 깊으면 깊을수록,

파랑 색조는 그만큼 더 강렬하게 보이게 되며, 이는 오랫동안 항해를 할 때 매우 유용한 정보였다. 하지만 바다는 푸를 뿐 아니라, 다른 색도 많이 포함하고 있다. 클로드 모네 같은 인상주의 화가들은 이런 분야에서 크게 기여했고, 그래서 우리는 오늘날 대기의 다양한 색상을 예전에 비해 훨씬 의식적으로 지각한다.

만일 욕조와 풀장을 바닷물의 파란색으로 채운다면, 우리는 바다의 생동하는 서늘함과 신선함에 대한 기억을 불러올 것이고, 이런 색을 만나는 순간 즉각 휴식과 자유의 순간에 대한 기억도 현실에 불러올 것이다. 이와 같은 연상의 도움으로 우리는 일상에서도 색을 선택한다. 짙은 파란색은 깊고 비밀이 가득해 보이며, 그에 반해 밝은 파란색은 가볍고 친절해 보인다. 흐릿한 파란색은 깊이를 잃어버리고, 잃어버린 깊이만큼 온기와 쾌적함을 얻게 된다. 순수하게 다량의 파란색만으로 이루어진 색조는 서늘하고 신선한 분위기를 만들어내는데, 이런 효과는 흰색과 조합함으로써 더 강화된다. 냉기, 신선함, 습기에 대한 연상은 다른 많은 것과 연관해서도 등장한다. 세제와 욕실에서 사용하는 제품들은 파란색 또는 파란색-흰색으로 나오면, 훨씬 믿을 수 있고 효과도 좋아 보인다. 생수 역시 파란색이 감도는 플라스틱에 담겨서 생산되며 파란색 상표가 붙어 있는 경우도 많은데, 이를 통해 내용물이 시원하고 신선할 뿐 아니라, 더 순수해 보이기 때문이다. 한 연구 결과에 따르면, 이와 같은 파란색은 갈증을 가장 잘 해소해준다고 한다.[10]

바다, 강, 호수의 물은 우리의 체온에 비해 거의 항상 더 차갑고, 이는 야외수영장과 실내수영장도 마찬가지다. 이런 곳에서 수영을 해본 사람이라면, 축축하고 서늘하며 상쾌한 요소를 체감한 경험을 평생 기억하고 있을 것이다. 다음번에 바닷가에 가게 되면, 용기를 내 천천히 그리고 조심스럽게 바닷물 속으로 들어가 당신의 뇌가 무엇을 하는지 가만히 들여다보라. 바닷물의 파란색 표면을 보는 것만으로도 우리의 뇌는 신진대사를 늦추고 체온을 내리라고 자율신경계를 자극한다. 냉기로 인해 충격을 받는 것을 막아주기 위해서다. 우리는 이러한 냉기에 닿기 전에 오한을 느끼고 소름이 돋는 반응을 함으로써, 파란색의 서늘한 요소를 감지한다.

이와 같이 서늘해지는 효과는 다른 상황에서도 나타난다. 백 년도 더 전부터 이른바 색조-온기 가설이라는 것이 있는데, 이에 따르면 파란색 스펙트럼은 빨간색 스펙트럼에 비해서 더 서늘한 효과가 있다. 인지심리학에서는 이 가설을 입증하기 위해서 지속적으로 실험을 실시해왔다. 보통 우리는 뜨거운 잔이 파란색일 때 더 오랫동안 잡고 있을 수 있고, 반대로 빨간색이면 그보다 일찍 내려놓는 경향이 있다.[11] 그러나 실험을 통해 정반대 결과가 나왔다. 직접 잔을 만져보고 비교하니 파란색 잔이 빨간색 잔에 비해 갑자기 더 따뜻하게 느껴진 것이다. 비록 수치상으로는 0.5도의 미세한 차이였지만 말이다.[12] 여기에서 우리의 뇌가 어떻게 작동하는지를 볼 수 있다. 즉 빨간색 잔이 더 뜨거울 거라는 기대가 무산되자 우리 뇌는 무의식적으로 파란색 잔이 0.5도 더 높아서 뜨거울 수밖에 없다는 그럴듯한 설명을 찾는 것이다.

만일 당신이 머무는 공간의 색을 정하고자 한다면, 이와 같은 온도의 효과를 고려해야 한다. 그러니까 파란색과 파란색을 띤 표면의 색뿐 아니라, 빛을 받았을 때의 색까지. 그래서 우리는 파란색이 감도는 흰색을 차가운 흰색이라고 부른다. 서늘해지는 효과를 특히 강렬하게 감지할 수 있는 곳은 공간에서의 파란색이다. 파란색 공간과 빨간색 공간에서 체감 온도는 평균 3도쯤 차이가 난다. 전 세계의 따뜻한 지역에서 머무는 장소를 서늘하게 하려면 파랑-흰색 색조가 아주 적합하다. 매우 더울 때 서늘한 색은 서늘한 빛과 마찬가지로 쾌적함을 높여주고, 나아가 에어컨에 소모되는 에너지와 비용도 절약해준다. 만일 바깥이 추우면, 따뜻한 색으로 온기와 쾌적한 느낌을 만들어낼 수 있을 뿐 아니라, 에너지와 난방비도 줄일 수 있다. 파란색에 빨간색, 오렌지색, 노란색 또는 보라색을 섞으면, 파랑 색조도 따뜻하게 만들 수 있다.

노란색

활발한, 명랑한, 신선한, 예민한

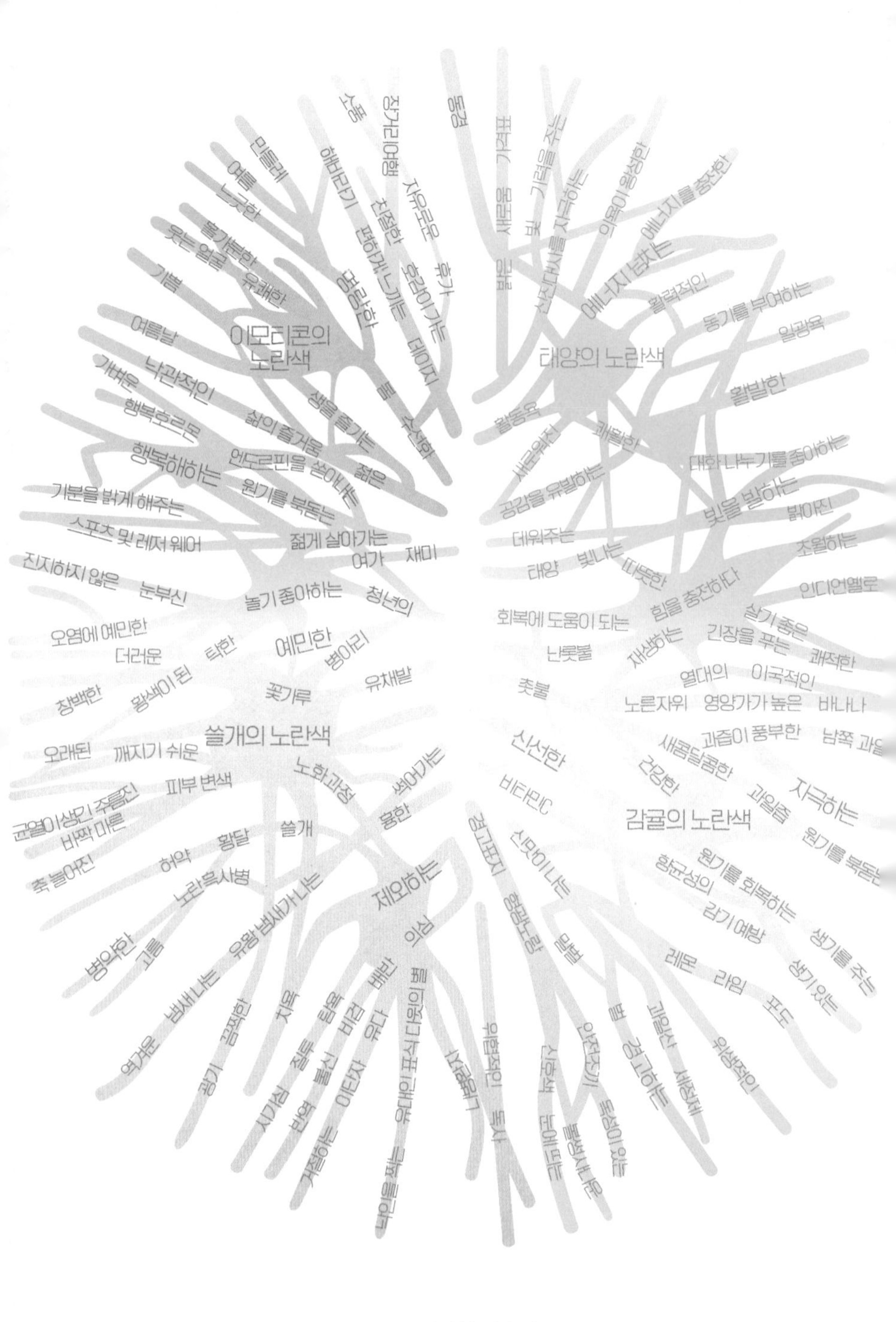

노란색의 기억 지도

상징의 의미와 작용 범위

썬옐로: 태양의 노란색
활발한, 빛을 발하는, 에너지 넘치는

빛을 방사하는 노란 햇빛은 매일 지구를 밝히고, 따뜻하게 해주며, 우리가 살아갈 수 있는 에너지를 공급해주는 유일한 자연현상이다. '태양, 빛, 온기'는 우리가 머릿속으로 빛나는 노란색을 떠올릴 때 제일 먼저 드는 생각이다. 어린아이들에게 노랑색연필을 손에 쥐여주면, 으레 이 연필로 노란 태양을 종이에 그린다.

'노란색'이라는 단어는 많은 언어에서 햇빛의 전형적인 특징에서 유래한다. 노란색을 지칭하는 독일어 단어 '겔브Gelb'도 인도게르만어의 '글레ĝhlē'에서 나왔으며 빛나는, 반짝이는, 윤기 있는 특징을 가리킨다. 반대로 물리학에서 햇빛은 순수한 흰색이며, 이는 우주공간에서 볼 때만 알아차릴 수 있는 게 아니다. 구름 낀 날에도 햇빛은 노란색으로 보이지 않으며 오히려 흰색이다. 직사광선이 노란색으로 보이는 이유는 무엇보다 햇빛에 포함된 단파인 파란색의 상당한 양이 지구의 대기권에서 흩어져버리기 때문이다. 이것은 하늘색을 만들고 따라서 노란색의 효과를 강화하는 보색 대비를 이룬다.

태양의 복사에너지는 우리의 눈과 피부를 거쳐 생체리듬circadian rhythm 시스템에 작용한다. 다시 말해, 수면-기상의 리듬뿐 아니라 체온, 신진대사와 호르몬상태 같은 기초적인 신체

기능을 관리하는 생체 내 과정에 영향을 준다는 말이다. 이를 통해 태양의 노란색은 매일 우리를 낙관주의와 활동력으로 가득 채워주는 보이지 않는 힘의 상징이 된다.

이런 연상은 너무나 강력해서, 창가에서 잠시 햇볕을 쬐거나 날씨 앱에서 태양을 상징하는 노란색을 보기만 해도 이미 삶의 기쁨을 감지하곤 한다. 태양의 노란색은 모든 상황에서 기분을 밝게 해준다. 심지어 항우울제를 복용할 때도 노란색 알약을 먹으면 효과가 가장 좋다. 알약에 효능을 발휘하는 성분이 전혀 없더라도, 플라세보효과가 나타난다.[1] 하지만 여기에 평상시와는 달리 생각해봐야 할 점이 있다. 왜냐하면 색은 우리의 눈을 거쳐서 뇌, 신진대사와 호르몬수치에도 영향을 미치는 작용물질이기 때문이다!

햇빛의 작용에 관련한 서사는 전 세계의 종교에서 노란색이 지닌 상징에서 잘 나타난다. 고대 이집트의 태양신 라는 흔히 노란색 태양 또는 가장자리가 노란색인 태양을 머리 위에 이고 있거나, 노란 천을 허리에 두르고 있다. 그는 또한 태양의 창조자로 간주되었다. 수많은 파라오는 자신을 '라의 아들'이라고 칭했으며, 신의 후손임을 증명하기 위해 노란색 또는 금을 상징으로 이용했다. 고대 그리스의 태양신 헬리오스 역시, 그가 사두마차를 타고 하늘을 달려가는 모습에 대한 묘사를 보면 노란색 튜닉을 입고 있다. 노란 옷을 입은 신은 태양의 수호자일 뿐 아니라, 시력을 보호하는 수호자였다.

황제가 다스렸던 로마 시대에도 오래된 태양숭배 의식은 지속되었다. 로마의 황제들은 공식적으로 나타날 때 태양신 '솔 인빅투스Sol Invictus'를 상징하는 노란색 튜닉을 착용했다. 콘스탄티누스 대제Constantinus I는 기독교로 개종했을 때 자신의 신은 바꾸었지만, 신화를 바꾸지는 않았다. 즉 이전에 태양신을 상징했던 상징들은 바꾸지 않고 그대로 사용했다. 바티칸에 있는 공동 묘지에는 3세기에 만들어진 금색 모자이크가 있으며, 여기에 그리스도는 태양신의 마차를 타고 서쪽 하늘로 달려가는 솔 인빅투스로 묘사되어 있다.

동양의 종교를 보더라도 노란색과 금은 태양의 상징으로 숭배되었다. 진리를 깨우친 부처는 노란색이나 금으로 표현된다. '국제 불교기旗'에서 황색은 중간의 길을 상징한다. 그리고 도교의 5가지 요소 이론에서 황색은 흙을 뜻하며, 중간을 상징하는 색으로, 3세기부터 오로지 황제만이 취할 수 있는 색이었다. 하늘과 땅 사이를 중개하는 황제는 노란 옷을 입었으며, 노란색 이불에서 잠을 잤고, 노란 방석에 앉아 통치를 했으며, 궁궐의 황색 기와 밑에서 살았다. '황룡'에 관한 신화가 있는데, 이 용은 바로 황제의 화신이자 모든 중국인의 선조로 간주된다. 또한 모든 중국인의 어머니인 여인은 임신을 했을 때 황색 광선으로부터 아이를 수태했다고 생각했다. 이처럼 지극히 긍정적인 의미가 있는 까닭에, 오늘날에도 중국인이 가장 좋아하는 색에 노란색이 속하는 이유는 자연스럽게 설명된다. 이와 반대로 중국인을 다분히 폄훼하는 '황화론'이라는 개념의 기원은 서구 열강에 의한 제국주의 시대로 거슬러 올라간다. 최근에 이 개념은 무역강국으로 부상하고 있는 중국에 대한 집단적 혐오감을 부추기기 위해서 또다시 언급되고 있다.

이모지옐로: 이모티콘의 노란색
명량한, 낙관적인, 행복해 하는

노란색은 전 세계적으로 즐거운 색이자 행복을 상징하는데, 이는 햇빛이 우리의 감정에 미치는 효과 때문이다. 햇빛이 피부와 눈에 닿으면, 우리의 몸은 행복호르몬이라 불리는 엔도르핀을 방출한다. 이때 세로토닌이 특별한 역할을 한다. 이 신경전달물질은 행복감을 상승시켜줄 뿐 아니라, 공포, 무기력과 우울감 같은 부정적인 감정들을 몰아내준다. 노란색은 태양이 오랫동안 비추는 시기, 특히 많은 이들이 선호하는 봄과 여름의 색이다. 노란색은 이른바 봄의 감정을 자극하고 삶의 즐거움을 상징한다. 중세 기사의 사랑이야기에는 색 상징이 나오는데, 노란색 옷을 입는 것은 사랑을 시작한다는 의미였다.[2] 이와 같은 상징은 오늘날에도 여전히 영화와 사진에서 사용된다.

많은 사람이 봄날 같은 노랑 색조와의 색상 조합을 행복, 즐거움, 낙관 같은 감정과 연계한다. 노랑 빛깔이 가득한 분위기는 우리에게 걱정 없는 여름날의 경쾌함과 여유를 전해주기도 한다. 노란색의 즐거움은 괴테에게서도 눈에 띄는데, 그는 자신의 《색채론》에서 노란색을 이렇게 언급했다. "그것은 빛과 가장 가까운 색이다. 지극한 순수함으로 밝은 본성을 몰고 오고 보다 명랑하고 쾌활하며 부드럽게 자극하는 특징을 가지고 있다." 또한 네덜란드의 화가 빈센트 반 고흐도 1888년 "명랑한 색"을 쫓아 프랑스 남부 지방인 아를까지 갔다. 그곳에서 그는 자신의 '노란 집'을 꾸몄다. 반 고흐는 지중해의 강렬한 노란색 빛을 사랑했고, 그리하여 이 색에 대해 다음과 같이 말했다. "태양, 빛, 내가 더 잘 표현하지 못하여 오로지 노란색, 유황색, 레몬의 금색으로만 부를 수 있을 뿐. 아, 너무나 아름다운 노란색이여!" 반 고흐가 지극히 사랑했던 빛나는 크롬옐로는 시간이 지나면서 자외선을 받아 변했고 점차 녹색 줄이 들어간 초콜릿 브라운으로 변색되었다. 밝게 만들기 위해 바륨과 유황이 함유되었던 염료는, 가벼운 노란색을 심하게 어두운 색으로 변하게 했다.[3] 오늘날 우리가 감탄해마지않는 그의 그림들은 독특했던 애초의 그림에 비해 더 갈색이 감돌고 더 어두워졌을 뿐 아니라, 훨씬 조화롭고 더욱더 목가적이고 낭만적으로 보인다.

노란색은 호감이 가고, 젊고, 또 쾌활해 보인다. 놀라운 만화 주인공들을 만들어낸 발명가들도 당연히 이 점을 숙지하고 있었다. 노란색 심슨 가족이나 미니언즈, 또는 꿀벌 마야나 스누피 같은 호감이 가는 괴짜 주인공들을 생각해보라. 1998년 일본의 이동통신회사 NTT에서 일하는 시게타카 구리타Shigetaka Kurita는 감정을 직관적으로 표현할 수 있는 그림 기호를 개발 중이었다. 이것이 바로 어떤 문화권에 사는 사람이든 이해할 수 있는 노란색 '이모티콘'이 탄생한 배경이었다. 발명의 기초가 된 것은 광고디자이너 하비 볼Harvey Ball의 노란색 '스마일'이었다. 하비 볼은 1963년 미국 보험회사 스테이트 뮤추얼State Mutual에서 근무하던 직원들의 기분을 밝게 해주기 위해 노란색 스마일을 고안한 터였다. 시대의 변화에 따라 오늘날 노란색 웃는 얼굴은 흰색, 노란색, 갈색의 세 가지 피부색으로 세분화되었고, 다문화적인 '이모티콘-상징'으로 변화했다.

우리는 다음 세대를 낙관적이고 즐거운 색으로 표현하기를 바라므로 어린이와 청소년에게서는 노란색을 흔히 볼 수 있다. 그리하여 마케팅에서 노란색은 젊은 소비자층 또는 키덜트 소비자들에게 매력적으로 보이는 제품과 메시지를 전달하기 위해 사용된다. 또한 노란색은 흔히 새로운 것과 신상품을 표기하기도 한다. 어른들은 스포츠와 여가활동을 할 때 노란색 옷을 잘 입는 반면, 일을 할 때는 거의 노란색 옷을 입지 않는다. 이는 노란색이 가진 특징 때문으로, 그러니까 직업세계에서는 유치한, 귀찮게 하는, 차분하지 않다는 의미로 작용할 수 있는 까닭이다. 물론 청소년과 창의적인 사람들은 예외다.

나이 든 사람들에게 노란 옷은 특히 낙관적이고 활동적인 이미지를 준다. 노란색은 건강, 활력과 적극적으로 삶의 기쁨을 얻는다는 인상을 전해준다. 우리는 삶의 만족감이 높을 때 혹은 기분이 좋을 때 노란색을 선택한다. 이와 같은 효과는 색과 감정의 관계에 대해 실시한 연구를 통해서 입증되기도 했다. 연구팀은 조사 대상자들에게 컬러 차트를 주고 자신의 기분에 적합한 색을 고르라고 주문했다. 그런데 우울한 기분을 느끼는 사람들은 흔히 음울한 회색을 선택했는데, 회색은 즐거운 노란색과 감정적으로 반대되는 색이다.[4]

1917년에 컬러 테라피가 전 세계적 주목을 받으면서 발명한 사람의 이름을 딴 '켐프-프로서Kemp Prossor의 컬러 테라피'가 의학사에 편입되었다. 심인성 장애를 앓던 군인들은 하늘의 파란색으로 칠한 천장과 그야말로 샛노란 병실에서 치료를 받았다. 여기에서는 벽과 바닥만 노란색으로 칠하는 게 아니라, 이불과 베개 등을 포함해 실내 인테리어 모두를 노란색으로 통일했다. 전쟁터 분위기와는 완전히 상반된, '봄'의 분위기로 공간 전체를 가득 채우는 게 목적이었다. 영국과 덴마크의 병원들도 컬러 테라피를 도입했으나 끝까지 시행하지 못했고, 자연히 컬러 테라피는 잊히고 말았다. 이처럼 컬러 테라피가 실패한 이유로 전 세계에 널리 퍼져 있던 오해와 편견을 꼽을 수 있겠다. 반짝이는 깨끗한 수선화의 노란색은 녹색 식물을 배경으로 할 때 꽃이라는 작은 면적에서만 실제로 봄 같고 명랑하며 낙관적인 효과를 낸다. 하지만 실내공간 전체를 노랑으로 가득 채운다면, 눈에 띄는 경고의 색이 되고 만다. 그와 같은 공간은 폐소공

포승을 유발하고, 봄의 풍경에서 향유할 수 있는 즐거운 분위기와는 전혀 상관이 없다. 자연을 본보기로 해서 색을 조합하고자 한다면, 매우 자세하게 관찰하고 무엇보다 두 가지 사실을 알아야 한다.

색이 가진 효과는 면적이 넓어지면 늘어난다. 만일 반짝이는 노란색을 실내에 사용하고자 한다면, 면적을 줄이거나 채도를 낮춰야 한다. 바닥과 벽이 동일한 색이면, 공간은 마치 큰 물통 같은 효과를 낸다. 그러니까 우리가 갇혀 있다고 느끼게 되는 것이다. 바닥은 벽에 비해 더 회색을 띠거나 더 갈색이거나 더 어두운 색이어야만 한다.

시트러스옐로: 감귤의 노란색
신선한, 자극하는, 경고하는

노란색은 신선하고 자극하는 색으로 간주된다. 하지만 왜 노랑이 다른 색에 비해 더 신선해 보일까? 만일 실험을 할 수 있다면, 아주 잠시 레몬을 쳐다보고, 이 노란 과일을 한입 물었을 때를 한번 상상해보라. 당신은 레몬의 노란색을 보기만 해도 이미 침이 고인다는 것을 알아차리게 될 것이다. 하지만 모든 노랑 계통의 색들이 신선해 보이지는 않는다. 신선함을 연상하게 하는 것은 무엇보다 녹색을 함유한 노랑 색조이며, 녹색을 띤 레몬옐로에서 시작해서 노란색을 띤 라임그린까지다. 광고 마케팅에서는 흔히 과일과 채소 판매대, 과일주스, 청량음료와 과일젤리 등을 돋보이게 하기 위해 신선한 색들을 이용한다. 또한 신체 위생을 관리하는 제품들도 레몬색으로 출시되곤 하는데, 활력을 주는 과일산 같은 내용물이 함유되어 있음을 넌지시 드러내기 위해서다. 게다가 구연산(시트르산)은 소독효과와 항균성을 가지고 있기 때문에, 흔히 위생제품, 소독제와 세정제 포장에서 레몬색을 볼 수 있다.

시트러스류, 즉 감귤류 색은 신선해 보일 뿐 아니라, 다른 모든 색과 색 조합들을 눈에 띄게 신선하게 만들어준다. 이는 요리와 음식뿐 아니라, 삶의 다른 모든 영역에도 해당된다. 검은색, 흰색, 회색과 갈색처럼 예부터 입어온 고전적인 의상 색들은 레몬옐로, 라임그린 또는 오렌지색을 통해서 강조해줌으로써 그야말로 활달해 보일 수 있다. 진지한 인상은 여전히 남아있으나, 그래도 훨씬 동적이고 창의적으로 보이게 해준다. 그리하여 신선한 색들은 특히 목도리, 스카프, 넥타이, 모자, 허리띠와 신발 같은 소품에 적합하다. 신선한 색이 너무 넓은 면적을 차지하면, 진지한 인상도 사라져버린다. 형광노랑, 형광녹색, 형광오렌지색 같은 감귤류 색들은 신호색으로 사용하기에 매우 탁월하다!

이와 같은 원칙은 실내공간과 실외공간의 차이가 존재하는 건축에도 적용된다. 신선한 색은 건물의 정면에는 매우 부적절한데, 이러한 규모에서는 볼썽사나운 모습이 되며 오랫동안 지켜보면 도저히 견딜 수 없어진다. 하나의 색이 공간에서 확장될 때 그 작용이 강해지는 것을 생각해보라! 따라서 출입문, 창문, 차양과 발코니처럼 좁은 공간에 소규모로 사용하고 강조하는 게 훨씬 더 참신함을 줄 수 있다. 브루노 타우트와 르 코르뷔지에 같은 현대 건축의 대가들은 건축물의 흰색 또는 회색 정면을 선명하게 만들고 가치를 높이기 위해 이와 같은 원칙을 즐겨 사용했다.

실내의 경우 공간에 생동감을 주기 위해서 이러한 신선한 색을 사용할 수 있다. 하지만 실내에서도 개별 벽에만 사용해야 한다. 튀는 색으로 실내를 강조하려면 가구, 그림과 양탄자를 통해서 할 수 있다.

모든 색 가운데 노란색은 무엇보다 광도로 인해 자극적이게 된다. 바로 이런 이유로, 우리는 노란색을 방향표시와 안내 게시판에 자주 사용한다. 아주 멀리 떨어진 거리에서 다른 모든 색은 이미 오래전에 사라져버렸어도 노란색은 볼 수 있다. 그래서 오늘날 노란색은 우리를 위험과 사고로부터 보호하고자 하는 모든 형태의 경고표시에 사용되는 표준색이다. 이보다 더 효과적인 것은 노랑과 검정 투 톤이다. 물론 노랑과 검정 몸통에 독까지 있는 곤충, 개구리나 뱀을 만날 일도 거의 없지만 말이다. 말벌과 이와 비슷한 벌들은 검정과 노랑 조합으로 주의를 준다. 하지만 검정-노랑 조합이 항상 공격적이지만은 않다. 밝은 노랑 바탕에 쓴 검정 글자는 주목하게 할 뿐 아니라, 시각적으로 읽기에 아주 좋다. 만일 당신의 눈에 좋은 일을 하고자 한다면, 노란색 종이 위에 검은색 잉크를 사용해서 글을 쓰거나 인쇄를 하면 된다. 이때도 주의할 게 있는데, 신호색 노랑은 글자를 어른거리게 하거나 불쑥 튀어나와 보이게 할 수 있다. 이와 반대로 손으로 뜬 종이[닥종이나 한지처럼 나무껍질을 체나 발에 걸러 만드는 종이]나 재생지에서 나오는 회색이 감도는 노르스름한 색은 읽고 싶은 느낌이 들게 한다.

바일옐로: 쓸개의 노란색
예민한, 제외하는, 병약한

노란색은 온갖 알록달록한 색들 가운데 가장 밝고 빛날 뿐 아니라, 가장 예민한 색이기도 하다. 에너지 넘치는 카드뮴옐로, 레몬색의 비스무트옐로, 또는 태양처럼 따스한 인디언옐로는 다른 색들과 혼합할 수 없다. 다른 색과 혼합하면 자연스러운 노랑 색조에 있는 독특한 광채가 사라지고 만다. 예술가 볼프강 라이프Wolfgang Laib는 이로써 시적인 예술작품을 창조해낸다. 그가 색을 조합해서 창조한 추상적인 작품은 〈소나무에서 나온 꽃가루〉 또는 〈민들레에서 나온 꽃가루〉라고 불린다. 크로커스꽃에서 나온 밝은 노란색 가루 사프란은 수천 년 전부터 염료, 양념과 약재로 이용되었다. 보라색 꽃에서 귀중한 금색의 암술대가 발견되는데, 오늘날에도 오로지 사람의 손으로만 수확된다. 노란색 염료 사프란 1킬로그램을 만들기 위해 수천 송이의 크로커스꽃이 동원된다. 사프란으로 염색한 비단은 마법처럼 윤기가 흐르며, 그리하여 이 직물은 이미 수백 년 전부터 신분의 상징으로 뭇 사람들의 열망의 대상이 되었다.

하지만 더럽혀지거나 색이 탁해지거나 그림자가 생기면, 노란색의 마법은 사라져버린다. 지극히 예민한 이 색의 특징은 정반대로 변해서, 빛은 더러움이 되고, 젊음은 늙음으로, 건강은 질병으로, 기쁨은 광기로 변해버린다.

괴테는 자신의 생각을 다음과 같이 표현했다. "알아차릴 수 없을 만큼 조금 움직여도 불과 금의 아름다운 인상은 더러운 느낌으로 바뀌며, 명예와 환희의 색은 치욕, 수치심, 불쾌감의 색으로 바뀌어버린다." 바우하우스의 선생이었던 요하네스 이텐Johannes Itten은 심지어 그 안에서 윤리적인 타락을 보았다. "하나의 진리만 존재하듯, 하나의 노란색만 존재한다. 탁해진 진리는 병든 진리이자 비진리이다. 그렇듯 탁해진 노란색이 주는 인상은 시기심, 배반, 허위, 의심, 불신과 광기이다."[5] 고대 영어에서 '옐로yellow'는 '노란색'뿐 아니라 '겁쟁이'를 가리킬 때 사용된다. 그리하여 스캔들에 관해 뉴스를 전달하는 언론은 '황색 언론'이라고 한다. 이처럼 노란색의 의미가 현저하게 변하게 된 자연스러운 원인이 우리 안에 내재되어 있다.

우선 모든 사람의 몸에 눈에 띄게 남겨진 시간의 흔적을 한번 살펴보자. 피부, 머리카락, 손톱과 치아가 노랗게 변색된 경우, 이는 노화 과정을 확실하게 보여주는 지표이다. 게다가 누런 피부는 축 늘어지고 건조하며 갈라진 것같이 보인다. 외피의 각질화를 통해서 피부는 노란색으로 변색된다. 이와 같은 변색은 늙어서 쇠약해지고 더는 생식 능력이 없음을 드러내준다. 나이가 들어서 생기는 변색은 어쩔 수 없이 때로는 추하고 지저분한 느낌을 주는데, 다른 동물들처럼 인간 또한 유전자를 번식하기 위해 젊고 건강한 짝을 찾기 때문이다. 여기에서 한 가지 의문이 생긴다. 몇천 년이 흐르면서 문화는 이런 것을 변화시킬 수 있었던가 하는 의문이다. 나이가 들어간다는 표시를 감추기 위해 사람들이 들이는 노력, 가령 머리카락을 염색하고 손톱을 칠하고 크림을 바르고 화장하는 노력도 나에게는 그다지 희망이 없어 보인다. 피부관리 제품은 전 세계에서 놀라울 정도로 성장해서 미용 시장은 오늘날 몇조 달러에 달하지만 말이다.[6]

화농의 노란색은 위험한 질병을 앓고 있다는 지표가 될 수 있다. 우리의 신체가 염증이 생겼을 때 내보내는 옅은 노란색부터 황록색에 이르기까지 노르스름한 체액은 구토와 역겨움을 불러일으킨다. 또한 간과 쓸개에서 일어나는 신진대사의 문제나 너무 높은 콜레스테롤 수치는 병적으로 누렇게 뜬 피부와 눈에서 알아볼 수 있다. 이는 담즙 색소인 빌리루빈[노화된 적혈구가 붕괴될 때 헤모글로빈이 분해되어 생기는 적황색 담즙 색소]이 불러일으키는 반응이다. 우리 몸에 부정적 신호를 보내는 황록색의 담즙은 우리 신체 기관에도 이름을 부여했다[독일어로 담즙은 Gallensaft, 쓸개는 Galle이다]. 독일인들은 상당히 화가 나거나 분노할 때면, 노란색gelb이나 쓸개라는 단어를 넣는다. 예를 들어 '시기심으로 노래지다gelb vor Neid'라든지, 특별히 화가 날 때는 '독과 쓸개를 내뱉다Gift und Galle spucken', '쓸개즙이 솟구치다Galle hoch'라고 표현하는 것이다.

위험한 전염병의 원인이 발견되기 전에 누런 피부, 농양이나 화농의 상처는 흑사병 증상으로 간주되었다. 전국을 휩쓸면서 목숨을 앗아간 흑사병과 맞서 싸우기 위해 흔히 노란색 유황을 태우곤 했다. 녹색을 띤 노란색 유황은 사악한 연기를 만들어 냈는데, 이런 연기는 독성이 있을뿐더러 썩는 냄새까지 풍겼다. 노란색 연기에서 나는 역겨운 냄새는 지옥의 악취로 간주되었고 사악한 영혼들을 몰아낸다고 믿었다. 항생제의 작용 같은 것은 중세에는 알려지지 않았다. 흑사병은 악마가 만든 작품이자 마녀들이 부리는 재주로 여겼다. 독성을 띤 유황은 화산이 폭발할 때 나타나기에 그와 같은 미신은 더 강해졌다.

전염병을 일으킨 범인을 쫓다 보면 늘 끔찍한 습격이 일어났다. 유대인 등 소수민족들은 유럽에서 항상 흑사병을 일으킨 장본인으로 찍혔고 그리하여 노란색 표식으로 구분되었다. 나치 정권은 독일제국과 점령지역에서 유대인들에게 굴욕감을 주고 이들을 배척하기 위해서, 노란색 다윗의 별 표식을 달아 차별의 상징을 이용했다. 유대인을 의미했던 노란색 별은 오늘날에도 전 세계에서 홀로코스트 범죄의 상징으로 간주되고 있다. 이처럼 노란색이 끔찍한 상징으로 사용되었던 원인은 또 다른 근원에서도 찾을 수 있는데, 이미 구약성서에도 이 색은 나병과 연관되었다. 유대인들을 노란색 상징으로 차별한 행동은 기독교에서뿐 아니라 이슬람교에서도 찾아볼 수 있다.

아바스 왕조의 5대 칼리프였던 하룬 알라시드Hārūn al-Rashīd[천일야화의 주인공으로 유명한 인물]는 이미 807년에, 자신의 영토에 사는 유대인들을 황색 허리띠로 구분하게 했다. 바그다드에 있던 셀주크제국에서 유대인들은 허리띠를 넘어서 머리와 목에 황색 반점을 찍어야만 했다. 유럽의 기독교 국가에서도 유대인들은 황색 반점을 찍거나, 반지나 모자를 쓰고 다닐 의무가 있었다. 기독교의 종교화를 보면 노란색은 시기심, 질투, 탐욕, 배반과 불신을 대표하는 유다를 상징하는 색이었다. 12세기에 교황 인노첸시오 3세는, 가톨릭 전례에 노란색을 사용해서는 안 된다는 칙령을 내렸고, 이는 1970년까지 지켜졌다.

이와 같은 낙인은 문학, 연극, 영화와 같은 많은 매체를 통해서 번져나갔고, 오늘날에도 볼 수 있다. 오늘날 질투하는 사람, 시기하는 사람, 사기꾼, 배반자, 도둑 등을 상징하려고 무슨 색을 사용하는지를 한번 주의 깊게 살펴보라! 굳이 옷에만 한정되지 않는다. 노란색 방일 수도 있고 노란색 물건일 수도 있다. 심지어 전체 장면이 노란색 조명을 받으며 등장하기도 한다. 디스토피아 영화들에서는 흔히 전체 사건이 노란색에 뒤덮인 인상으로 드러나는 경우도 자주 있다.

그리고 완전히 다른 맥락에서 노란색은 치욕이나 불명예를 상징한다. 중세부터 매춘을 하는 여자들은 멀리에서도 눈에 띄도록 노란 옷을 입어야만 했다. 이로써 '존중해줘야 할' 평범한 여성들과 혼동하는 일을 막아야 했던 것이다. 어떤 경우에는 노란 목도리를 어깨에 걸치는가 하면, 또 어떤 때는 노란색 술을 늘어뜨리거나, 노란 상의를 입거나 숄을 걸치고 있었다. 황제가 지배했던 러시아에서 매춘을 하는 여자들은 심지어 '노란색 신분증'을 소지했다. 황색을 가장 높이 숭상했던 고대 중국에서조차 노란색은 음란문학을 상징하는 색이었다. 무엇보다 도교 신자들의 '노란 책들'을 근거로 했는데, 이 책들은 성행위를 할 때 구체적인 방법에 대한 지침을 알려주었다.

그런 것이 모두 과거의 일에 불과하다고 생각하는 사람은 스페인의 엘스 알라무스 거리에서 성매매를 하는 여자들이 형광 노랑색 안전조끼를 착용하고 다니는 광경을 한번 보라.[7] 에로스문학, 포르노그래피와 매춘을 반대하는 중국 공산당이 벌인 캠페인은 여전히 교묘한 슬로건 "황색을 소탕하자"를 내세우고 있다. 이 모토는 바로 암울했던 마오쩌둥毛澤東 시대를 기억나게 한다.

갈색

자연스러운, 믿을 수 있는, 쾌적한, 편협한

갈색의 기억 지도

상징의 의미와 작용 범위

멜라닌브라운: 멜라닌의 갈색
자연스러운, 당연한, 차별하는

갈색의 풍부한 스펙트럼은 자연에서 흔히 볼 수 있다. 땅, 진흙, 모래와 바위로 이루어진 풍경도 갈색 색조에 속하며, 식물, 동물과 인간의 활기찬 갈색도 그러하다. 그러므로 우리의 조상들이 자신들의 삶을 최초로 묘사했을 때 철광석, 망간토, 황토 등 흙의 색을 선택한 것은 결코 우연이 아니었다. 아프리카, 아시아, 아메리카와 유럽의 동굴에서 발견되는 벽화들은 4만 년 이전으로까지 거슬러 올라가는데, 이는 바로 우리의 문화사가 시작되었음을 표시해준다. 독일어에서 갈색을 의미하는 '브라운braun'이라는 단어의 어원은 인도게르만어의 '베르bher'에서 유래하는데, 당시 '베어Bär(곰)'와 '비버Biber' 같은 갈색 동물의 이름이 바탕이 되었던 것 같다. 비슷한 어원은 다른 언어에서도 찾아볼 수 있는데, 영어 '브라운brown', 프랑스어와 스웨덴어 '브룬brun', 또는 네덜란드어 '브뢴bruin'의 경우다.

갈색 계통에서도 동물의 피부, 털·가죽·깃털·비늘색이 조금씩 다양한 원인은 유멜라닌eumelanin과 페오멜라닌pheomelanin 색소에 있다. 유멜라닌은 농도에 따라서 갈색과 흑갈색으로 염색되게 하며, 페오멜라닌은 적갈색과 황갈색 색조를 만들어낸다. 색소가 불규칙적으로 분포됨으로써 얼룩이 형성되는데, 이는 특히 몸을 숨기는 데 용이하게 이용된다. 멜라닌 수용체는 유전자에 서장되며 노래의 원칙에 따라 변형된다. 멜라닌은 인간과 동물에게 완벽한 위장 수단을 제공할뿐더러, 태양으로부터 자연스럽게 보호해주는 차양 역할을 한다. 멜라닌은 주변 환경의 단기적인 변화에 적응하여 생산되는 경향이 있다. 피부가 밝은 사람들이 강렬한 햇빛을 받게 될 경우, 이들의 피부가 어떻게 변화되는지 많이 보았을 것이다. 이와 반대로 햇빛이 부족해지면 멜라닌의 분비는 금세 다시 줄어든다.

멜라닌 색소의 수용체는 동물의 털색뿐 아니라, 인간의 피부색도 관장한다. 태어날 때 갈색의 피부, 머리카락, 눈동자를 가진 사람은 주변 환경과 연관지어 볼 때 자연적이며 조화를 이룬 것으로 보인다. 우리 모두는 같은 태양 아래에서 살고 있지만, 모두가 같은 지역에서 사는 건 아니다. 바로 이런 이유로 우리의 피부색, 머리카락색과 눈동자색이 매우 다양한 것이다. 갈색의 정도는 생활환경이 적도와 어느 정도 떨어져 있는지에 따라 다르다. 햇빛이 가장 강렬한 곳에서는 강력한 햇빛 차단 요소가 우리 몸에 필요하므로 흑갈색으로 나타난다. 이와 반대로 북쪽 고위도 지역에 가면 햇빛을 차단해주는 색소가 역효과를 내는데, 생명에 중요한 비타민D는 오로지 중파장에 해당하는 자외선B를 통해서 만들어질 수 있는 까닭이다. 신체가 멜라닌 생산을 줄이면, 피부는 창백한 베이지색을 띠고, 머리카락은 금발이 되며, 눈은 녹색이나 파란색이 된다. 이렇듯 자연은 우리에게 모든 것이 최적이게끔 관장한다. 그럼에도 많은 사람이 왜 자신의 자연적인 피부색에 만족하지 않는 것일까?

피부색이 밝은 사람들은 보다 건강하고 날씬하며 아름답게 보이기 위해서 몸을 일부러 햇볕에 그을리기도 하며, 인위적인 선탠 도구들을 이용하기도 한다.[1] 그런가 하면 피부색이 어두운 사람들도 자신들의 피부에 만족하지 않는 경우가 많다. 팝스타와 인플루언서들만이 전 세계적인 아름다움의 이상에 맞추기 위해 피부와 머리카락을 물들이는 것이 아니다. 밝고 흰 피부가 각광받는 사회에서는 많은 사람들이 상당한 위험을 감수하면서까지 멜라닌 색소 제거술을 받는다.[2] 전 세계에서 피부 미백제 시장은 그사이 선탠 도구와 자외선차단제 시장을 훨씬 능가하고 있다. 아프리카 대륙의 성인 대다수가 피부 미백제 사용 경험이 있다. 피부 미백제가 가장 많이 판매되고 있는 곳은 아시아인데, 특히 일본, 중국과 인도다. 이처럼 건강에 해로운 강박관념이 난무하는 데에는 생물학적 요인과 관련이 있다. 즉 여성들은 동일한 지역에 사는 남성들에 비해 10~15퍼센트 더 밝은 피부를 가지고 있다. 따라서 환한 피부는 여성성의 신호로 작동한다. 하지만 이보다는 문화적인 영향이 더 강하다. 그러니까, 논밭에서 일할 필요가 없는 사람은 수천 년 전부터 계급사회에서 보다 높은 지위를 차지한다. 많은 사회에서 상류층은 예나 지금이나 자신들의 고상한 창백함에 자부심을 느끼고, 온갖 화장품을 사용해 이를 더욱 강조한다.

이보다 더 극적인 것은, 아프리카 대륙에서 강제로 끌려온 수많은 사람의 노예화였다. 노예들은 고향을 잃었고, 자유와 권리를 빼앗겼을 뿐 아니라, 모든 면에서 가혹한 차별을 받았다. 눈여겨볼 점은 어두운 피부색의 노예들에게는 농사나 건설일 등 대부분 바깥에서 하는 고된 일이 주어진 반면, 밝은색 피부의 노예들에게는 주로 집 안 일이 주어졌다. 나는 종종 색의 작용을 측정할 수 있을지 질문하곤 한다. 색은 실제로 작용하고 있지만, 이 경우에는 매우 차별적인 결과가 나온다. 미국에 대한 수많은 연구가 이루어졌는데, 이에 따르면 피부색이 어두울수록 수입, 거주, 교육과 결혼시장에서 상당한 불이익을 받게 된다는 사실이 밝혀졌다.[3] 피부색이 짙은 사람들은 많은 다른 나라에서도 차별을 겪고 있다. 전통적으로 계급사회였던 인도에서는 짙은 색 피부를 가진 사람들에게 사회적 지위를 거의 인정하지 않았는데, 이러한 인종차별은 현재까지 영향을 미치고 있다. 전 세계적인 이 문제는 피부색에 따른 차별이라는 의미로 '컬러리즘colorism'이라고도 부른다.

하지만 밝은 피부, 푸른 눈과 금발이 모든 사람에게 행복을 안겨주는 것은 아니다. 백색증 혹은 백피증을 가진 사람들에게는 차별이 가해진다. 이른바 알비노는 유전자 결함으로 인해 신체에서 멜라닌 색소가 만들어지는 과정에 장애가 생긴 사람들이다. 몇몇 아프리카 나라에서는 단순한 미신으로 인해 알비노들을 사냥하는 습관이 있었으며, 오늘날에도 여전히 지속되고 있다. 이로 인해 매년 수백 명이 희생을 당한다. 많은 사람이 고통을 겪고, 끔찍하게 사지가 절단되거나 죽임을 당하는데, 이들의 특이하게 밝은 신체가 미신을 믿는 사람들에게 상당히 높은 가치가 있는 탓이다. 민간 의술을 행하는 사람들이 알비노들의 신체 일부를 의식에 사용하며 에이즈처럼 특별히 위험한 질병을 막는 치료제로 건네준다.[4]

반면 유전적 돌연변이가 일반적인 곳에서는 전혀 문제가 생기지 않는다. 오스트레일리아 동쪽에 있는 솔로몬제도에는 멜라네시아인들이 살고 있는데, 이들은 아름다운 갈색 피부에 짙은 갈색 눈과 금발을 타고나는 것으로 유명하다. 이처럼 독특한 컬러는 이 민족의 고유한 유전자 TYRP1 때문으로, 유럽 유전학에서는 전혀 존재하지 않는 유전자다. 물론 이례적으로 매력적인 희귀한 멜라닌 수용체를 발견하기 위해 그렇게 멀리까지 가지 않아도 된다. 동화 속 상상이지만 백설공주는 마법처럼 아름답다. 눈처럼 하얀 피부, 파란 눈과 흑단 같은 검은 머리카락은 그야말로 매혹적인 컬러가 아닐 수 없다. 따라서 신체의 색들이 놀라울 정도로 다양성을 지니고 있는데, 이 다양성이 그대로 존중받지 못하고 문제시되는 데에는 사람들이 제대로 된 교육을 받지 못하고, 인종차별적으로 생각하거나 편협하게 행동하며, 여기에 그것을 부추기거나 묵인해온 사회적 분위기나 문화의 역할이 크다고 할 수 있다.

어스브라운: 흙의 갈색

믿을 수 있는, 안정적인, 안전한

지구의 지표면은 흙, 모래, 고령토, 점토, 도토陶土, 암석과 같이 다양한 갈색 컬러로 이뤄졌다. 갈색은 땅바닥을 상징할 뿐 아니라, 가장 견고함을 주는 컬러이기도 하다. 갈색은 혼자 있으면 전혀 생동감이 없는 회색에 안전감, 안정과 신뢰라는 특징을 부여한다. 그래서 우리가 문화공간에서 자연스러운 갈색 바닥 위를 걸어 다니는 것을 좋아하는 건 결코 우연이 아니다. 갈색은 꼭 필요한 견고성을 보장해주는데, 우리가 걸음을 내딛으려면 바닥이 무너지지 않는다는 사실을 신뢰할 수 있어야 하기 때문이다. 만일 당신이 유리로 된 바닥을 걸어보면, 색의 작용을 감지할 수 있을 것이다. 발달심리학에서는 이처럼 타고난 불안의 반사작용을 '시각적 절벽visual cliff'이라고 부른다. 엉금엉금 기어 다니는 아이조차 바닥이 유리인 다리를 건너야 할 때는 주저하고, 땀을 흘리며 심장박동이 빨라진다.[5] 만일 바닥의 색이 우리를 안심시키지 못하면 인지장애, 이른바 해리장애가 발생한다. 그러면 일상적으로 행동하던 패턴에 제동이 걸리고 반응하는 시간도 길어지게 된다.

돌 같은 회색 바닥을 밟으면 우리는 모래나 흙을 밟을 때처럼 안전하다고 느끼는데, 우리의 안위가 문제로 등장하면 촉각을 통한 연상이 결정적으로 중요한 역할을 한다. 갈색의 자연스러운 톤은 회색에 비해 훨씬 따뜻해 보이고 촉각적으로도 더 편안하다. 바로 이와 같은 이유로, 나무, 자연석, 점토와 벽돌 같은 전통적 건축 자재들이 오늘날에도 건축용으로 여전히 선호되고 있는 것이다. 실내공간을 위해서는 리놀륨, 비닐이나 융단처럼 다양한 인조 바닥재가 있으며, 이런 것들은 모래나 흙 또는 바위와 같은 색을 띠고서 안전하고 통제할 수 있다는 느낌을 들게 하며 편안하게 걸어갈 수 있게 해준다. 원칙적으로는 모든 색에 갈색을 추가함으로써 땅에 발을 디디고 있다는 안전한 느낌을 얻을 수 있다. 심지어 갈색 톤을 약간만 섞어줘도 바닥은 즉시 보다 안전하고 견고하다는 느낌을 준다. 바닥은 사방에 있는 벽 색보다 더 어두운 색이어야 우리에게 믿음을 준다. 만일 신뢰할 수 있고 안전하고 견고하다는 분위기를 만들어내고 싶다면, 벽 색으로 밝은 흰색이 아니라 모래 같은 파스텔톤의 흰색을 선택해야 한다. 혹은 빛나는 오렌지색이 아니라 테라코타의 적갈색을 선택해야 하고, 신호색 빨강이 아니라 점토의 황갈색을 선택해야 한다. 나무와 자연석 같은 갈색의 천연 재료를 모방한 제품은, 그것이 모조품임을 사람들이 알아차리면 문제가 된다. 안전이 중요한 문제가 될 경우, 사람은 속는 것을 좋아하지 않으며 거기에 매우 민감하게 반응한다는 점을 숙지하고 있어야 한다!

네츄럴브라운: 자연의 갈색
쾌적한, 기분 좋은, 편안한

갈색의 자연스러운 톤은 안심하고 신뢰하게 할 뿐 아니라, 우리의 심리적인 균형을 촉진한다. 오늘날 이러한 공간 연상은 자연 체험을 통해서 형성된다. 우리가 걷거나 조깅하는 동안 기분이 좋아지게 하는 숲속의 갈색 흙을 한번 생각해보라. 맨발로 바닷가를 산책할 때, 발가락과 발을 마사지해주는 따뜻한 모래를 과연 누가 잊을 수 있겠는가? 한 번도 나무 둥치나 나무로 지은 오두막을 만져보지 않았으며, 점토로 뭔가를 만들거나 장난을 쳐보지 않은 사람이 과연 누가 있겠는가? 많은 사람이 긴장을 풀고 에너지를 재충전하기 위해 자연에 머물곤 한다. 우리가 휴식, 긴장해소와 내적 균형을 찾고자 하는 곳에서 기분 좋은 갈색에 둘러싸여 있기를 좋아하는 것은 놀라운 일이 아니다. 사우나, 마사지, 명상의 효과는 자연의 갈색에 둘러싸였을 때 가장 잘 나타난다.

갈색 톤의 효과는 후각의 영향을 아주 많이 받는데, 이는 긍정적으로든 부정적으로든 쉽게 알아차릴 수 있다. 분뇨의 모양과 연결할 수 있는 갈색은 구역질과 거부감을 불러일으킨다. 우리의 뇌는 색으로 인해 연상되는 모든 것을 무의식적으로 처리하기 때문에, 공간의 색과 사물의 색이 거부감을 유발하는 원인을 지적하기란 매우 어렵다. 기분 좋은 계피의 갈색과 역겨운

'똥색' 사이에는 흔히 미세한 차이가 있을 뿐이다.

이런 경우에는 당신의 육감을 믿는 게 좋다. 왜냐하면 더 나은 충고를 해줄 사람이 없으니까! 만일 지저분한 갈색 톤이 눈에 거슬리면, 피해야 한다. 하지만 갈색이 불쾌하다고 해서 이 색을 완전히 포기할 필요는 없는데, 쾌적한 냄새와 함께 연상할 수 있는 많은 갈색 톤이 있기 때문이다. 만일 당신이 어떤 갈색 소재의 냄새를 좋아한다면, 갈색 톤도 좋은 선택일 수 있다. 히말라야삼나무 목재의 짙은 갈색 톤은 보는 것만으로도 향을 떠올리게 할 수 있다. 나무와 나무 색인 갈색은 스트레스 수치를 낮추어주며, 이는 사무실과 교육기관의 환경과 연관시켜보면 매우 흥미롭다.[6] 이와 관련한 연구 자료에 따르면 '따스한', '편리한', '긴장이 해소되는', '자연스러운', '초대하는'이라는 키워드가 가장 자주 등장했다.[7]

그래도 지금까지 편안한 갈색 톤을 발견하지 못했다면, 잠시 부엌에 들러보라. 초콜릿, 커피, 차와 담배 같은 이국적인 기호식품이나 계피, 육두구, 후추, 정향, 아니스 같은 향신료는 짙은 갈색을 띠고 있으면서 향이 강하고 향기로운 맛부터 달곰쌉쌀한 맛까지 낸다. 우리는 갈색의 전통적인 견과류 맛을 헤이즐넛, 호두와 아몬드 또는 밤과 연결한다. 향이 가득한 갈색 톤은 중독되게 만든다. 그와 같은 갈색으로 모든 공간을 즉시 편안한 분위기로, 그러니까 쾌적하고 긴장이 풀리며 안정적으로 보이게 만들 수 있다. 이와 같은 웰빙 요소 덕분에, 우리는 자연스러운 갈색으로 둘러싸여 있기를 좋아하는 것이나. 물론 이런 자연 갈색을 민트그린, 페트롤블루나 오렌지레드 같은 자극적인 색과 조합하면 매우 생기가 도는 효과도 있다. 진한 갈색은 너무 많이 사용해서는 안 되며, 만일 그렇게 하면 공간은 동굴 같은 인상을 줄 수 있다. 이런 공간은 학습능력을 떨어뜨린다. 공간에서 갈색 표면이 차지하는 비율을 45퍼센트 이하로 유지하면, 긴장도 잘 풀 수 있고 일도 잘할 수 있다.[8]

우리의 색 선호는 어린 시절을 보낸 공간에 의해서 형성되는 경우가 많다.[9] 이와 같은 맥락에서 나는 '색의 고향'이라는 표현을 사용하기를 좋아하는데, 많은 사람에게 신뢰감을 불러일으키는 색을 말한다. 하지만 고향 같고 편안하며 보호받는 느낌은 유행이 지난 구식 내지 반동적인 것으로 수십 년간 간주되었다. 그러나 자연 갈색이 핵심적인 역할을 하는 고향 같은 컬러가 오늘날 다시 유행하고 있다. 가령 어스브라운과 옐로, 오크브라운과 모스그린, 리프브라운과 바이올렛을 조합하는 방식이다. 자연스러운 갈색 톤과 어울리는 조합은 우리 문화권에서뿐 아니라, 인구가 밀집된 전 세계의 모든 지역에서 볼 수 있다. 황토색과 레몬색, 모래의 갈색과 하늘색의 조합을 생각해보라.

복고풍이나 컨트리하우스 혹은 빈티지 양식과 같이 향수를 불러일으키는 트렌드는 농부의 현실과는 그야말로 무관한 도시 시민들이 만들어낸 문화적 산물에 불과하다. 전형적인 시골 건축물에서 볼 수 있는 갈색은 활활 타는 화롯불과 촛불의 따뜻한 빛을 받을 때면 시골풍의 정겹고 아늑한 분위기를 자아낸다. 낮에는 커다란 창문을 통해 정원에서 꽃피우는 화려한 색을 실내에서도 효과적으로 즐길 수 있다. 이렇듯 우리는 자연의 모든 색을 동원해 자연과 동떨어져 있다는 소외감을 극복할 수 있다.

배기브라운: 자루옷의 갈색
편협한, 낙후된, 가난한

1207년 유복한 시민이었던 아시시의 프란체스코는 예수 그리스도를 본보기로 삼아 가난과 겸손 속에서 삶을 살아가기 위해 자신의 옷을 거지의 옷과 바꿔 입었다. 소박한 갈색의 모직으로 만든 두건 달린 수도복, 즉 자루옷은 그의 개혁적인 성격을 잘 표현해주었고, 갈색은 프란체스코 수도회를 상징하는 색이 되었다. 수도회 회원들은 도시에서 살아가는 삶의 방식을 좋지 않게 평가했으므로 자루옷의 갈색은 도시의 삶과 경계를 긋는 수단이 되었다. 19세기 중반에 이와 같은 문명 비판은 리얼리즘 회화에서 다시금 등장했다.

귀스타브 쿠르베Gustave Courbet의 그림에서 인물들의 갈색 피부와 옷은 경작되지 않은 논밭의 갈색과 들판에서 잘 익은 과일의 금빛 갈색과 함께 녹아 있다. 이 시기에 산업화의 결과로 고생하던 도시민들은 소박한 시골의 삶이 아름답다고 봤다. 이런 점은 훗날 민중이 즐겨 부른 민요에도 등장했는데, 〈흑갈색은 헤이즐넛이지〉라는 민요는 햇볕에 그을려 검게 탄 가난한 여자 농부가 성적으로 상당히 매력이 있다는 내용이었다.

같은 시기에 시골에 살던 많은 민중들이 대거 도시로 이동했다. 북아메리카의 현대적인 도시에서 도시적 미래상을 제시하는 흰색이 승리를 거두기 시작했을 때, 시골풍의 보수적인 갈색은 전 세계 어디에서든 낙후된 과거의 상징이 되고 말았다. 벽돌, 자연석, 나무, 점토 같은 전통적 건축 재료들과 흙색은 현대화 과정을 뚜렷하게 방해했고, 그리하여 점점 도시에서 추방되었다. 새로운 건물을 지을 수도 없고 집을 그대로 내버려둘 수도 없었던 집주인과 거주자들은, 과거의 갈색 곰팡이를 청결해 보이는 흰색 페인트로 덮어버렸다. 흔히 세대를 거쳐서 물려주었던 단단한 목재 가구들은 고물상이나 벼룩시장에서 말도 안 되는 헐값으로 팔리곤 했다. 이어서 이케아처럼 세계적인 대기업이 바우하우스의 양식뿐 아니라 컬러를 우리가 사는 세계로 가져왔다. 갈색의 가치가 곧 곤두박질쳤고 수많은 설문에서 가장 선호하지 않는 색으로 꼽혔다.[10] 하지만 어떻게 해서 갈색을 이렇듯 싫어하고 혐오하게 되었던 것일까?

모든 색이 그렇듯 시골풍의 갈색에도 강력하게 작용하는 어두운 측면이 있다. 갈색의 의미가 '토착적이다'에서 '낙후되다'까지 옮겨가는 것은, '소박하다'에서 '융통성이 없다' 또는 '전통에 얽매이다'에서 '고루하다'는 뜻을 갖게 되는 것은 어렵지 않았다. 갈색은 고향, 소박함, 쾌적함 같은 농촌생활에 대한 긍정성의 상징일 뿐 아니라 지방색, 편견, 편협함 같은 부정성의 상징이기도 하다. 이러한 갈등이 나치즘(국가사회주의)이 갈색을 상징적으로 오용한 경우처럼 분명하게 드러나는 예는 없을 것이다. 소박하고 무탈하며 안정적인 시골에서의 삶이라는 허상의 목가적 생활은 나치즘 이데올로기를 광고하기 적합했다. 즉 민족과 국토의 결합을 강조하며 외쳤던 나치즘의 슬로건 '피와 땅Blut und Boden'이 펼쳐질 수 있는 적절한 무대가 되었다. 뿌리를 잃고, 전쟁과 인플레이션과 실직으로 인해 빈털터리가 되어버린 산업노동자들은 잃어버린 고향과 정체성을 나치즘의 공공연한 선전으로 되살아난 시골의 민족공동체에서 재발견해야만 했다. 아시시의 프란체스코를 이상적인 본보기로 들면서, 나치스는 이제 시골의 삶이야말로 도시화와 산업화가 가져온 곤궁에 대한 대안이라고 선전했던 것이다. 나치스는 갈색 제복을 입고서 자신들의 이데올로기를 퍼뜨렸다. 갈색은 나치스를 대표하는 색이 되었고 준군사적 성격인 나치스돌격대의 표식이 되었다. 히틀러유겐트를 통해서 곧 독일 어린이와 청소년의 98퍼센트가 갈색 셔츠를 입게 되었다. 선전에 동원되었던 행진과 모임은, 자국의 시민들은 물론 자신들을 주시하는 외국에 '갈색 민족공동체'의 힘이 점차 증가하고 있다는 사실을 보여주는 데 지극히 효과적인 수단이었다.

나치딩원의 제복 걸러는 '독일-동아프리카를 위한 황제의 식민지 보호부대' 군인들이 착용하던 제복에서 유래했는데, 1924년 나치스돌격대 지휘관 게르하르트 로스바흐Gerhard Roßbach는 이 제복을 대량 사들인 터였다. 그럼에도 나치스의 상징색이 갈고리십자형 휘장 '하켄크로이츠'에 쓰인 빨강·흰색·검정이 아니라 갈색이 된 것은 결코 우연이 아니었다. 이 휘장에서 빨간색은 '사회 정의'를, 흰색은 '신성한 국가적 열정'을, 그리고 검은색은 '노동'을 가리켰다.[11] 이와 같은 의미들은 서로 교환할 수 있었다. 반면 파시즘의 '피와 땅' 이데올로기에서 갈색은 그 어떤 다른 색보다 더 효과가 있었다. 뮌헨에 있던 나치스 본부는 '갈색 집'이라고 불렸다. '제국의 새로운 총통실'이나 '뉘른베르크 나치스 전당대회 건물'처럼 대규모 건물은 히틀러의 소망에 따라서 빛바랜 갈색 트래버틴(석회암의 일종)을 입혔다. 무솔리니Benito Mussolini의 '제3의 로마'[로마제국 시대가 제1의 로마이고, 신성로마제국 시대가 제2의 로마였다]와 비슷하게 '세계의 수도 게르마니아'가 되고자 하는 노력의 일환으로 갈색을 권력의 상징으로 드러내야만 했다. 심지어 스페인의 독재자 프란시스코 프랑코Francisco Franco Bahamonde의 묘지에서 볼 수 있는 신성한 십자가는 시에라 드 과다라마 산맥에서 가져온 갈색 암석으로 만든 것이다.

이와 같은 갈색의 상징은 인류의 집단적 의식 깊은 곳에 기반을 두고 있다. 극우파들은 '갈색 양심'이라 불렸고, 그들의 행동은 '갈색 테러'라고 낙인찍혔다. 오늘날 공개적으로 '갈색'으로 불리는 사람은 이와 같은 명예훼손에 대해서 불만을 토로할 수 있다. 이 사람이 실제로 나치 사상에 근접해 있다는 증거를 제출할 수 없는데도 '갈색'이라고 불렸다면, 그 상대는 명예훼손으로 처벌을 받게 된다.[12] 하지만 주의할 점이 있다. 나치즘과의 관련성을 제시하지 못한다 하더라도 갈색은 이미 입는 사람들에게 부담을 주는 색이긴 하다. 적어도 독일에서는 말이다. 독일 텔레비전 방송 사회자인 요헨 브라이어Jochen Breyer는 제2국영방송 ZDF의 〈모르겐마가진〉을 진행할 때 갈색 셔츠를 입고 있었는데, 인터넷에서 이 진행자에 대한 욕이 난무하자 마침내 방송국에서 의미심장한 사과를 해야만 했다. 셔츠의 원래 색인 올리브녹색이 잘못 반사되는 바람에 착시를 일으켰다고 해명했던 것이다.[13]

분홍색

여린, 상처 입기 쉬운, 여성적인, 관능적인

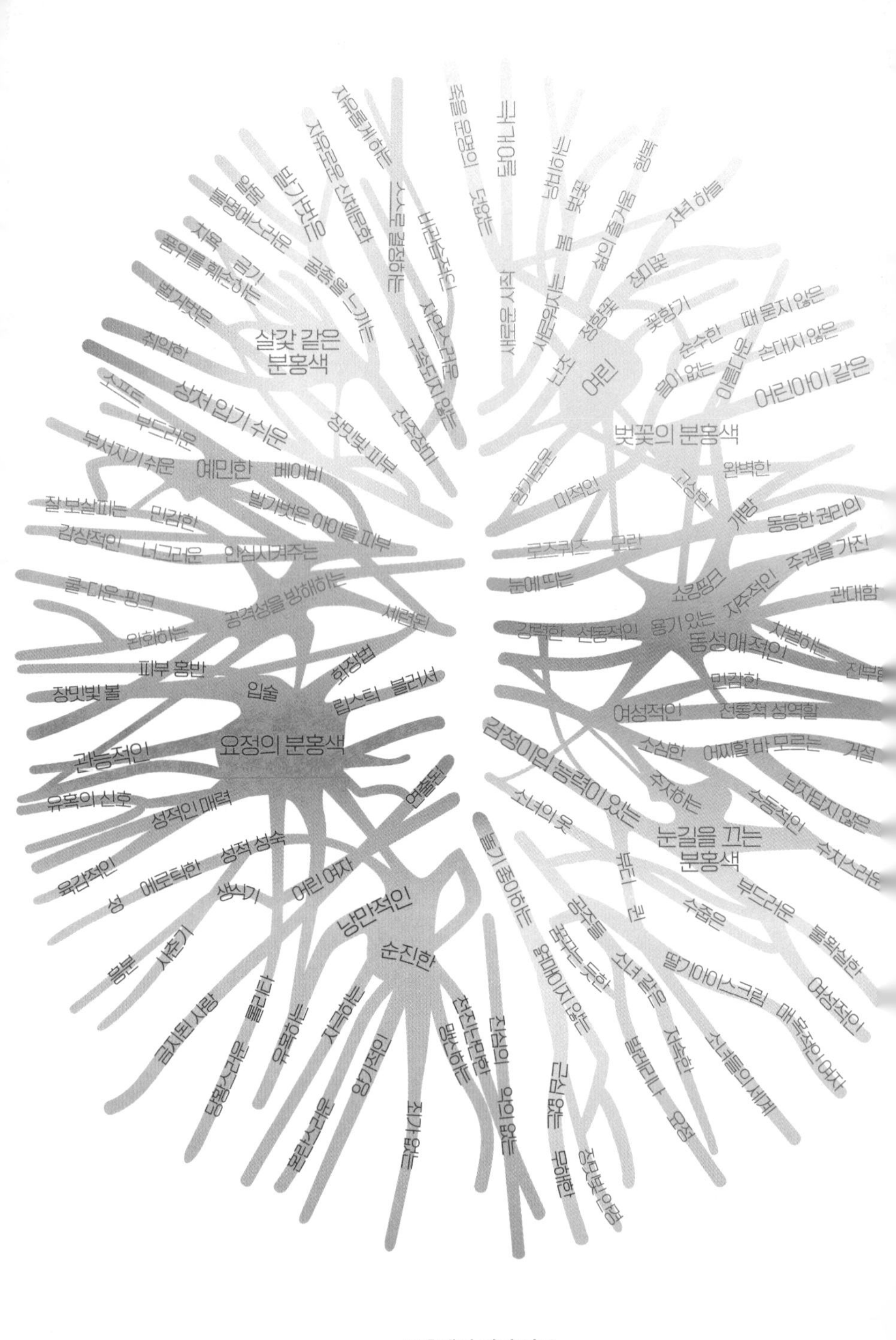

분홍색의 기억 지도

상징의 의미와 작용 범위

체리블로섬핑크: 벚꽃의 분홍색
여린, 어린아이 같은, 달아나는

'모노노아와레物の哀れ'라는 일본어 표현은, 벚꽃 축제로 '분홍빛 시절'의 시작을 축하하며 즐기지만 이렇듯 아름다운 시절도 덧없으며 어김없이 끝난다는 뜻이다. 벚꽃 개화시기 예측은 일본의 언론매체에서 주요 이벤트다. 마법처럼 활짝 핀 벚꽃은 온 나라를 사로잡지만, 며칠 후 땅바닥은 시든 분홍 꽃잎들로 뒤덮이고 만다. 이처럼 벚꽃이 피고 지는 것은 미적인 일체를 형성하게 되었다. 단지 바라보는 것만으로도 행복감을 주는데, 이런 행복감에는 덧없음, 필멸의 운명과 허망함 같은 느낌이 동반된다. 분홍색은 완벽한 아름다움을 상징하는 색이다. 분홍색으로 피어나는 일본의 벚꽃은 정원과 공원에 보기 좋게 심어져, 강가나 가로수길, 전망이 좋은 지점에서도 볼 수 있다. 그리하여 이 사람들에게 초봄은 항상 그림 같은 전망을 제공한다.

전 세계 어디에서든 사람들은 '활짝 핀 생명'을 보면 즐거워한다. 분홍색은 봄의 전령이다. 이 색을 보기만 해도 행복감이 전달된다. 삶의 기쁨을 표현하고자 하는 사람은 봄의 색으로 치장을 하거나 생활공간을 꾸민다. 이처럼 삶의 기쁨을 상징하는 분홍색은 전 세계 종교에서도 찾아볼 수 있다. 연꽃, 모란과 난초처럼 분홍 꽃을 피우는 식물은 불교에서 순수, 아름다움, 행복을 상징하는 식물로 숭앙받는다. 신도들은 신들에 기쁨을 바치기 위해 이런 꽃들로 시주를 올린다. 기독교 의식에서 분홍색은 모든 신도에게 행복한 삶을 살 수 있는 길을 제시해준다. 크리스마스를 앞둔 대림 셋째 주일 신도들은 이렇게 노래한다. "주 예수 안에서 항상 기뻐하라!" 부활절을 앞둔 사순 넷째 주일[독일어로는 장미의 일요일Rosensonntag이다]에는 이렇게 외친다. "예루살렘과 함께 기뻐하라!" 자신들의 말에 진정성을 부여하기 위해서 성직자들은 의식을 올릴 때 분홍색 제의를 입는다.

독일어로 분홍색, 장미색을 뜻하는 단어 '로자rosa'는 라틴어로 고귀한 장미를 가리킨다[독일어와 달리 우리말에서 장미색은 짙은 빨강을 의미한다]. 이 색을 가리키는 단어는 로망어에 널리 퍼지게 되었고 18세기 중반 독일에 들어왔다. 이 단어가 가장 많이 사용하는 색 단어로 부상한 것은 매력적인 꽃의 색 때문만은 아니었다. 이 개념은 분홍색 직물이 유행했을 때 신속하게 퍼져나갔다. 이 단어는 맨 먼저 '분홍옷, 분홍리본, 분홍숄' 같은 복합명사로 등장했다.[1] 로코코 시대에 분홍색 직물이 유행했는데, 옷뿐만 아니라 가구와 관련된 소품과 벽에까지 이르렀다. 이런 분홍색 옷을 살 수 없는 사람은 벽에 이 색으로 그림을 그렸다. 로코코 시대의 그림에서는, 당시 소년들이 분홍색 옷을 입은 것을 발견할 수 있다. 이들은 머리를 기르고 기다란 옷을 입고 있어서 오늘날 우리에게 소녀처럼 보인다.[2]

이 시기에 갓 태어난 여자아기들은 연한 파란색으로 표시되곤 했는데, 동정녀 마리아의 상징색을 암시했다.[3] 연한 파란색은 '작은 파란색'이었고 분홍색은 '작은 빨간색'이었는데, 이는 자라는 아이들에게 힘과 강건함을 부여하기 위해서였다. 갓난 아이들과 어린아이들에 색을 직접 선택하게 할 경우, 아이들은 보통 따뜻한 빨간색을 선호하며 파란색은 대체로 선택하지 않는 편이다.[4]

마지막으로 어원을 식물에 두고 있으며 분홍색을 의미하는 영어의 '핑크pink'에 대해 얘기해볼까 한다. 분홍-보라색으로 피는 수염패랭이꽃의 색은 '커먼핑크' 또는 '와일드핑크'로 불린다. 독일어의 장미색Rosa처럼, 영어의 핑크 역시 폭넓은 색 공간을 가지고 있어서 순수한 톤, 흐릿한 톤과 혼합된 톤을 아우른다. 다만 영어식 핑크라는 단어에는 색 공간이 제한적이라는 뉘앙스가 내포되어 있다. 노란 빛을 띠는 마젠타색과 비슷한 경향이 있다. 이런 경우 영어권에서는 이를 가리켜 '쇼킹핑크'라고 부른다. 디자이너 엘자 스키아파렐리Elsa Schiaparelli는 이처럼 충격적인 색을 이미 1930년대에 패션계에 도입했고 이 업계의 대가였던 코코 샤넬의 경쟁자가 되었다. 이때부터 핑크는 아방가르드가 가장 선호하는 색에 속하게 된다.

누드색: 살갗 같은 분홍색
상처 입기 쉬운, 예민한, 발가벗은

"분홍색은 항상 충격적이다. 발가벗고 있으니." 이는 영국 출신 영화감독 데릭 저먼Derek Jarman이 한 말로, 그는 스스로를 "컬러중독자"라 지칭했고 색을 "아드레날린"이라고 했다.[5] 인간의 피부는 기본색이 분홍이다. 오늘날 진화생물학자들은, 우리 조상들의 피부는 보호하려고 입었던 털옷을 벗어던짐으로써 더 짙어졌다고 보고 있다. 이는 우리와 가장 가까운 친척이라 할 수 있는 침팬지의 갈색 털 밑에 있는 분홍 피부가 증명해준다. 어린 침팬지의 경우 얼굴, 앞발, 뒷발과 같이 털이 자라지 않는 신체부위는 여전히 분홍색을 띠고 있다.[6] 발가벗은 인간이 강력한 햇빛을 받는 지역에서 살아남으려면 햇빛으로부터 보호해주는 갈색 색소인 멜라닌이 필요하다.

추운 지역에서 우리는 일종의 대체 털가죽을 걸치는데, 일조량이 적어 멜라닌 색소가 거의 생성되지 않는 피부에는 이것이 꼭 필요하다. 이와 관련해 신생아들의 분홍색 피부는 특별히 연약하고 예민하며 상처 입기 쉽다. 갓 태어났을 때 피부는 매우 얇고 색소가 거의 없는 까닭에, 발가벗은 어린아이가 추위에 노출되면 마치 건강을 해치는 자외선에 노출된 것처럼 보호막이 없는 상태가 된다. 어른들은 이처럼 생물학적인 색채신호에 매우 감정적으로 반응하며, 따라서 본능적으로 훨씬 조심스럽고,

주의 깊게 그리고 매우 배려하는 행동을 한다. 이와 같은 본능적인 태도는 우리와 가장 가까운 동물들에게서도 나타난다. 분홍색은 우리에게 발가벗은, 상처 입기 쉬운, 보호해줄 필요가 있다는 특징을 상징적으로 전해주는, 매우 효과적인 색이다. 이런 메시지가 우리의 행동에 영향을 주고, 일상에서 중요한 효과를 가져온다. 만일 사람들이 분홍색 옷을 입고 있으면, 여느 때에 비해서 훨씬 예민하고 연약하며 상처를 입기 쉬워 보인다. 보디랭귀지, 흉내와 몸짓의 효과를 의식적으로 주의 깊게 관찰해보라! 이런 맥락에서 분홍색 옷을 입은 사람뿐 아니라 그를 대하는 우리의 행동과 말도 모두 훨씬 스마트하고 부드러우며 신중해진다.

남녀 모두 다른 사람들이 자신이나 어떤 일을 우호적으로 받아들이게 하려면, 이와 같이 무장해제시키는 컬러를 이용할 수 있다. 그럼에도 비즈니스 세계에서 분홍은 차분하지 않은 인상을 줄 수도 있으니 신중하게 사용해야 한다! 가령 넥타이, 양말, 지갑 같은 소품을 분홍색으로 강조하면 의상이 훨씬 격식 있어 보이며 돋보일 수 있다. 또 분홍색 셔츠, 블라우스 또는 스커트를 입으면 훨씬 스마트해 보일 수 있다. 하지만 복장 전체를 분홍색으로 통일하면 무장해제한 느낌을 줄 수는 있지만 자칫 선정적인 모습으로 이해될 수도 있다. 이런 차림새는 발가벗은 모습을 연상시킬 수 있기 때문이다!

분홍색 배경 앞에서 사람의 성격은 놀라울 정도로 변화된다.

1979년 시애틀에 있는 해군 교성시설의 감방은 수감자들의 행동에 긍정적인 영향을 주기 위해서 이른바 '베이커-밀러-핑크'[당시 이 시설에 근무하던 두 명의 교도관 이름을 따서 지었다고 한다]라는 전설적인 핑크색으로 칠했다. 최초 실시한 조사에서는, 이와 같은 현란한 핑크색이 근육의 힘과 심장 박동, 맥박과 호흡수를 낮춰준다는 결과가 나왔다. 이 감방에 들어간 뒤 몇 분 후에는 정말 진정시키는 효과가 나타났으나, 유감스럽게도 지속되지는 않았다.[7] 독일과 스위스에서도 한동안 감방을 '쿨다운Cool-down-핑크'색으로 칠했지만 눈에 띄는 효과가 나타나지 않았다. 이 실험이 실패하게 된 단순한 원인이 있다. 핑크색을 칠한 감방은 잠시 동안 수감자들을 어리둥절하게 만들지만, 곧 시들해지고 끝내 부담스럽게 만들었을 것이다. 늘 유쾌한 음악이 흘러나오는 방에 오래 있고 싶지는 않은 것과 같은 이치다.

보호받고, 안전하고 편안한 느낌을 가질 수 있는 공간에 적합한 색을 찾는다면, 핑크색은 피하는 게 옳다. 꽃빛깔로 장식한 넓은 공간은 장기간 견딜 수 없게 만든다. 오히려 시든 꽃에서 볼 수 있는 다양한 색에서 고르는 게 더 낫다. '보랏빛이 도는 장미색'이나 '파스텔핑크'와 같이 회색이 감도는 색이나, 아니면 '새먼핑크'나 '샴페인핑크'처럼 노란색을 띈 색을 선택하거나, '로즈쿼츠'나 '펄핑크'와 같이 투명한 색을 선택하라. 순수한 분홍색이 그처럼 퇴색한 색으로 인해 더럽혀지는 것은 아닐까 두려워할 필요는 없다. 놀라울 정도로 부드러운 컬러가 공간에 펼쳐지면 상황은 완전히 바뀔 테니까. 화가들도 피부색을 조합할 때 그와 비슷한 경험을 한다. 팔레트 위에서는 흉하고 거부감을 일으키지만, 정작 캔버스 위에 칠하면 아름답고 믿음직한 색이 된다. 분홍색 옷을 입거나 분홍색 가구를 장만하려 할 때, 이러한 효과를 고려하는 게 좋다.

핑크: 눈길을 끄는 분홍색
여성적인, 감정이입 능력이 있는, 동성애적인

로코코 시대에 핑크는 최초로 문화적으로 대단한 성공을 거두었다. 빨간색과 같은 순수한 색은 식민지에서 수입함으로써 가격이 낮아졌기 때문에, 상류 사회는 뭔가 새로운 것을 고안해내야만 했다. 그 누구도 프랑스 왕 루이 15세Louis XV의 정부 마담 퐁파두르Marquise de Pompadour보다 이 시대의 유행과 라이프스타일을 주도한 인물은 없었다. 그녀는 머리를 층층이 쌓아 올린 '퐁파두르 헤어스타일'을 창안해냈을 뿐 아니라, 당시 남녀를 불문하고 유행했던 '퐁파두르 핑크'라는 색도 만들어냈다. 핑크가 지닌 에로틱한 힘은 이 시대에 환상으로 넘쳤던 색의 묘사에서도 많이 나타나는데, 가령 "수녀의 배", "나와 사랑을 해", "죄"[8] 같은 색상 명칭이 그 예다.

1950년대의 섹스심벌이었던 메릴린 먼로Marilyn Monroe 역시 부정을 범한 사람처럼 보이기는 한다. 그녀는 흔히 벽에 걸려 있는 사진 속의 거의 벗다시피 한 금발 여자보다는 차라리 영화 〈신사는 금발을 좋아해〉에서처럼 "눈이 부실 정도로 총천연색" 분위기 속에서 금발 여인으로 보이는 것을 더 선호했다.[9] 먼로가 〈다이아몬드는 여자들의 가장 좋은 친구〉라는 이 유명한 노래를 불렀을 때, 핑크 옷을 입고 무대에 선 그녀를 검은색 턱시도를 입은 남자들이 마치 액자의 테두리처럼 둘러싸고 있었다. 이런 장면은 대단한 소문을 불러일으킬 만했는데, 바로 얼마 전에 그녀의 누드 사진이 실린 달력이 발견되었기 때문이다. 하지만 먼로와는 정반대 이미지를 지녔던 여성이자 완벽하게 '고결한 여성'인 도리스 데이Doris Day도 영화에서 자주 핑크색 의상을 입고 등장했다. 물론 핫핑크가 아니라 파스텔톤이었다. 파스텔핑크 중에서도 페미닌로즈feminine rose컬러가 여성성을 대표하는 새로운 색으로 부상했다. 왜냐하면 두 여성은 공통점이 있었는데, 여성적일 뿐 아니라, 자의식이 강하고 성공했으며 유명하다는 점이었다.

1960년대에는 '싱크핑크Think pink'라는 말이 있었다. 《보그*Vogue*》 잡지의 영향력 있는 편집장 다이애나 브릴랜드Diana Vreeland는 이런 표현과 함께 여성 세계 전반을 물들이고자 했다. 핑크는 20세기 여성을 상징하는 색이 되어야만 했다. 사회로부터 주목받기를, 자신들의 말에 사회가 귀를 기울여주기를 원하는 바로 그런 여성들 말이다.[10] 그녀로부터 '핑크는 인도의 네이비블루'라는 문장이 나왔으며[핑크색이 사회문화에 따라 전혀 다른 의미로 받아들여진다는 뜻이다. 당시 인도에서 핑크는 네이비블루처럼 보수적인 색으로 여겨졌다], 이 문장은 훗날 '핑크는 새로운 블랙'이라는 문장이 되었다. 수많은 여성, 그 가운데 팝 아이콘인 마돈나, 셰어, 카일리 미노그와 테일러 스위프트, 그리고 세계적 배우 우마 서먼, 니콜 키드먼과 케이트 블랜칫이 이와 같은 요구에 호응했다. 그런데 어떻게 해서 정작 페미니즘이 분홍색을 격렬하게 거부하게 되었으며, 현대의 '분홍색을 증오하는 여성들'이 애초부터 실패할 수밖에 없는 것일까?

"전통적인 성역할은 사회를 병들게 한다"고 교육조직이자 저항조직인 핑크스팅스pinkstinks는 전 세계의 페미니즘 정신을 담아 주장했다.[11] 그럴 수도 있지만, 분홍색에 대한 고정관념이 전통적 성역할에 의한 것이라 규정지을 수 있을까? 세계에서 가장 성공을 거둔 경제신문 중 하나라 할 수 있는《파이낸셜 타임스*Financial Times*》는 오늘날까지 분홍색 종이에 신문을 인쇄하고 있는데, 이 전통 있는 기업의 창립은 1893년으로 거슬러 올라간다. 이 당시에는 분홍색에 대한 그와 같은 편견이 존재하지 않았던 것이다. F. 스콧 피츠제럴드F. Scott Fitzgerald는 소설《위대한 개츠비》의 주인공 톰의 입을 통해서 이런 말을 했다. "옥스퍼드 출신이라고! 빌어먹을, 퍽이나 그렇겠군. 암, 분홍색 양복을 입고 입는 꼴하고는!" 상류층에 속하는 남녀들은 1920년대까지 분홍색 옷을 입었다. 이 색에 대한 편견은 2차대전이 일

어난 뒤에야 비로소 자리를 잡았다.[12]

어린이 세계에서 남녀에 따라 분홍색과 하늘색으로 코드화하는 작업은 수십 년간 이뤄져왔다.[13] 여자 아이들은 온통 핑크로 된 세계에 몰입하고 있다! 이는 오래전부터, 전통적인 여자 아이들의 장난감뿐 아니라 옷과 생활하는 방에도 해당한다. 배낭, 음료수병, 자전거 같은 물건조차 그사이 성별에 따라 코드화되었는데, 덕분에 산업계는 엄청난 매출을 올리고 있다. 하지만 우리는 색의 본성을 거스를 수는 없다! 분홍색을 완전히 금지한다면 이는 대부분의 여자 아이에게 형벌로 여겨질 것이다! 그런 방식으로 완전히 금지할 필요는 없다. 왜냐하면 분홍색은 늦어도 사춘기가 되면 적절한 수준까지만 선호하게 되기 때문이다. 많은 소녀가 자신의 여성성을 공공연하게 드러내는가 하면, 여성성을 검은색과 회색 뒤에 감추고 다니는 것을 좋아하는 소녀들도 많다. 게다가 분홍색을 금지하는 조치는 사회적인 평등에 비생산적일 수도 있다. 여성들은 오늘날 그 어떤 때보다 자신의 성별을 부인하지 않고도 스스로 결정하는 삶을 살 수 있다.

만일 성인이 공공연하게 분홍색 옷을 입고 다닌다면, 이것은 남자든 여자든 개방성과 자의식의 표시다. 힐러리 클린턴Hillary Clinton이나 앙겔라 메르켈Angela Merkel 같은 막강한 여성 정치가들은 오늘날 분홍색 옷을 입고 공개석상에 나타나는 것을 좋아한다. 그들은 더 이상 '남편' 옆에 설 필요가 없으며, 책임감과 의지, 추진력 같은 인간적 덕목이 요구되는 경우에 여성으로 존재할 수 있다. 분홍색 옷을 입은 남자들도 동성애자라는 의심을 받을까 봐 그런 옷을 멀리할 필요가 없어졌다. 그리하여 많은 페미니스트에게도 이미 생각의 전환이 일어났다. 2017년 미국 여성 수십만 명이 도널드 트럼프Donald Trump가 대통령으로 취임하는 것을 반대하기 위해 '워싱턴으로 향하는 여성 행진'을 시도했을 때, 이들 모두는 머리에 분홍색 실로 짠 털모자를 쓰고 있었다. 분홍색 '고양이 모자'는 개방적이고 평화적이며 관용적인 세계관을 대표하며 그 어떤 증오심도 반대한다는 표시로 사용되었다. 2017년에 '밀레니엄핑크'는 올해의 유행 컬러로 뽑혔다.[14]

그와는 달리 분홍색이 적대감, 차별이나 심지어 살인충동을 부르는 경우에는 틀에 박힌 성별에 대한 이미지와 싸워 극복할 필요가 있다. 많은 남자가 분홍색을 강력하게 거부하는데, 이 색은 여성성이나 동성애를 의미할 수 있기 때문이다. 나치스 시대에 동성애 때문에 강제수용소에 수감된 사람들은 차별당하고 살해되었으며 '분홍색 역삼각형' 표식을 가슴에 달고 다녀야만 했다. 게이와 레즈비언을 확인하는 일은 매우 간단했는데, 19세기 말부터 '분홍색 목록'이 있었기 때문이다. 관공서에서 이 같은 목록에 동성애자들을 기록했던 것이다. 이와 같은 일은 금지했음에도 중단되지 않고 있다.[15] 1970년대에 분홍색은 게이와 레즈비언의 상징으로 발전하게 된다. 이러한 운동의 개척자로 작가이자 영화감독인 홀거 미쉬비츠키Holger Mischwitzky를 들 수 있다. 그는 예명인 '로자 폰 프라운하임Rosa von Praunheim'으로 더 잘 알려졌다. 전 세계의 게이, 레즈비언, 양성애자, 성전환자가 자신들의 권리를 위해 시위를 하는 크리스토퍼 스트리트 데이Christopher Street Day에는 거리와 광장마다 분홍색이 넘쳐난다. 이와 반대로 여성과 동성애자의 권리가 잘 보호받지 못하는 상태일 때는 공공장소에서 분홍색을 찾아볼 수 없다. 따라서 분홍색은 개방성, 평등, 관용 같은 사회적 덕목을 알아볼 수 있는 훌륭한 척도가 되기도 한다.

님프핑크: 요정의 분홍색
관능적인, 낭만적인, 순진한

분홍색은 '작은 빨간색'이다. 분홍과 빨강을 혼합하면 연한 빨강이 나오지만, 이 색들 사이의 친밀한 관계는 혼합했을 때만 나타나는 게 아니다. 그보다 더 중요한 것은 생물학적이고 상징적인 유사성으로, 두 색은 이성에게 구애할 때 중요한 역할을 하는 컬러이며 성적인 매력을 보여주는 가장 중요한 표시이기 때문이다. 2차 성징을 나타내는 우리의 입술은 태어날 때부터 분홍색을 띠고 있다. 이는 1차 성징인 여성의 질과 남성 성기의 귀두 부분에도 해당된다. 물론 우리는 이런 성징들을 우리와 가장 가까운 동물들과는 달리 옷으로 감추고 다니지만 말이다. 포르노에서는 이와 같은 신체 부위를 가리켜서 '핑크 부위'라고 부르고 여성의 질을 묘사하거나 보여주는 것을 일컬어 '핑크 보여주기'[16]라 한다.

성생활이 오랫동안 사회에서 금기시되었고 많은 문화권에서 여전히 그러한 까닭에, 우리는 충만한 사랑에 대해 암시적 표현을 주로 사용했다. 그리스어인 '님프Nymphe'는 장미의 분홍색 꽃봉오리뿐 아니라 신부를 가리켰다. 또한 사랑의 여신 아프로디테를 모시는 여사제들은 머리에 장미꽃을 달고 다녔다. 기독교에서 장미는 낙원의 정원에 피었으며, 장미의 분홍색은 동정녀 마리아를 상징했다. 문화사를 보면 장미는 사랑을 상징할 뿐 아니라, 여성 몸에 대한 성적 은유이기도 했다. 요한 고트프리트 폰 헤르더Johann Gottfried von Herder와 요한 볼프강 폰 괴테 같은 고전작가들은 어린 장미가 폭력적으로 꺾이는 묘사를 주로 했다. 이때 장미꽃은 가시로 소년들의 급습을 방어했지만 막아내지는 못했다.[17] 헤르더의 〈꽃Die Blute〉이나 괴테의 〈들장미Heidenroslein〉 같은 시는 강제로 꺾인 아름다운 장미꽃이 빨리 시들어버리는 모습을 한탄하고 있다. 그러나 오늘날에는 더 이상 통하지 않는 비유다. 많은 여성들이 자신의 운명을 직접 손에 쥐고서, 장미가 전혀 다른 효과를 낼 수 있다는 사실을 보여주기 때문이다.

한 발리우드Bollywood 영화는 인도 출신 여성 변호사인 샘팟

팔 데비Sampat Pal Devi의 삶을 보여주는데, 그녀는 함께 싸우는 많은 여성과 함께 분홍색 사리Sari를 입고서 성적인 폭력에 맞서 투쟁한다. 말로 해서 통하지 않으면, 위협하거나 신체적 징벌 조치도 취한다. 분홍은 인도어로 '굴라비gulabi'라고 하며, 색을 지칭하는 이 단어는 '달콤한 여성성'이라는 의미와도 통한다.

소녀와 소년이 어린 시절을 벗어나자마자, 분홍색이 지니는 상징은 근본적으로 변해버린다. 어린 시절에 보호를 원한다는 의미였던 이 색은 성적인 매력의 표식으로 변해버리는 것이다. 목, 볼과 입술처럼 매우 예민한 신체 부위가 자주 발갛게 홍조를 띠는 것은, 신체가 성적으로 성숙해 있다는 신호를 나타내는 결과다. 홍조는 부끄러워하는 감정을 보여줄 뿐 아니라, 특히 상대를 유혹할 때 많은 도움이 된다. 이때 분홍색은 작은 빨간색이며, 이는 성적인 매력을 공공연하게 신호하는 게 아니라 다만 암시하는 것이다. 성이 깨어남으로써 도발적이고 자극적이며 위험한 놀이, 그러니까 열망하고 질투하는 놀이가 발전할 수 있다. 이와 같은 극적인 긴장감은 블라디미르 나보코프Vladimir Nabokov의 소설 속 주인공인 롤리타에게서 잘 나타난다. 나보코프는 이 소설에서 어린이에게 성욕을 느끼는 성도착증의 파괴적인 위력을 잘 보여주었다. 이 소설에서도 분홍색은 엄청난 재난으로 끝나는 금지된 사랑을 상징한다. 이 색은 아이처럼 순진한 여자의 사회적 지위가 어떠한지를 보여주며 애매한 성적 행동의 비유가 된다. 롤리타의 핑크색은 어린아이 같기도 하고 어른 같기도 하며, 놀이를 하는 것 같기도 하고 유혹하는 것 같기도 하며, 죄 없는 순수함을 보여주는 것 같으면서도 도발적이고, 순진하면서도 관능적으로 보인다. 분홍색은 혼란을 불러일으키고, 그래서 더욱 매력적인 것이다!

그리하여 가부장적 사회에서 소녀들은 성적으로 성숙한 뒤에 베일을 쓰고 약혼을 하고 또 결혼을 하게 된다. 분홍색 옷이라든가 립스틱의 사용처럼 성적인 코드는 금기사항인 경우가 많다. 이는 소녀들에게만 해당하는 것이 아니라, 분홍색이 동성애를 의미하는 소년들에게도 마찬가지다. 소녀와 소년이 자신들의 성적 호기심을 자유롭게 발견할 수 있는 곳에서는, 이 낭만적인 사랑을 상징하는 색은 매우 중요한 의미를 지닌다. 모든 분홍색 잡동사니들이 처음에는 감상적이며 진부하고 저속해 보일지라도, 그럼에도 저마다의 목적을 달성한다. 많은 소녀가 오늘날 자신을 위한 핑크의 효과를 발견하고 자신의 감정을 공공연하게 펼쳐낼 수 있다. 오히려 우리는 여전히 전통적인 윤리의식에 의해 자신이 가진 여성적인 측면을 표현하는 데 방해를 받고 있는 소년들을 걱정해야 한다. 이때 핑크는 남성성이나 동성애에 대한 두려움을 촉발할 수 있다. 잡지와 인터넷포털에서 소녀들이 결코 하지 않을 질문들을 발견할 수 있다. "안녕, 나는 분홍색을 너무 좋아하고 이런 색 옷을 몇 개 가지고 있어. 이런 옷을 입고 학교에 가고 싶지만, 그러면 따돌림을 당할까 봐 겁이 나. 만일 너희가 열여덟 살 남자애가 이런 옷을 입고 있는 모습을 본다면, 어떻게 생각할 것 같아?"[18] 만일 우리가 분홍색 사용을 금지하거나 낙인찍게 되면, 자신의 섹슈얼리티를 발견하는 소녀뿐 아니라 소년의 성장도 방해하게 된다.

오렌지색

이국풍의, 정신적인, 반항적인, 경고하는

오렌지색의 기억 지도

상징의 의미와 작용 범위

오렌지의 오렌지: 과일의 오렌지색
이국풍의, 생기를 주는, 건강에 좋은

감탄할 정도로 향기로운 오렌지색 과일의 비밀은 알렉산드로스 대왕Alexander III이 전장에 나갈 때 동행한 학자들을 통해서 최초로 유럽에 퍼져나갔다. 그리스 철학자 아리스토텔레스의 제자였던 테오프라스투스Theophrastos는 독자들에게 멀리 페르시아에서 본 '기적의 나무'에 매달려 있던 황금색 사과 이야기를 해주었다. 색상 명칭이 된 이 과일은 원래 중국에서 4,000년 이전부터 매력적인 향과 생기를 주는 즙 때문에 재배되었다. 먼 곳까지 여행을 떠난 이 과일은 먼저 페르시아에 도착했는데, 이곳에서는 '나랑nārang'으로 불렸다. 그러고는 더 먼 곳까지 알려져 아랍어로 '나란지naranji'라 불렸으며 인도어에서는 '나랑nārang(a)'이라고 했고, 훗날 무어인들은 '마란자maranja'라고 불렀다.

유럽에서는 중세부터 지중해 지역, 특히 안달루시아와 시칠리아에서 오렌지를 재배했다. 이곳은 오랫동안 아랍 문화의 영향권에 속했다. 색을 지칭하는 단어로서 '오렌지Orange'는 17세기에야 비로소 유럽과 신대륙의 언어에 퍼져나갔는데, 네덜란드 상인들이 중국에서 대량으로 이 과일을 수입했을 때였다. 쌉쌀하면서 향이 강하고 달콤하며 즙이 풍부한 이 새로운 품종이 도입되자마자 대중적인 소비가 시작되었다. 이국풍의 이 과일이 지닌 성분, 그러니까 비타민과 과당과 같은 성분은 웰빙과 건강에 매우 긍정적인 효과가 있다. 간략하게 말하면, 과일의 오렌지색은 오늘날에도 이국풍을 띠고, 생기를 주며, 건강에 좋아 보이는 효과가 있다. 게다가 과일 오렌지가 지닌 그와 같은 특징을 연상시키는 힘은 우리의 입맛을 자극하기도 한다. 음료나 음식에 살짝 올려놓는 오렌지 한 조각은 멋진 장식이 될 뿐 아니라, 식욕을 불러일으킨다. 때로는 설탕이 과다 포함된 오렌지색 주스와 과일주스에 중독될 위험도 있다.

과일의 오렌지색은 우리 외모에 생기를 더해줄 뿐 아니라 생활공간에도 활기를 준다. 강렬하게 빛나는 이 색은 조금만 사용해도 매우 강한 효과가 있으므로, 적게 사용하거나, 흐리거나 연한 오렌지색을 사용하면 좋다. 사프란, 강황, 카레, 칠리나 파프리카 같은 향신료의 색들은 오렌지색보다 훨씬 은은해 보이지만 그럼에도 자극적이고 이국적인 느낌을 준다. 이민과 세계화 덕분에 이국풍의 색이 주는 의미는 과거에 비해 어느 정도 상대적이게 되었다. 오늘날 오렌지색은 젊은이들의 문화나 여가 분야에서 흔히 볼 수 있는 친숙한 색이다. 반면 비즈니스 영역에서 오렌지색은 여전히 뭔가 이국적 느낌을 주기 쉽다. 특히 보수적인 전통이 우세한 환경에서 오렌지색은 즉각 눈에 띄고, 낯설고, 선동적으로 보인다. 그럼에도 옷이든 집이나 작업공간이든 오렌지색을 선택하면, 이로써 주변인들에게 자신이 의욕이 왕성하며 열정적이고 열려 있는 사람이라는 신호를 보내는 것과 같다. 오늘날 오렌지색은 일상에서 자주 접하는 색임에도, 그래도 이 색을 보는 것만으로도 항상 먼 나라와 잘 모르는 문화에 대한 동경이 생기곤 한다. 여행 광고를 담은 소책자를 한 번 살펴보기를! 오렌지색은 먼 곳에 대한 동경과 원거리 여행과 떠나고 싶은 욕망을 불러일으키는 상징적인 색이다. 다행스럽게도 우리는 아직 오렌지색을 현재의 대규모 농장과 연결하지 않고, 무겁지 않은 삶의 느낌, 즐거운 사람들, 자극적인 온기와 낙원과 같은 자연과 연결한다.

19세기 전반, 최초로 크롬오렌지와 코발트오렌지 같은 오렌지색 합성염료를 생산하면서 이국풍의 오렌지색이 유럽 문화에 자리를 잡았다. 영국 출신의 영향력 있는 예술가들 모임인 라파엘전파Pre-Raphaelite Brotherhood가 당시 학문적인 전통에 반기를 들며 미적 혁명의 시작을 알렸다. 이 모임의 회원들은 과거를 다르게 해석함으로써 새로운 것을 창조했다.[1] 화가 단테이 게이브리얼 로세티Dante Gabriel Rossetti의 초상화에서 볼 수 있는 여성의 매력적인 오렌지색 머리카락은 앨버트 조지프 무어Albert Joseph Moore의 그림에서 볼 수 있는 특이하게 빛나는 고대의 의상들과 마찬가지로 아방가르드 운동의 상징이 되었다. 그들은 국제적인 유행을 만들어냈고 오늘날에도 여전히 현대적이다. 하지만 오렌지색은 클로드 모네의 〈인상, 해돋이〉라는 분위기 있는 그림을 통해서 비로소 예술 양식 전반에 유행색이 되었다. 오귀스트 르누아르Auguste Renoir 같은 인상주의 화가들은 이렇듯 새로운 효과가 사라지지 않도록 튜브에서 크롬오렌지색을 잔뜩 짜서 화폭에 두껍게 칠했다. 빈센트 반 고흐는 자신의 그림에 빛을 충분히 주기 위해서 오렌지색을 사용했다. 그는 다음과 같은 자신의 인식을 털어놓음으로써 세상을 놀라게 했다. "노란색과 오렌지색 없이는 파란색은 없다."[2]

앙리 드 툴루즈 로트레크Henri de Toulouse-Lautrec 역시 이와 같은 아방가르드 운동에 속한 화가다. 그는 오렌지색을 그림에 사용했을 뿐 아니라, 새로운 '인상주의 바람'을 널리 퍼뜨리기 위해 포스터를 만들 때 글자와 그래픽에도 사용했다. 반대로 폴 고갱Paul Gauguin은 오렌지색의 이국풍 느낌을 남태평양 그림들을 통해서 직접 우리 눈앞에 보여주었다. 이런 그림들로 고갱은 새로운 양식인 표현주의의 길을 나아갔던 것이다.

사프란오렌지: 사프란의 오렌지색

정신적인, 초월적인, 명상적인

우리가 자연에서 오렌지색을 가장 자주 만나는 경우는 바로 낮과 밤이 전환되는 시간대의 광색에서다. 태양이 마치 막강한 불덩이처럼 지평선과 가까운 곳에 있으면, 전체 대기는 빛나는 노랑-오렌지와 불타는 빨강-오렌지 영역 사이에서 변화하며 숨조차 쉬지 못하게 압도한다. 일출과 일몰이라는 자연의 장관은 시적이고, 몰입하게 하고, 최면에 걸리게 한다. 우리는 불타는 하늘을 매료된 채 지켜보고, 주변에 무슨 일이 일어나는지 전혀 감지하지 못한다. 빛과 어둠이 교체되는 순간의 아름다움은 우리에게 감동을 주며 환상을 자극한다. 불같은 오렌지색은 빛과 어둠, 깨어남과 수면, 생성과 소멸이라는 영원한 순환을 가리킨다.

많은 신화와 종교에서는 변화를 상징하는 이 오렌지색에 영혼을 정화하는 효과가 있다고 보았다. 불교와 힌두교에 상당한 영향을 주었던 고대 베다 종교에서 불은 바로 신과 인간의 중개자였다. 인간은 신들의 환심을 사기 위해 정화하는 불에 희생양을 바치곤 했다. 죽은 사람들은 화장이라는 의식을 통해 신들의 세계로 들어갈 수 있었다. 기원전 5세기에 중국에서 발전했던 유교에서 주황색은 변형을 상징하는 색이었다. 주황색은 노란색과 빨간색 사이를 중개하는 요소였으며, 그리하여 상반되는 성질들, 예를 들어 황제와 백성, 빛과 불덩이, 정신과 감각을 하나로 통합할 수 있었다.

중국과 인도에서 색을 일컫는 명칭은 감귤류의 과일이 아니라 주황-노랑 사프란에서 나왔다. 중개하고 정화하는 불의 힘을 상징하는 사프란은 아시아에서 중요한 약초이자 향신료일 뿐 아니라, 3,500년 이전부터 직물을 염색하는 데 사용한 문화적으로 중요한 염료다. 알렉산드로스 대왕이 페르시아에서 이 염료를 유럽으로 가져왔다고 하는데, 풍부한 향기 때문에 입욕제로 많이 쓰였고, 상처 치유제로서도 각광을 받았다.[3] 사프란은 전 세계적으로 불교 승려와 성인의 의복 색으로 잘 알려지게 되었다. 특히 승려복의 디자인과 컬러는 부처 말씀에서 그 기원을 찾을 수 있다. 불교의 창시자인 석가모니는 제자들에게 쓰레기로 버린 천을 모으거나 묘지에서 찾아보라고 했던 것이다. 당시 묘지에는 죽은 자들을 둘둘 마는 데 사용했던 더러운 직물들이 바닥에 뒹굴고 있었다. 전통적인 '사프란색 승복'에 쓰는 천은 의식화된 정화예식을 거쳤다. 천들을 깨끗이 세탁한 후에 쓸 만한 조각들을 오려내 바느질해서 귀중한 사프란으로 염색했다. 이러한 승려복의 변신은 사프란의 오렌지색에서만 알아차릴 수 있는 게 아니었고, 향긋한 향에서도 알 수 있었다. 간디Mohandas Karamchand Gandhi가 고안한 삼색기에도 용기, 헌신, 희생의 상징으로서 사프란오렌지가 쓰인다. 이 삼색기는 1947년 인도 독립과 동시에 인도 국기로 채택되었다.

오늘날에도 불교에서 가장 오래된 종파이자 동남아시아에 널리 퍼진 테라바다 전통의 소승불교 승려들은 사프란색 승복을 입는다. 사프란은 예나 지금이나 크로커스 암술대에서 수작업으로 얻을 수 있는, 세계에서 가장 비싼 염료이기 때문에 승려들은 오히려 인공 염료를 선호한다. 자연의 사프란색과는 전혀 공통점을 찾을 수 없는 눈부신 시그널오렌지가 인기를 얻고 있는 것이다. 그보다는 역시 향신료와 염료로 사용되는 강황 같은 천연 색소가 훨씬 조화로운 효과를 낸다. 강황은 생강의 뿌리에서 얻어내며 사프란을 대체해서 요리할 때 사용된다.

현재 우리는 종교적 의미를 표시하고 명상을 돕기 위해 조화로운 사프란 톤을 즐겨 사용한다. 사프란색의 벽, 가구와 직물은 요가, 아유르베다, 명상처럼 긴장을 해소하는 순간과 완벽하게 어울리는 분위기를 연출한다. 물론 쾌적한 오아시스 분위기를 만들어내기 위해 값비싼 오리지널 염료가 필요하지는 않다. 수천 년 전부터 사프란 대체물로 이용했던 염색용 엉겅퀴나 치자 같은 천연 색소를 선택해도 된다. 잠시나마 긴장을 푸는 데는 조명도 효과적인 역할을 한다. 아침이나 저녁의 태양에서 나오는 따뜻한 오렌지색 빛이 가장 효과적이다. 만일 야외에서 수련이 어렵다면, 집 안 동쪽이나 남쪽에 난 창가에서 하면 된다. 촛불과 화덕에서 나오는 오렌지색 빛을 이용하면 언제라도 명상이 가능한 분위기를 만들어낼 수 있다. 긴장을 풀고 기운을 다시 얻으며 휴식을 취할 수 있는 분위기 말이다.

히피오렌지: 히피의 오렌지색
반항적인, 환각에 빠지게 하는, 창의적인

과거 동아시아의 종교적 전통색이었던 오렌지색이 유럽에서는 1968년의 운동에 참여한 사람들의 정신적 색이 되었다. 많은 국가의 사람들이 평화롭고 자유로우며 정의로운 세상을 요구하며 이 운동에 참여했다. 68운동을 촉발한 계기는 전 세계를 충격으로 몰고 갈 만큼 잔혹했던 베트남 전쟁이었다. 사람들은 거실에 앉아서, 다이옥신이 들어 있는 제초제 '에이전트 오렌지'가 열대림과 과일이 익어가는 들판에 뿌려지는 모습을 지켜보아야 했다. '에이전트 오렌지'라는 이름이 거대한 제초제 통에 적혀 있던 것이다. 평화로운 시위의 정점을 찍은 것은 1967년의 '서머 오브 러브Summer of Love'였는데, 이때 10만 명 이상의 미국인이 보다 나은 세상이라는 비전을 나누기 위해 샌프란시스코로 순례를 감행했다. 이들이 본보기로 삼은 것은 힌두교와 불교에서 영향을 받았던 마하트마 간디의 철학으로, 20년 전 인도를 식민통치하던 영국에 반대하는 평화시위에서 나타난 터였다. 이로써 오렌지색이 히피 운동을 상징하는 색이 되었다.

정신세계를 추구하는 오렌지색은 이미 1950년대의 비트세대Beat-Generation[1950년대 미국에서 기성세대의 주류 가치관을 거부했던 세대]에서 발견할 수 있는데, 개척자였던 앨런 긴스버그Allen Ginsberg는 선禪, 요가와 마약을 찬성했을 뿐 아니라, 스스로 불교로 개종했다. 평화로운 사회를 추구하는 삶의 철학이 히피 운동인 '플라워 파워 운동'의 본보기가 되었고, 오렌지색은 평화로운 혁명의 전조가 되었다. 정신성, 명상과 마약 소비, 참전과 병역의무 거부, 환각을 일으키는 음악과 자유분방한 사랑은 새로운 삶의 양식을 표현해주었다. 의식을 확장해주는 마약 LSD

는 모든 감각에 환각을 불러일으키고 패션과 음악에 영감을 제공했다. 오렌지색은 밀교 같은 삶의 철학인 뉴에이지를 상징하는 색이 되었고, 이런 삶의 철학을 추구하는 자들은 우주적인 의식과 변형하고자 하는 용기를 가져야 한다고 요구했다.

하지만 오렌지색이 전 세대에 유행하게 된 계기는 68운동의 개혁 노력에 독보적인 표현력을 부여한 팝 문화 덕분이다. 일상에서 볼 수 있는 수많은 대상도 새로운 색채언어와 형태언어를 얻게 되었다. 아방가르드적인 디자이너들은 인공 재료인 플라스틱으로 용감한 실험을 했으며, 이로부터 베르너 팬톤Verner Panton의 '팬텀 의자'나 루이지 콜라니Luigi Colani의 기체역학적 'UFO 전등'과 같은 클래식이 나오게 되었다. 이로부터 하나의 트렌드가 개발되었고, 이를 따라서 수많은 대중적인 제품이 나왔다. 오렌지-노랑, 오렌지-갈색 또는 오렌지-흰색처럼 눈에 띄는 오렌지색과 의미심장한 색의 조합은 오늘날 1970년대의 창의성과 생활양식을 상징하게 되었다.

2004년에 오렌지색은 새로이 평화로운 혁명의 신호가 되었다. 수십만 명의 우크라이나 국민이 부정선거에 맞서 정권교체를 위해 시위를 했을 때였다. 오렌지색 깃발, 목도리와 모자로 이루어진 거대한 오렌지색 바다는 새로운 선거를 통해 정부를 교체하자고 압박하며 시위하는 사람들을 결속시켰다. 이와 달리 이전의 '오렌지혁명'들은 그다지 평화롭지만은 않았다. 16세기 네덜란드에서 가톨릭을 신봉하던 스페인에 대항해 해방

진쟁을 펼쳤던 신교도 '오라녀Oranjer'를 떠올려봐도 알 수 있다. 이 전쟁은 네덜란드 국토를 광범위하게 초토화하고 말았다. 그런가 하면, 그보다 수십 년 전 아일랜드 가톨릭과 이를 지원했던 영국 세력에 대항했던 북아일랜드 신교도들 역시 '오렌지' 깃발을 들고 싸웠으나 비참하게 패배하고 말았다. 이와 같은 폭력적인 반란은 동양의 삶의 철학과는 공통점이 없다. '오라녀'들이 들었던 깃발은 네덜란드 왕조의 깃발과 관련이 있는데, 원래 이 왕조의 시조였던 빌럼 판 나사우Wilhelm van Nassau가 16세기에 남프랑스의 오랑주공국을 상속받았을 때 오렌지색을 이어받았던 것이다. 동일한 이름을 가진 오랑주라는 도시[프랑스 남동부에 위치한 도시로 역사적으로는 오랑주공국의 수도였다]는 오늘날 세 개의 황금 오렌지가 그려진 문장紋章을 가지고 있다.

혁명은 지속되지 않았다. 대신 오늘날 오렌지색은 새로운 것을 지시하거나 변화 과정에 직면한 것을 보여주려 할 때 곧잘 차용되었다. 특히 마케팅에서 주로 '혁명'이란 단어가 소환되는데, 젊고 경험에 굶주린 소비자들의 욕구를 자극하는 데 효과적으로 쓰인다. 그리하여 오렌지색은 젊고 도전적이고 창의적이며 유행에 민감하고 고리타분하지 않음을 상징하는 색이 되었다. 이런 이유로 오렌지색은 교환가능한, 일시적인, 유행하는 이미지를 만들어낸다. 따라서 값비싼 제품들에서는 오렌지색을 발견하기 쉽지 않다.

파이어오렌지: 불의 오렌지색
경고하는, 눈에 띄는, 위협적인

만일 당신이 사냥터에 나간다면, 어떤 색 복장을 선택하겠는가? 사냥할 동물을 모는 사람은 사냥감과 자신을 혼동하지 않도록 오렌지색 모자와 조끼를 선호한다. 오렌지색 비상조끼를 생각해보면 될 것이다. 자동차 안이나 비행기 좌석 밑 또는 여객선에 비치되어 있는 조끼 말이다. 오렌지색은 자연이 배경일 때 가장 눈에 잘 띄는데, 숲이나 바다 위 그리고 도로에서도 마찬가지다. 이렇게 경고의 의미가 담긴 색을 국제 표기로 간단하게 '안전오렌지Safety Orange'라고 부른다. 특히 이러한 신호색은 반응할 시간이 몇 초밖에 되지 않거나 단순한 결단으로 목숨을 잃을 수도 있는 일촉즉발의 상황에서 효과적이다. 같은 이유로 신호 오렌지색은 예측 불가능한 위험 가능성을 알리는 표지로 전 세계적으로 쓰이고 있다. 재해 예방과 동절기 작업 또는 거리를 청소하고 쓰레기를 수거할 때 볼 수 있다.

이처럼 경고하는 오렌지색의 효과는 불 이미지 덕분이라 할 수 있다. 불은 이미 고대부터 인간이라는 종을 죽음으로 몰고 갈 수 있는 위협이었다. 타오르는 불길과 가연성 물질들로부터 나오는 오렌지 색조는 우리에게 불에 의해서 다치거나 파괴될 가능성을 경고해준다. 불에 대한 우리의 공포심은 타고난 것이 아니며, 개인적이고 집단적인 경험으로부터 나온다. 만일 불붙은 물건을 건드리거나, 활활 타오르는 불꽃에 손을 대거나 큰불 근처에 다가간다면, 우리는 열기만으로도 고통을 감지할 수 있다. 이러한 고통은 기억 속에서 생생하게 '타오르고' 평생 위험에 대해서 각성시켜준다. 사고, 대규모 재난과 전쟁에 대한 언론의 보도는 우리의 공포를 점점 더 강렬해지게 한다. 현대화된 중개기술로 인해 우리는 사람들이 죽음과 파괴의 현장에서 도피하는 장면이나 그들의 재산이 화염에 불타 사라져버리는 장면을 가까이에서 볼 수 있다. 이런 실제 재난 현장뿐 아니라 액션영화나 재난영화에서도 이런 장면을 경험할 수 있으며, 또는 컴퓨터게임을 통해서 체험해볼 수도 있다.

불이 가진 힘은 고대 이집트의 여신 테프누트나 인도의 불의 신 아그니처럼 고대 창조신들의 의인화된 모습에서 찾아볼 수 있다. 많은 곳에서 이런 신들은 오렌지색 옷, 오렌지색 광배, 또는 오렌지색 불꽃 같은 상징으로 알아볼 수 있게 묘사되었다. 거인 프로메테우스는 인간들에게 천상의 불이 가진 힘을 넘겨줌으로써 신들의 노여움을 샀다. 프로메테우스는 그리스의 불의 신이자 대장장이의 신인 헤파이스토스와 마찬가지로 역사적인 서술에서 흔히 오렌지색 옷이나 망토를 두른 모습이다. 그리고 로마인들은 헤파이스토스를 자신들의 신인 불카누스로 만들었다. 신화에 나오는 불사조도 오렌지색으로 자주 묘사되는데, 이 새는 결국 자신의 몸을 불태워야 자신의 재에서 부활할 수 있다. 모든 시대와 많은 문화권에 퍼진 화장은 창조적인 의식으로, 영혼을 정화해 부활시키는 데 이용된다.

기독교는 이와 같은 부활의 믿음을 절대적으로 거부했다. 이런 의식과 구분하기 위해 불의 파괴적인 힘을 강조했는데, 이는 요한계시록에 잘 나타나 있다. 최후의 심판 이후 죄인들이 영원히 불타게 될 지옥불은 오렌지색으로 작열한다. 또한 기독교 종교화에서 검은색 또는 빨간색으로 표현되는 사탄들은, 보는 이에게 지옥을 지배하는 제후로서 위협적인 역할을 맡고 있다는 점을 암시하기 위해 오렌지색으로 묘사되었다.

미국군이 2002년 아프가니스탄을 침략한 뒤에 설치한 쿠바의 관타나모만 해군기지 수용소에 수감된 정치범들도 그와 같은 지옥을 지나가야 했다. 죄수들은 두 그룹으로 분류되었는데, 유순한 그룹은 흰색 옷을 입었고 반항적인 그룹은 오렌지색을 입었다. 관타나모만 수용소의 수감자들은 개인적인 공간은 하나도 남김없이 빼앗겼고 그리하여 이곳은 엑스레이 캠프라고도 불렸다. 벽이 철망으로 된 감방 안에서 오렌지색 죄수복을 입은 수감자들이 수용소 감시인들 앞에 무릎을 꿇은 모습을 담은 사진이 전 세계로 퍼져나갔고 대중은 절규했다. 문제는 이에 그치지 않았는데, 테러집단 알카에다와 IS가 포로들을 오렌지색 옷을 입혀서 처형했기 때문이다. 잔인한 방식으로 참수하는 모습을 촬영해서 보여주었던 것이다. 불행하게도, 이들이 찍은 선동적인 동영상은 인터넷에 신속하게 퍼져나갔고, 전 세계로부터 동조자들을 끌어모으는 역할을 했다. 하나의 색이 발휘하는 효과에서 가장 중요한 것은 무엇보다 우리의 머릿속에서 일어나는 일이다.

보라색

풍성한, 강력한, 신비로운, 관조적인

보라색의 기억 지도

상징의 의미와 작용 범위

모브: 밝은 보라색

풍성한, 삶의 기쁨을 느끼는, 여성해방의

독일어로 보라색을 의미하는 '비올레트Violett'는 영어와 프랑스어의 '바이올렛/비올레violet', 라틴어 '비올라viola'와 마찬가지로 제비꽃과 연관이 있다. 이 컬러 명칭은 제비꽃 향기가 유행이 되면서 유럽의 언어권으로 들어왔다.

제비꽃으로 물든 넓은 들판을 상상해보라. 17세기 바로크 시대에는 옷과 가발에는 물론 실내에도 제비꽃을 향료로 썼다. (1리터의 향유를 추출하려면 5,000킬로그램의 제비꽃이 필요했다.) 오늘날에도 보라색의 제비꽃 문화를 구경할 수 있는데, 바로 향수의 세계적 수도라 할 수 있는 프랑스 남부 그라스 근처의 투레트쉬르루다. 이 지역은 오늘날 '제비꽃의 도시'라는 사랑스러운 이름으로 불린다.

하지만 라벤더꽃이 봄의 풍경을 완전히 뒤덮을 때면, 더 많은 보라색을 프로방스에서 볼 수 있다. 보라색은 향기를 빼놓고 상상하기 힘들다. 제비꽃과 라벤더로부터 추출하는 염료는 직물, 가구, 벽의 염료로서는 전혀 쓸모가 없다. 사람들이 많이 찾는 보라색 톤의 직물을 만들어내려면 고비용의 염색 과정을 거쳐야 하는데, 이때 코치닐에서 나온 빨간색 색소와 대청에서 나온 파란색 색소를 번갈아 투입한다.

보라는 빨강과 파랑의 중간색이다. 밝은 파스텔톤의 보라에는 별도의 색 이름이 지어졌는데, 바로 연보라를 의미하는 라일락색이다. 연보라색은 18세기와 19세기에 파스텔톤의 라일락꽃 색이 유행하게 되자 유럽의 스타가 되었다. 독일어에서 연보라색을 의미하는 단어 '릴라Lila'는 프랑스어 '릴라lilas'에서 나왔으며, 이는 라일락이라는 식물뿐 아니라 이 식물의 색이 가진 특징을 일컫는다. 이 단어는 라일락과 함께 인도(닐라nīla)에서 페르시아(릴라크līlak)를 거쳐서 유럽으로 퍼졌다.

파스텔톤 보라색의 성공담은 19세기와 20세기에 모브mauve색으로 계속되는데, 모브는 석탄의 타르에서 생산한 최초의 아닐린 염료로 '야생 당아욱'의 꽃 이름을 따왔다. 영국 출신 화학자 윌리엄 퍼킨William Perkin은 원래 말라리아 치료를 위해 필요한 키니네를 만들다가 우연히 모브 염료를 발명하게 되었다. 인공적으로 생산된 모브는 염료 제조분야에 혁명을 일으켰을 뿐 아니라, 염료를 산업적으로 생산하는 시대를 열게 되었다. 모브는 빅토리아 시대에 가장 유행한 영향력 있는 색이 되었고 대영제국의 문화적 영향력을 통해서 전 세계에 퍼졌다.

이 시대에 유행을 선도한 주체는 궁정이었다. 영국의 빅토리아Victoria 여왕이나 프랑스의 황녀 외제니 드 몽티조Eugénie de Montijo[나폴레옹 3세와 결혼하여 황후가 됨] 등이 유행하는 양식에 영향을 미쳤다. 이들이 공개석상에서 새로운 색인 모브를 선보였을 때, 유행에 민감한 일반 시민들도 이에 호응했다. 매력적이면서 사람을 편안하게 해주는 이 색은 많은 분야에서 두루

활용되었는데, 일상복은 물론 비즈니스룩, 세례식과 결혼식 예복에서 인기 있는 색이 되었다. 유행은 생겼다가 또 지나가지만, 모브는 꾸준히 사랑받았고, 곧 나이 들어가는 숙녀들과 동의어로 발전하게 되었다. 오스카 와일드Oscar Wilde는 이와 관련해서 매우 대중적인 말을 남겨놓았다. "모브색 옷을 입은 여자를 결코 믿어서는 안 된다… 이런 옷을 입었다는 것은 항상, 그녀에게 과거가 있었다는 의미다."[1]

부드럽고 파스텔톤이지만, 또한 힘이 있고 화려해 보일 수도 있는 보라색 식물의 색이 가진 풍부한 스펙트럼은 활력과 삶에 대한 애착을 생겨나게 한다(1부 5장 〈기분 좋게 해주는 색〉을 참고하라). 우리가 매일 먹는 맛있고 건강에 좋은 보라색 베리와 과일, 채소들을 생각해보라! 만일 당신이 아름답고 영감을 주는 보라색을 찾고 있다면 제비꽃, 라벤더, 아마릴리스, 아네모네, 튤립, 초롱꽃, 제라늄, 백합, 벨라도나, 개정향풀, 엉겅퀴와 난초의 꽃들을 보라. 이런 매혹적인 꽃식물들은 화려한 색뿐 아니라 거부할 수 없는 진한 향기로 유혹한다. 곤충들만 유혹하는 데 그치지 않고, 우리 인간들 역시 끌리게 된다. 우리는 보라색 꽃식물들을 재배하고 과일들을 키움으로써 식물 종들을 퍼뜨릴 뿐 아니라, 전 세계에 이런 식물과 과일의 컬러도 퍼뜨린다.

파스텔톤 보라색은 실내를 꾸미는 데 탁월할 정도로 적합하며, 반대로 순수한 베리류의 색은 전체 가운데 일부분, 가구와 액세서리를 통해 악센트를 주기에 적합하다. 옷을 입을 때도 보라색 영역의 색을 통해서 생동감, 감성과 삶의 기쁨을 표현할 수 있다. 보라색은 매력을 배가한다. 이는 여성뿐 아니라 남성에게도 마찬가지인데, 남자들도 보라색 옷을 입으면 더 부드럽고 개방적이며 스마트해 보이는 효과가 있다. 20세기 초부터 유럽과 미국 등지에서 펼쳐진 성소수자 인권운동에서 보라색이 상징색으로 등장하는 것도 결코 우연이 아니다. 이 과정에서 성소수자들은 구경꾼들로부터 방해받지 않고 자기들끼리 소통하기 위해 폴라리Polari라는 은어를 사용했는데, 이때 스스로를 기꺼이 '모브'라고 지칭했다. 바이마르공국 초기에 대중에 널리 알려진 〈라일락 노래〉는 동성애자들의 최초의 찬가가 되었다. 색정적인 〈라일락의 밤〉이라는 사랑 노래 역시 세계적인 대도시 베를린에 들어선 최초의 게이·레즈비언 클럽을 가득 메우곤 했다. 라일락색은 결혼하지 않고 원하는 상대와의 사랑을 원했던 팜 파탈의 색이 되었다.

이때부터 라일락색은 성적 자유를 의미하게 되었고 훗날 페미니즘을 상징하는 색이 되었다. 1970년대의 멜빵바지에서부터 피임약을 거쳐 여성의 권리를 위해 운동을 펼쳤던 여성협의회 색에 이르기까지 말이다.

퍼플: 권력의 보라색

강력한, 귀중한, 화려한

이 세상에서 제일 비싼 염료는 무엇일까? 바로 보라 계열에 속하는 색인데, 금보다 대략 70배나 더 비싸다. 옷 한 벌을 염색할 만한 양에 지나지 않는 자주색 염료 몇 그램으로 자동차 한 대를 살 수도 있다. 이 사치스러운 염료 1그램을 생산하기 위해 1만 마리의 달팽이가 죽어야만 한다. 푸른빛의 빛나는 보라색 염료는 특히 지중해 지역에 서식하는 보라색을 띤 뿔고둥murex의 분비샘에서 얻는다. 이보다 더 귀하고 더 비싼 것은 빨간색을 띤 자주색 고둥bolinus brandaris으로부터 채취한 염료이다. 자주색 고둥은 지중해 외에도 멕시코의 태평양 연안 몇몇 산호초에서도 서식한다. 피노테파 데 돈 루이스라고 하는 마을에는 오늘날까지 자주색 고둥에서 염료를 추출한 다음 다시 바다로 돌려보내는 멕시코 원주민 믹스텍인 자손들이 살고 있다.[2] 이 해양동물이 염료를 추출하는 과정에서 죽지 않고 살 수 있다는 사실은 얼마 전까지만 해도 유럽에는 전혀 알려지지 않았다. 자주색 옷은 믹스텍인들에게 부와 힘, 지위의 상징이었다. 대개 여성들이 자주색 옷을 입었는데, 옷에 어느 정도의 너비로 자주색 띠를 넣는지가 출신과 가문의 명예를 알려주었다. 염색하는 과정도 기적과 같다. 전통적으로 원주민들은 며칠 동안 오줌에 직물을 담갔다가 끓이고 이어서 말린다. 그러면 처음에는 발효과정을 거쳐 녹색으로 물들었다가 햇빛에 의해 빛나는 자주색이 된다. 화가 지그마어 폴케Sigmar Polke가 이로부터 현대적인 예술작품을 만들었다.

다른 그 어떤 색도 그토록 막강한 역사를 가진 색은 찾아볼 수 없다. 오늘날의 레바논 지역에 살던 페니키아인들은 이미 3,500년 이전부터 옷감 염색을 했는데, 이 중에서도 귀한 것들은 이미 세계적으로 알 만한 지역들에 수출되었다. 그리스인들은 티로스라는 도시에 속했던 이 지역에 '퍼플랜드'라는 이름을 붙여주었다. 이미 페르시아왕국에서도 자주색은 왕의 의복을 장식함으로써 지배력을 과시했다. 오로지 소수의 사람만이 특권으로 공개석상에서 자주색을 입을 수 있었다. 페르시아 전쟁을 통해 고대 그리스에서 자주색은 외국의 지배를 상징하게 되었다. 자주색 옷을 소유하고 있다는 건 스파르타와 아테네 같은 거대 도시국가에서 폭력적인 지배, 전횡, 호화로운 사치와 동일시되었다. 그러나 알렉산드로스 대왕이 페르시아의 위대한 왕들처럼 보라색 튜닉을 입고 자신을 찬양하게 하자, 사치라며 비판하던 소리가 잠잠해졌다.[3] 폼페이에 세워진 '판의 집Casa del Fauno'[로마신화 속 판은 반인반양의 목양신이다]에 있던 알렉산드로스 대왕 모자이크는 오늘날 나폴리 국립박물관에서 볼 수 있다. 이 모자이크를 보면 그리스, 카르타고, 에트루리아와 로마의 지배자들이 이어받았던 페르시아의 전통을 알 수 있다.

고대 로마에서 외출용 긴 상의인 토가에서 신발에 이르기까지 자주색을 택할 수 있는 사람은 오로지 황제뿐이었다. 황제를 숭배하는 의식은 '아도라티오 푸르푸레아adoratio purpurea(자주색 숭배)'라 불렸다. 고대 후기부터 왕위계승자는 자주색 옷을 입을 수 있게 태어났다고 하여 '자주색 태생porphyrogenese'이라고 불렸다. 로마 원로원 의원들은 토가 위에 자주색 띠를 넣는 것을 좋아했는데, 기사들은 이 띠가 훨씬 좁다란 토가만 착용할 수 있었다.

자주색은 국가 내 권력과 위계를 표시해주었고 권리, 특권, 명예와 연결되었다. 소위 '자주색 금지'를 위반한 사람은 엄격하게 처벌되었고 사형을 당하기도 했다. 가부장적 사회 질서에서 여성들은 어떤 위협도 되지 못했기 때문에 페르시아 시대부터 자주색 금지령에서 제외되었다. 하지만 여성들의 경우도 자주색은 오로지 아름다움을 보여주는 데만 사용된 것이 아니라, 한 사람이 가진 재산과 특권을 알려주는, 이른바 지위를 상징하는 역할도 했다. 이집트의 클레오파트라Cleopatra VII 여왕은 자신의 배에 자주색 돛을 달아서 운항시켰다고 하며, 연인 율리우스 카이사르Gaius Julius Caesar를 맞이할 때면 자주색 방석에 앉혔다고 전해진다. 비잔틴제국에서 자주색 물건의 생산은 국가 독점 사업이었다. 자주색의 비밀은 마치 보물처럼 천 년 이상 숨겨졌다. 제후들, 왕들 그리고 카를Karl Magnus 대제 같은 황제는 값비싼 자주색 외투를 콘스탄티노플에서 가져온 세계적인 권력의 표시로 간직했다.

가톨릭교회가 부상하면서 자주색은 정신적인 권력의 최상층에 있던 성직자들에게로 돌아갔다. 교황은 흰색을 선택했기 때문에, 자주색은 추기경들의 색이 되었다. 자주색은 성경에도 여러 차례 언급되어 있다. 이스라엘 사람들의 성소 휘장에서 시작하여 유대인의 왕으로서 예수가 십자가에 못 박힐 때 입었던 겉옷에 이르기까지 말이다. 정신 권력과 세속 권력이 하나임은 이탈리아 라벤나에 있는 비잔틴 양식의 산비탈레 성당 유리 모자이크에도 나타난다. 모자이크를 보면 예수 그리스도뿐 아니라 황제와 황후인 유스티니아누스Justinianus I와 테오도라Theodora 역시 자주색 외투를 입고 있다. 5세기부터 자주색으로 염색한 양피지는 교황의 협정문 같은 중요한 문건을 수기로 작성할 때 이용되었다. 이를 통해 문서는 대표성을 가질 뿐 아니라 위조를 방지할 수 있었다. 그러나 1453년 오스만제국의 술탄 메흐메트 2세Mehmed II가 콘스탄티노플을 정복한 뒤에 자주색 물건들은 신속하게 사라지게 되었다.

자주색의 원천이 사라지자 권력을 상징하는 표장表章은 진홍색이 되었다. 주교들은 빨간색과 파란색을 혼합해서 만든 '가짜' 자주색을 계속해서 이용해도 되었다. 이처럼 훨씬 싼값에 자주색 염료를 구할 수 있게 되면서 귀족들뿐 아니라 시민들도 이 색에 접근할 수 있게 되었다. 부자가 된 시민계층뿐 아니라, 세속에서 재판을 하는 법관들과 유럽에 새로 건립된 대학 교수들은 보라색 옷을 입고 보라색 모자로 치장을 하거나, 검은색 옷에 보라색 표식을 달았다. 1960년대에 학생 운동이 일어난 뒤 대학에서는 자주색이 사라졌는데, 이는 교수들의 지위가 바뀌었다는 증거였다. 대학과 반대로 독일 법정에서는 권위에 따른 의복 규정이 여전히 철저하다. 판사의 법복에는 하얀 토끼털로 가장자리를 장식한 보라색 벨벳 칼라가 달려 있는데, 직급에 따라 칼라의 폭이 센티미터 단위로 정해져 있다. 법복과 챙 없는 모자에서 보라색이 더 많이 보일수록, 지위가 더 높은 사람이라는 것을 의미한다.

울트라바이올렛: 자외선의 보라색
신비로운, 배후의, 정신적인

곧 지평선에 떨어질 태양빛으로 자주색 베일이 세상을 덮으면, 이런 세상은 짧은 순간이지만 무한하게 소중하고 신비로우며 비밀스럽게 보인다. 자주색 바다, 호수와 강은 빛의 형태를 거울처럼 비춰주고 우리에게 초감각적인 꿈, 채워지지 않을 소망과 정신적인 환상을 제공한다. 보라색은 그야말로 대립하는 요소들로 가득한데, 온기와 냉기, 가까운 곳과 먼 곳, 밝음과 어둠을 동시에 내포하기 때문에 겉으로 보면 해결할 수 없는 모순 같다. 보라색 빛은 에너지가 가장 풍부한 광선이지만 그럼에도 따뜻한 빨간색 영역에 있는 게 아니라, 그와는 동떨어진 서늘한 파란색의 앞에 있다. 이런 이유로 보라색은 흔히 보호하고 수수께끼 같으며 배후에 뭔가 있는 것처럼 보인다.

전 세계 종교에서도 보라색은 어떤 단계에서 다른 단계로 넘어가는 과정을 표시한다. 어두워지기 바로 전의 분위기는 사람들에게 불멸에 대한 갈망을 갖게 한다. 보라색은 신자들이 죽은 뒤에도 삶을 약속받을 수 있다는 희망을 상징한다. 기독교에서 보라색은 믿음과 회개에 관련된 전례에 사용하는 색인데, 죽은 뒤 낙원에서 영생을 누리고자 하는 희망과 연계되어 있다. 그래서 사제들은 사순절과 크리스마스, 그리고 죽은 자들을 추도할 때도 보라색 옷을 입는다. 보라색은 위로의 표시이므로 사람들이 희망을 필요로 하는 장례식이나 애도 기간에 많이 쓰인다. 오늘날 장례전문업체에서도 이 색을 애용하고 있다. 종교적 특성이 강한 지역의 경우, 장례 직후 6개월간의 애도기간 중에는 검은색 상복을 입고 그 이후부터 약식 상복으로 보라색 옷을 입는다. 중부아메리카의 문화가 고도로 발달했던 지역에서처럼 힌두교와 불교에서도 보라색은 죽음과 환생이라는 생명의 영원한 순환을 상징한다. 인도에서 보라색은 윤회의 상징으로 간주된다. 신자들은 사원을 보라색으로 장식할 뿐 아니라, 일상에서 입는 옷이나 집과 자동차, 자전거 같은 운송수단도 보라색으로 꾸민다.

보라색은 정신적인 힘이 있기에 수많은 밀교와 민간치료요법에 사용된다. 인도의 차크라chakra 이론에 따르면, 인간의 몸은 통로를 통해 서로 연결된 정교한 정신적 힘의 중심인 차크라를 지니고 있다. 7가지 주요 차크라는 연꽃의 꽃잎과 같고 흔히 색도 연꽃을 모방했다고 한다. 차크라 이론은 많은 나라에서 요가, 태극권, 아유르베다를 통해 잘 알려져 있는데, 오늘날 몸과 마음의 장애물을 제거하기 위해서 신자들은 물론 무신론자들도 이런 심신단련법을 이용하고 있다. 최상위 차크라는, 크라운 차크라라 불리기도 하는데, 정수리에 위치하며 보다 높은 자아로 들어가는 문으로 간주된다. 이 차크라는 수천 개의 잎이 달린 연꽃으로 표시되고, 상징적인 색은 밝은 보라색으로서 신성한 것, 내면의 평화와 깨달음과 연결되어 있음을 보여준다. 보라색에 정신적 힘이 있다는 믿음은 아시아에서만 볼 수 있는 현상은 아니다. 작곡가 리하르트 바그너Richard Wagner는 음악극 〈파르지팔Parsifal〉을 작곡했을 때, 보라색 잉크와 아내 코지마의 '라일락 살롱'을 이용했다. 이 보라색 응접실은 오늘날 바이로이트시에서 깔끔하게 단장한 빌라 반프리트Wahnfried[바그너가 노년을 보낸 집. 현재는 바그너 박물관으로 활용되고 있다]에서 볼 수 있다. 신비롭게 들리는 바그너의 음악은 '기분을 무아지경으로' 빠트리고자 하는 경향이 있었다. 보라색은 오늘날 정신적인 내용을 전달하는 그림, 책, 웹사이트와 제품을 인지할 수 있는 색으로 애용되고 있다.

보라색은 광색으로서 우리에게 보이지 않는 자외선과 인접해 있다. '보라색의 저편'에는 온전한 삶의 공간이 있는데, 이 공간은 많은 곤충과 새와 물고기에게 비밀스러운 세계를 제공할 뿐 아니라, 다른 방식으로 대화할 수 있게 해준다. 기술의 발달 덕분에 우리는 오늘날 이와 같은 구조를 들여다볼 수 있게 되었다. 이제 우리는 꽃잎, 깃털과 비늘이 우리가 상상할 수 있는 것보다 훨씬 화려한 색을 가지고 있으며 장식적일 수 있다는 사실을 겨우 알아채기 시작했다. 오늘날 자외선은 클럽의 조명이나 지폐의 형광물질이 빛나게 하는 위조방지기술에만 이용되는 것이 아니다. 기술자들은 자외선을 이용해 교각과 비행기에 나 있는 머리카락처럼 가는 균열도 발견한다. 치과의사들과 미용사들은 자외선으로 플라스틱을 단단하게 만든다. 화학자들은 미생물을 보이게 하고, 만일 이 미생물이 실험실이나 병원 또는 우리가 마시는 생수와 수영장에서 발견되면 자외선으로 죽일 수 있다. 우리의 지식을 통해서 경험한 결과 가시광선에 인접한 보라색은 더 많은 비밀을 숨긴 듯 보인다.

라벤더: 차분한 보라색
관조적인, 진정시키는, 우울한

영화를 보면 흔히 피곤하거나 꿈꾸거나 잠든 상태를 파란색을 띤 보라색 필터로 보여주는 경우가 많다. 그런데 우리는 왜 '나이트 샷night shot'이라는 이 기술에 단순하게 속는 것일까? 날이 저물 무렵의 햇빛은 전체 대기를 빨간색으로 보이게 하는데, 이 빨간색은 그늘진 곳은 파란색으로, 중간 영역은 보라색으로 보이게 한다. 그렇듯 빛이 분산됨으로써 연보라색 구름이 나타나게 된다. 만일 빛이 차단된 어두운 공간에서는 편히 쉴 수 없어서 휴식공간이나 침실에 적합한 색을 찾는다면, 어두운 파스텔톤 보라색으로 시험해보라. 잠드는 과정은 건강한 수면에 결정적으로 중요하다. 어둡고 진한 푸른빛 보라는 서늘하지도 않고 따뜻하지도 않다. 마치 주차표시등처럼 우리의 신진대사 과정에 영향을 주고 이제 푹 쉬는 밤 시간이라는 신호를 뇌에 보낸다. 수면호르몬 멜라토닌이 분비되면서 신체는 이완되고, 우리는 노곤하고 나른한 느낌을 갖게 된다.

또한 효과 좋은 '진정제'와 '수면제'를 라일락, 제비꽃과 라벤더의 꽃 색에서 발견할 수 있다. 라벤더는 진정시키는 효과 덕분에 '신경약초'라는 이름도 갖게 되었다. 어두운 보라색은, 오늘날 에센셜 오일과 라벤더 쿠션에 사용하는 방향제들처럼 수면을 촉진한다. 지극히 예민했던 화가 빈센트 반 고흐는 활짝 핀 라벤더 들판의 저녁 기운을 통해서 자러 가야 하는 시간임을 알아차렸다고 한다. 그의 그림 〈아를의 침실〉의 색은 파란색으로 보이는데, 이는 오랫동안 혼란을 불러일으켰다. 왜냐하면 고흐는 직접 쓴 편지들에서 보라색을 여러 차례 칠했다고 언급했기 때문이다. 그런데 최근에 이르러서야 우연히, '시카고 아트 인스티튜트' 직원이 오해의 이유를 발견하게 되었다. 즉 빛에 노출되지 않은 그림 뒤편에는 원래 화가가 칠했던 라벤더 색조가 남은 채로 보관되었던 것이다.

이렇듯 옅고 퇴색하기 쉬운 푸른 보라색에는 비애와 의기소침 같은 복잡한 감정으로 보이는 또 다른 측면이 있다. 보라색 일몰이 시작되고 수면호르몬 멜라토닌이 분비되면서 행복호르몬 세로토닌은 분비되지 않는데, 이는 숨겨둔 두려움을 일깨울 수 있다. 파란색처럼 어두운 청보라색도 염세, 비애, 우울 같은 것을 상징하는 색이다. 기독교 종교화에서 당신은 십자가에 못 박힌 그리스도 바로 옆에서 보라색 제비꽃을 발견할 경우가 많을 것이다. 성모 마리아가 자신의 운명을 겸허하고도 소박하게 받아들인다는 것을 묘사하는 경우, 마리아는 보라색 옷을 입고 있다.

색면 화가로 잘 알려진 마크 로스코는 휴스턴에 있는 예배당에 연작 그림을 그려달라는 주문을 받았을 때 단 하나의 색을 사용했는데, 바로 어둡고 비밀스러운 보라색이었다. 로스코는 다음과 같은 말을 남겼다. "나는 근본적인 인간의 감정을 표현하는 데 관심이 있어요. 비극, 황홀, 몰락 등등. 그리고 많은 사람이 내 그림 앞에서 무너지고 운다는 사실은, 내가 이와 같은 근본적인 인간의 감정과 소통하고 있다는 사실을 보여줍니다."[4]

은색

우아한, 자기애적인, 미래지향적인, 마법의

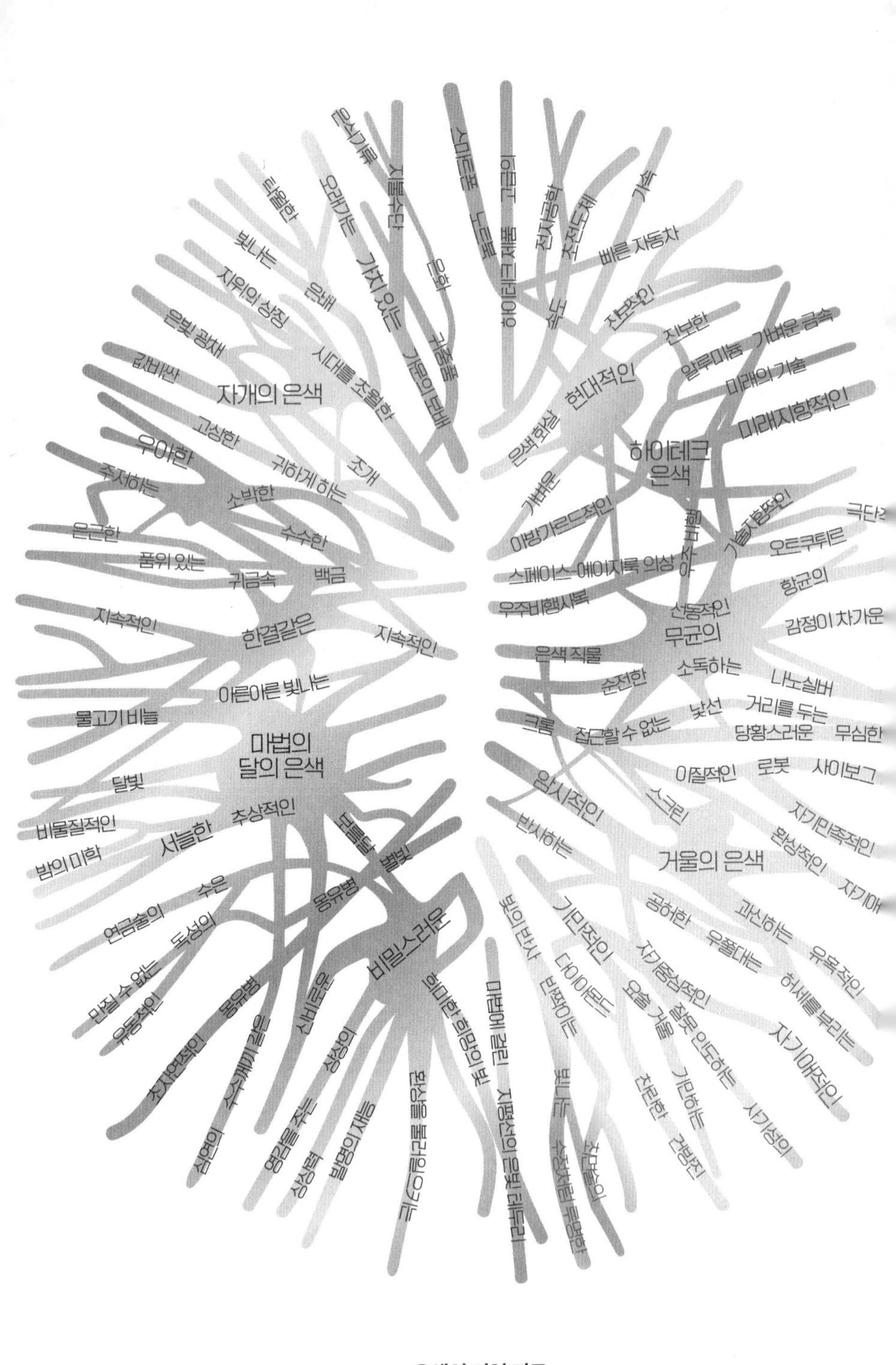

은색의 기억 지도

상징의 의미와 작용 범위

머더 오브 펄: 자개의 은색
우아한, 가치 있는, 한결같은

해변가에서 반짝이는 조개껍질을 신나게 줍고 있는 어린아이들을 가만히 살펴본 적 있는가? 심지어 갓난아기들도 희미한 반사광에 흥분하는 반응을 보인다.[1] 진주와 조개와 달팽이가 띠는 무지갯빛의 은색 광채는 원래 귀중하고 값비싸 보인다. 광택이 나는 진주와 달팽이, 조개껍질들은 신석기시대부터 장식품이나 지불수단 또는 귀중품으로 이용되었다. 인류가 귀금속을 채굴하여 가공하기 훨씬 이전부터 말이다. 거울처럼 반짝이는 조개류 개오지(학명 Cypraeidae)는 문화 역사상 가장 성공적인 지불수단이었는데, 그 어떤 동전보다 이를 화폐로 허용한 나라와 종족들이 많았다. 노예무역이 횡행하던 때 1624년 카메룬 해안에서 한 사람의 가치는 60개 개오지였다.[2] 전 세계 언어에서 색을 가리키는 단어 '은'은 귀금속과 관련 있다. 수천 년에 걸쳐 돈과 동의어였던 점에서 말이다. 귀금속의 사용과 보급에 관해 살펴보지 않고서는 은색이 가진 효과를 이해할 수 없다.

은은 인류 역사상 모든 거대 왕국에서 지불수단으로 도입되었고 점차 교환거래를 대체했다. 메소포타미아와 이집트 같은 고대 고급 문화권에서 동전을 만들 때 은을 일부 넣었다는 사실은 충분히 밝혀졌다. 동전의 위조는 엄격하게 처벌했다. 반면 합금은 인플레이션율을 높이기 위해 종종 의도적으로 도입되었다. 값비싼 귀금속은 이미 오래전부터 이자를 받고 빌려주었다. 이집트와 히타이트 사이의 평화협정과 같이 특별히 중요한 문서는 은판 위에 새겨놓았다. 은광은 곧 전쟁과 정복의 목적이 되었고, 이는 인류 문화사에 지대한 영향을 미쳤다. 페니키아인들이 지중해 전역에서 세력을 확장한 것도 그곳에 있던 은광 덕분이었다.[3] 이렇듯 곧 돈이 되는 천연자원 덕분에 아테네 같은 도시국가들이 부흥할 수 있었으며, 아테네의 부와 권력은 '라우레이온 은광'을 기반으로 형성되었다. 은은 중국의 한나라 또는 로마제국처럼 거대한 권력의 부상과 몰락을 초래했다. 이들 나라는 늘어나는 국가재정을 마련하기 위해 점점 세력권을 확장해야만 했기 때문이다.

또한 스페인이 16세기에 역사에서 가장 거대한 식민지제국을 정복하게 한 원인도 바로 은이었다. '실버랜드silver land'에 대한 전설이 사람들의 상상에 날개를 달아주었고 유럽인들의 탐험 욕구를 일깨웠다. 하지만 무자비한 정복자들은 기대했던 아르헨티나(라틴어로 은을 의미하는 '아르겐툼argentum'을 따서 지은 이름)가 아니라 잉카제국에서 어마한 은광을 발견했다. 은으로 만든 잉카족 예술품들은 침략자들에게는 그저 돈이었고, 고도로 발전했던 잉카족 문화는 순식간에 종말을 맞이하게 되었다. 반면 은광이 있던 현재의 멕시코, 페루와 볼리비아를 통해서 스페인은 세계적인 강국이 되었다. 물론 이 나라들은 아직도 전 세계에서 은을 최고로 많이 생산하는 국가다. 전성기에 스페인은 식민지로부터 얻은 15만 톤 이상의 은을 세계 각지로 수출했는데, 이는 전 세계 생산량의 약 85퍼센트였다.

이처럼 은색이 가진 상징성은 인류의 집단적인 기억에 너무나 강렬하게 새겨져 있어서, 오늘날까지도 은이나 금과 비슷해 보이는 금속으로 동전을 주조하고 있다. 대략 반세기 전부터는 실제 은이나 금으로 동전을 만들지 않기 때문에, 더는 이와 비슷해 보일 필요가 없게 된 지 오래인데도 말이다. 돈이 지닌 가치가 중요한 문제로 등장하면, 신뢰할 만한 귀금속의 색이 영향을 주는 까닭이다. 사실 은을 넣은 니켈합금과 금을 넣은 구리합금의 재료 자체의 가치는 대수롭지 않다. 그러나 흰색 동전, 검은색 동전 또는 알록달록한 동전은 놀이용으로 여겨질 뿐 지불수단으로서 전혀 받아들여지지 않을 수도 있다.

많은 상황에서 장식품으로 사용함으로써 여전히 지위의 상징인 은색으로 다시 돌아가자. 은은 축제일 식탁에 등장하는 은수저나 가족들의 장신구로, 인플레이션에도 가치를 잃지 않고 세대를 거쳐 축적되고 상속되었다. 많은 국가에서 은색으로 된 장신구나 장식품은 오늘날까지 가족의 유복함을 판단하는 기준이며 결혼식 같은 의식이 있는 날이면 신부의 몸에 보란 듯이 드러내곤 한다. 화려하고 정교한 은은 힘, 능력, 성공을 상징한다. 은은 오늘날에도 금보다 20배나 더 많이 시장에 나오기 때문에, 가치를 비교할 때는 대체로 금 다음 두 번째 위치에 있다. 색의 상징적 가치는 색이라는 표식을 통해 사람의 가치나 개인적 성취를 강조하는 순간 지위의 문제가 된다. 가령 메달이나 트로피, 배지 혹은 중요 문서를 다루는 문화 행사나 그림, 조형물 같은 예술작품과 관련해서도 마찬가지다. 이러한 경우에 은은 항상 중요한, 금은 그보다 더 중요한 사람, 대상과 기능에 제공된다.

하지만 다른 비교를 하면 은이 1위에 오른다. 은은 많은 경우 너무 화려하거나 혹은 너무 과하거나 혹은 탐욕스러워 보일 수 있는 금을 대체하는 대안이 될 수 있다. 은은 우아하고 고상하며 겸손한 방식으로 내용물의 가치를 높여준다. 이는 시계, 목걸이와 반지와 같은 은 장신구에만 해당하지 않고, 표면을 은처럼 반짝이게 해주는 가벼운 금속인 티타늄이나 알루미늄으로 완성한 스마트폰, 노트북과 자동차에도 해당한다. 은은 연속성과 지속성을 의미하는데, 은색은 빠르게 변하는 모든 유행과 트렌드와는 배치된다. 몇몇 언어에서 '은'이라는 단어는 제련하는 기술에서 파생되었는데, 은은 귀중품으로서 비싸고 오래갈 뿐 아니라, 다른 모든 색과 이런 색들이 가리키는 내용물의 가치를 눈에 띄게 높여주기 때문이다. 은빛 줄무늬가 지평선에 보이면 심지어 하늘조차 비교할 수 없을 만큼 소중하고 비밀이 가득해 보인다. 그래서 많은 사람이 이와 같은 자연현상을 희망의 빛으로 받아들이는데, 이러한 순간은 자신들의 존재에 비물질적인 가치를 부여해주기 때문이다.

미러실버: 거울의 은색
자기애적인, 기만적인, 암시적인

순수한 은색은 들어오는 빛을 거의 100퍼센트 반사하는데, 다른 색들은 절대 그렇게 할 수 없다. 은색은 거울의 색이자 반사하는 색이다. 반사하는 색은 최면을 거는 것 같은 효과가 있는데, 우리는 그 안에서 독특한 방식으로 스스로를 인지하기 때문이다. 거울과의 만남은 우리의 자아상을 만들어내고, 거울은 마치 우리의 생각, 꿈과 감정을 투사하는 물건처럼 작용한다. 반짝이는 빛의 반사, 찬란한 파도의 무늬와 진주 같은 맥주 거품의 은색 광택은 신비롭고 탐나게 하고 유혹적으로 작용한다. 이 광택 효과는 오늘날 화장품, 직물과 페인트색에 자주 이용되는데, 사람과 제품과 공간의 모습을 보다 가치 있어 보이게 하려는 목적에서다. 은처럼 반짝이며 진주 광택을 내는 염료는 17세기부터 무지갯빛 물고기 비늘에서 추출했고 '물고기 은색'이라고 불렀다. 오늘날 진주 광택은 대부분 알루미늄판으로 제작되며, 이 작은 알루미늄판들은 수없이 많은 반짝이는 거울들처럼 고급스러운 표면에 은빛을 부여한다.

모든 색이 그렇듯 은색 역시 부정적이고 위협적인 측면을 가지고 있다. 많은 신화에서 거울은 우리 마음의 초상이자 공상, 허영심, 자아도취의 상징으로 나온다. 모든 거울은 마음의 감옥이 될 수 있는 것이다. 그리스에서 기쁨과 풍요, 포도주의 신이었던 디오니소스의 영혼도 티탄에 의해 거울에 고정되어버렸다['첫 번째 디오니소스'였던 소년 신 자그레우스를 죽이라는 명을 받은 티탄은 자그레우스에게 거울을 주어 그가 정신이 팔린 사이에 죽인다. 이후 자그레우스의 심장을 먹은 세멜레가 제우스와의 사이에서 낳은 것이 바로 디오니소스다]. 이보다 더 끔찍한 것은 여신 네메시스에 의해 평생 자기를 사랑하는 벌을 받게 된 나르시스였다. 나르시스는 샘물에 비친 자신의 모습을 보고 사랑에 빠진다. 나르시스는 마법에 걸려서 이런 상황을 알아차리지 못했기에, 채워지지 않는 그리움 속에서 쇠약해져갔다. 거울과 마찬가지로 은색도 자기애, 자만, 허영심의 상징인데, 이는 동화 〈백설공주〉에도 나타나 있다. 백설공주는 원하지 않았지만 미모 경쟁에 뛰어들게 된다. 은으로 만든 거울은 과도한 자기애의 상징이 되어 자만, 불손, 거만 같은 부정적인 성격을 나타낸다.

은색 거울 표면 배후에는 알려지지 않은 세계로 가는 길을 보여줄 수 있는 뭔가 다른 것이 웅크리고 있다. 주관주의가 시작되면서 18세기의 거울은 자아와의 만남과 자기 인식의 상징으로 발전했다. 모든 거울은 무의식으로 향하는 문이기도 하다. 이는 특히 고전이라 할 수 있는 루이스 캐럴Lewis Carrol의 《거울나라의 앨리스*Through the looking-Glass, and What Alice Found There*》에서 인상적으로 보여주었다. 주인공은 거울을 통과해서 평행세계로 들어가는데, 이 세계에서 앨리스는 인격이 달라지는 과정을 겪는다. 또한 워쇼스키Wachowski 자매가 쓰고 영화로 만들었던 〈매트릭스〉는 인식론이라는 철학을 구성하는 중요한 사상들을 주제로 담고 있다. 주인공 네오는 매트릭스를 인식했을 때, 거울에 비친 자신의 모습을 만진다. 그러자 이 모습은 액체로 변해 은색 덩어리가 되어서 그를 완전히 에워싸버린다. 이어진 인식 과정은 그의 자아상과 세계상을 돌이킬 수 없을 정도로 바꿔버린다.

다른 형태의 현실이 구부러진 거울 표면에 나타나고, 이 거울에 나타난 신체와 공간은 마술처럼 일그러진 모습이다. 은색은 기만, 착오와 사기를 상징하는 색이 된다. 이로부터 누군가가 죽으면 거울로 가려두는 관습이 생겨났다. 거울은 광기로 인한 상상과 환각을 완벽하게 투사하는 물건이다. 그리하여 오랫동안 거울은 예언자나 점쟁이들이 중요하게 여긴 물건이기도 했다.

영화 〈해리포터〉에서 '소망의 거울'은 주인공의 가슴 가장 깊은 곳에 있는 소망이 온전한 가족의 이미지라고 믿게 했다. 순례용 거울 역시 다르지 않았는데, 신앙심이 깊은 순례자들은 성인과 순교자들의 귀중한 성물이 있는 지역에 가서 숭앙하는 대상을 상징적으로 복사하려고 거울에 담았던 것이다[순례자들이 너무 많이 몰려서 성물을 볼 수 없었기에 머리 위로 거울을 올려 비춘 뒤 그 성스러운 기운을 고향에 담아갈 수 있다고 믿었다고 한다]. 덧붙이자면 순례용 거울을 제작했던 사람 중에 유명한 사람으로 요하네스 구텐베르크Johannes Gutenberg가 있다. 그는 유럽 땅에서 최초로 책을 복사하기 위해 주석, 납, 인디몬으로 이루어진 합금에 은을 넣어 만든 자신의 인쇄기로 글자를 찍어냈다.

하이테크 실버
미래지향적인, 현대적인, 무균의

오늘날 은을 넣어 만든 동전을 더는 볼 수 없지만, 자동차나 스마트폰, 컴퓨터에서 종종 은의 쓰임을 발견할 수 있다. 은은 전기제품의 내부에서 전류를 빠르게 흐르게 하되 그 손실량은 적게 하며, 제품의 표면을 가치 있어 보이게 만든다. 그전까지는 온통 회색이었던 컴퓨터의 세계에 미적인 혁명이 시작된 것은 2007년 애플 매킨토시에서 알루미늄으로 본체를 만들어 선보였을 때였다. 주지하다시피 결과는 대성공이었고, 이때 사용된 실버 컬러는 지속적인 유행이 되었고, 오늘날 비싼 노트북과 스마트폰에서 검은색 다음으로 선호하는 색이 되었다. 은색은 기술적인 현대성의 상징색이 되었으며, 많은 하이테크 제품과 미래 기술의 특징이 되었다.

자동차의 경우 은색을 승승장구시킨 계기는 1934년에 뉘르부르크링에서 열린 국제 아이펠레넨 자동차 경주 대회였다. 메르체데스 벤츠사는 그랑프리를 수상한 경주용 자동차 W25의 무게 문제로 고민을 했으나 흰색 래커를 완전히 갈아 없앰으로써 무게를 줄일 수 있었다. 이때까지만 하더라도 초기 하이테크 제품에 속했던 알루미늄 차체를 공공연하게 보여주는 것은 상상할 수도 없는 일이었다. 은백색의 차체에 화살처럼 쏜살같이 달렸다 하여 '은색 화살', 실버 애로Silver Arrow라 한 이 차는 이 대회 우승을 차지했고, 이후 다른 경기에서도 마찬가지였다. 은색은 기술의 진보를 상징하게 되었고, 이후에도 현대적인 기술을 통해 경쟁자보다 앞서나간 승자를 가리키는 색이 되었다. 오늘날 은색은 전 세계에서 가장 인기 있는 자동차 색에 속한다.[4] 우주비행의 성공에 자극을 받아서, 은색은 1960년대 아방가르드를 상징하는 색이 되었고 의상과 디자인 분야에서 스페이스룩Space-Look의 주를 이루었다. 유행에 불을 붙인 것은 머큐리 IVA였는데, 알루미늄으로만 만들어진 초경량 우주비행사복이었다[나사가 1958년 머큐리 프로젝트를 시작했을 때 발명되었다]. 앙드레 쿠레주André Courrèges, 피에르 카르댕Pierre Cardin과 파코 라반Paco Rabanne 같은 디자이너들은 은색을 오트쿠튀르Haute Couture[파리에서 매년 열리는 고급 맞춤복 박람회]의 유행색으로 만들었다. 차가운 은빛 재료와 대조를 이루면서 인체는 혼란스럽고 극단적이며 미래지향적으로 보이게 된다.

은색 표면은 낯설게 보일 뿐 아니라, 흠 없이 순수해 보인다. 그래서 오늘날에도 특별히 청결, 위생, 순도를 드러내야 하는 전자제품이나 제품 겉면에서 자주 볼 수 있다. 심지어 귀금속인 은은 세균과 바이러스를 죽이며 항박테리아 효과도 낸다. 여기에 은색이 주는 분위기도 한몫한다. 은색 표면은 냉정하고, 거리감이 있고, 쌀쌀맞아 보인다. 이는 은색의 옷이며 물건, 공간에 두루 해당한다. 표면을 가능한 한 거칠게 보이게 한다면, 그런 효과는 다소 줄어들 수 있다. 차가워 보이고 추상적인 느낌을 주는 은색의 거울효과를 줄이는 데는 총천연색이 적합하다. 기술을 선도하는 기업인 애플은 이처럼 총천연색을 곁들여 스마트폰의 알루미늄 하우징 은색에 변화를 주었다.

문실버: 달의 은색
마법의, 비밀스러운, 서늘한

고대 이집트에서 은은 달의 금속이라 불렸다[은과 대조적으로 금은 '태양의 금속'이라 불린다]. 또한 중세의 연금술에서 달의 여신 '루나'의 여성적인 면에 속한다고 여겼던 수은도 은에 비할 만한 서늘한 광채를 널리 퍼뜨린다. 달의 표면은 거대한 거울 같은 작용을 해서, 지극히 멀리 떨어진 별들의 빛을 모았다가 지구에 반사한다. 그리하여 별이 빛나는 밤에는 달의 서늘한 은빛이 그 어느 때보다 더 마법 같고 비밀로 가득해 보인다. 보름달이 뜬 밤, 주변은 흑백이 아닌 푸른 기를 띤 서늘한 색으로 보인다. 빛의 입사각이 클수록 우리 눈에 있는 망막의 파란색-원추세포가 활성화되기 때문이다. 따라서 단색의 회색 계통 사진들은 특별한 은색의 빛은 물론이거니와 달빛에서 나오는 서늘한 푸른 색채도 재현하지 못한다. 미국 출신의 예술가 제임스 휘슬러James Abbott McNeil Whistler는 인상적인 그림 연작 〈녹턴〉을 흑백이 아니라, 은색과 파란색으로 그렸다. 영화의 밤 장면에서 반사하는 빛과 파란색 필터는 마법 같은 분위기와 동시에 '달빛효과moonlight-effect'를 만들어낸다. 이런 달빛효과는 흑백 사진 인화 방식인 젤라틴 실버 프린트에서도 나타난다. 앤설 애덤스Ansel Adams, 이모젠 커닝햄Imogen Cunningham, 에드워드 웨스턴Edward Weston 같은 예술가들이 속했던 '그룹 f/64'는 오늘날에도 마법 같은 미학으로 유명하다. 현대의 연금술사들이었던 이들의 작업은 촬영에서 시작해 암실에서 끝났다. 암실에서 그들은 빨간 불빛 아래에서 놀라운 빛의 효과, 인위적인 대비와 이례적인 사진을 만들어내기 위해 은으로 빛에 예민한 이온 결합물을 만들어 실험하곤 했다.

전 세계의 모든 문화는 달의 신비한 이야기에 대해 잘 알고 있는데, 달의 비밀스러운 아우라는 우리의 환상에 날개를 달아주곤 한다. 고대부터 우리는 달이 지구 표면에 막강한 인력을 행사한다는 사실을 알고 있다. 그리하여 전 세계의 바다에서 조수 간만의 변화와 같은 자연현상이 일어나는 것이다. 보름과 그믐 무렵 달과 태양의 인력은 폭발적으로 모여 사리(만조)가 된다. 그러나 중력을 발견할 때까지 이런 현상은 달빛의 작용으로만 알려져 있었다. 은빛의 바다와 강과 호수는 보름달이 떴을 때 인력의 작용을 특히 많이 받고 또 비밀스럽게 보인다.

은빛의 마법은 수면 중 보행 현상, 즉 몽유병에서도 나타난다. 사람들은 때때로 몽유병을 달의 중력 때문이라 오해하지만, 사실 이것을 과학적으로 설명할 수는 없다. 하지만 달의 중력이 중요한 게 아니다. 달의 은빛은 밤을 관찰하는 모두를 최면에 들게 하는 힘이 있으며, 많은 사람의 태도나 행동에 눈에 띄는 영향을 미친다. 전체 독일인 가운데 40퍼센트 정도가 수면의 질이 달빛에 의해 달라진다고 밝혔다. 보름달은 반달에 비해서 12배 정도 밝게 비친다. 빛과 색은 눈과 상상력을 통해 뇌에 작용한다. 이는 상상으로 그치지 않는다. 실제로 강한 달빛으로 인해 멜라토닌 수치가 낮아지면 많은 사람이 숙면을 이루지 못한다.[5] 또한 우리가 보름달에 꿈을 더 많이 그리고 더 자주 꾸는 것도 그와 같은 배경을 알면 이해할 수 있다. 우리가 달의 은빛으로 연상하는 분위기와 색들은 공상, 발명하는 재능과 상상력을 촉진한다.

금색

숭고한, 부유한, 걸출한, 저속한

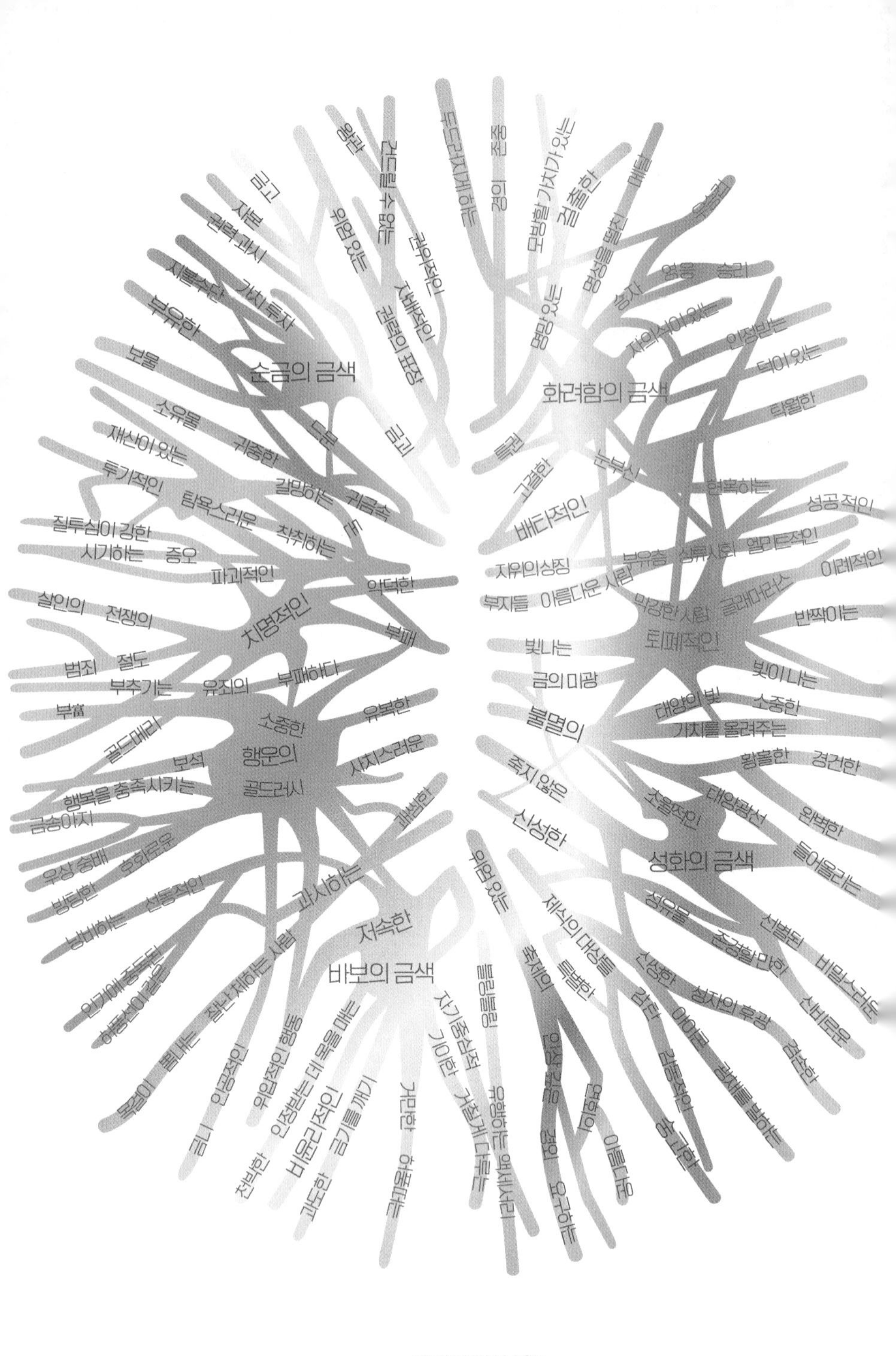

금색의 기억 지도

상징의 의미와 작용 범위

아이콘골드: 성화聖畫의 금색
숭고한, 불멸의, 신성한

고대 이집트인들이 숭배했던 태양은 '밝은 금으로 된 거대한 원반 조각물'이었다. 생명의 근원과 직접 연결하기 위해, 그들은 최고신 라를 상징하는 금색으로 피라미드와 오벨리스크의 윗단을 장식했다. 빛나는 금을 통해 하늘과 땅 사이에 태양신과 접촉할 수 있는 지점을 만들어낸 것이다. 태양신 라는 고대 이집트인들에게 추상적인 상상이 결코 아니었으며, 금빛을 통해 자신의 권력을 만천하에 드러내는 태양 그 자체였다. 이집트인들은 파라오들의 영혼이 돌로 만들어진 '안테나'를 타고 곧장 태양으로 이동할 수 있다고 믿었다. 그들의 비밀스러운 송신기가 바로 금이었다. 그리하여 그들은 어마어마한 종교 건축의 첨탑에 금빛 쐐기돌을 박았는데, 이를 '빛나는, 번쩍이는, 빛을 반사하는'[1]이라는 뜻의 '벤벤benben'이라고 불렀다. 라틴어 '아우룸aurum'에서 많은 언어의 '금'이라는 단어가 나왔으며, 이는 독일어와 영어 '골트/골드Gold'의 기초가 된 인도게르만어 '겔ghel'과 마찬가지 의미를 담고 있다.

금은 세속적인 물건에 신성한 아우라, 완벽함과 절대성을 부여한다. 금에 닿은 것은 초월적이며 이 세상의 것으로 보이지 않는다. 많은 문화권에서 금을 깨우친 자, 성스러운 자 그리고 신적 존재의 표상으로 삼는 데에 궁금해 할 사람은 없을 것이다. 사자死者를 숭배하는 곳에서도 금은 핵심적인 의미가 있는데, 지도자의 신적인 지위를 영원히 확보하기 위해서다. 이는 적어도 몇몇 경우에는 탁월하게 작동했다. 영국의 고고학자 하워드 카터Howard Carter가 1922년에 이집트 파라오 투탕카멘Tutankhamun의 무덤으로 들어가려고 마지막 벽을 무너뜨렸을 때, 그야말로 숨이 턱 막혔다. 그림과 문자로 가득 덮인 금빛 무덤 안에는 금으로 된 함이 있었고, 이 함 속에 금으로 된 관 두 개가 감춰져 있었던 것이다. 가장 내부에 있던 석관은 물론 미라의 데드마스크도 순수한 금으로 완성된 것이었다. 무덤을 지키는 문지기들, 그들의 전차와 왕관 역시 금빛을 발산하고 있었다. 심지어 악기, 글을 쓰는 도구와 무기도 금이 입혀져 있었다.

금에 대한 숭배는 전 세계적인 현상이었다. 수메르인, 히타이트인, 페르시아인, 고대 그리스인, 켈트인, 아스텍인과 잉카인에게서도 수많은 부장품이 발견되었다. 이집트에서처럼, 사자와 함께 묻은 물건들은 저승에 가서 유용하게 사용할 수 있다고 믿은 것이다. 지금까지 발견된 것 중 가장 오래된 금은 불가리아의 흑해 연안에 있는 '바르나의 무덤'에서 나왔다. 금으로 만든 예술적인 동물 형상, 장신구 그리고 금으로 장식한 도자기와 의복들은 6,000년 이상이나 된 것이었다. 이러한 보물들이 도굴꾼의 손에 들어가지 않은 곳에서는, 이 무덤을 만든 사람들이 원했던 불멸이 충족되었다고 봐도 된다. 물론 기대했던 방식은 아닐지라도 말이다. 인류 역사상 가장 오래된 금 장신구는 바르나 고고학박물관과 소피아 국립역사박물관에서 구경할 수 있다.

또한 기독교에서 색의 상징을 보더라도 금은 신적이고 신성한 것을 가리킨다. 신약성서에서 '천국의 예루살렘'은 우리에게 신적인 빛을 발한다. 이러한 '황금의 도시'에서 우리는 계시에 따라 영원한 행복을 발견하게 된다. 하지만 지상에서 행복을 발견하고자 하는 사람은 비잔틴 양식의 교회를 보면 된다. 금빛 모자이크는 어두운 분위기에서 신비로운 정취와 성스러운 광채를 발한다. 이스탄불에 있는 아야소피아 성당 건축에는 오늘날의 추정에 따르면 금 145톤 이상이 투입되었다.[2]

5세기, 기독교에서는 그림으로 숭배하는 시기가 시작되었다. 한 사람의 정체성을 사진으로 고정해두는 오늘날과는 달리, 당시의 얼굴과 신체는 임의로 교환될 수 있었다. 자유롭게 만들어 내거나 살아 있는 사람의 모습을 빌리기도 했다. 중요한 인물은 지위를 표시하기 위해 형상 전체에 금빛 테두리goldenen Umrandung/Aureole를 둘렀다. 그에 비해 성인들의 빛Heiligenschein으로 알려진 금빛 빛무리goldener Nimbus는 오로지 머리에만 둘렀다. 금은 성인들에게 무엇과도 바꿀 수 없는 아우라를 제공하는데, 이런 신비로운 기운은 신도들의 이성뿐 아니라 무엇보다 감각을 통해서 경험할 수 있게 했다.

색에 대한 미적인 체험은 모든 사람이 할 수 있는 과정이다. 금은 관찰자들로 하여금 그림에 묘사된 대상의 진실에 더 이상

의문을 갖지 않게 하는 막강한 힘이 있다. 엄격한 질서에 따라 성인들을 묘사한 성화들을 보라. 성상파괴 논쟁에 따르면 10세기의 성화들은 초월적인 빛의 효과를 내기 위해서 하나같이 금색 바탕에 그렸다. 기독교의 빛에 대한 형이상학에서 금은 찬란한 성령을 상징했다. 이보다 더 압도적인 건 바로 성 유물이다. 뼈, 나뭇조각, 자투리 천이나 쇠붙이같이 불확실한 물건들도 금궤에 담겨 있으면 매우 숭배할 가치가 있는 성 유물로 변했다. 또한 성스러운 문서들의 묶음에도, 그 안에 들어 있는 그림과 문자와 마찬가지로, '진리의 정신'을 널리 퍼뜨리기 위해 금이 사용되었다.[3] 금은 말할 수 없는 것, 신성하고 성스러운 것을 눈앞에 보여준다.

이슬람교에서는 사람에 대한 묘사가 금지되었기에 금을 주로 장식과 글자에 썼다. 이를 통해 서법 예술이 독보적인 장식 요소로 발전하게 되었다. 이슬람교 예배와 순례의 중심인 메카의 카바는 오늘날에도 검은색 수놓은 비단으로 둘러싸여 있다. 카바를 덮은 천인 키스와Kiswa는 매년 교체되며 금선과 은선으로 코란의 장章을 화려하게 수를 놓는다. 불교와 힌두교에서 금은 부분적인 장식에 그치지 않고 모든 곳에 있다. 사원 벽에 그리는 부처의 상에도 금박을 두껍게 바르는데, 신도들은 숭배의 의미로써 늘 이렇게 덧바르곤 한다. 미얀마에 있는 100미터 높이의 쉐다곤 파고다처럼 중요한 종교적 건축물들은 완전히 금으로 덮여 있다. 또한 인도의 펀자브에 있는 시크교 최대 성지인 '황금사원'은 오늘날까지 신성한 광채를 발하고 있다. 이 엄청난 건축물은 외부만 금으로 뒤덮인 게 아니다. 내부도 신적인 아우라를 보여주기 위해 모두 금으로 되어 있어서 이를 보는 모든 이에게 경건한 느낌이 생겨나게 한다.

태양의 금빛은 이와 같은 건축물에 고상함과 장엄함, 위엄을 부여하는데, 이런 것들은 우리의 내면 깊숙한 곳까지 감명을 준다. 많은 사람이 이런 순간에 입을 다물고 경건한 태도를 취한다. 이는 문화적인 건축물과 예술품에만 해당하지 않고 자연에도 해당한다. 지평선 가까이에 떠 있는 태양의 빛이 전체 풍경을 덮으면, 우리는 경외감, 겸손과 행복이라는 감정을 느낀다. 이러한 순간에 우리의 삶은 무한히 소중해 보인다. 태양의 금빛은 지상에 있는 물질들에 정신적인 가치를 부여하며, 이를 통해 진부한 것은 특별해지고, 낮은 것은 높아지며, 눈에 띄지 않던 것은 돋보이고, 세속적인 것은 신적인 것이 된다.

두카트골드: 순금의 금색
부유한, 행운의, 치명적인

괴테의 《파우스트*Faust*》에서 그레첸은 자신의 운명을 이렇게 한탄한다. "금을 찾아 몰려들고, 모든 것이 금에 달려 있어요. 아, 불쌍한 우리 가난한 자들이여!"[4] 금은 부와 명예, 행복 같은 인류의 영원한 꿈을 상징한다. 하지만 금은 희소한 자원이며, 결코 충분한 적이 없었다. 그리하여 제후들, 왕들과 교황들은 항상 최고로 실력이 뛰어난 연금술사들에게 귀하지 않은 재료를 금으로 바꿀 수 있는, 이른바 '현자의 돌'을 찾으라는 명령을 내리곤 했다. 요한 프리드리히 뵈트거Johann Friedrich Böttger가 1708년에 프리드리히 아우구스트 폰 작센Friedrich August von Sachsen 선제후의 궁정에서 우연히 도자기를 생산할 수 있는 방법을 발견했을 때, 사람들은 이를 그저 실수로 여겼다. 안타깝게도 뵈트거는 가난하게 죽었고, 마이센[작센주의 도시. 유럽에서 최초로 경질 도자기를 생산해냈고 18세기에 오랫동안 주도적으로 도자기를 생산한 공장이 있었다] 도자기가 어떻게 자신의 제후를 위한 '백금'이 되었는지를 볼 수 없었다. '현자의 돌'은 결국 발견된 것이다. 최소한 이론상으로는 그러했다.

노벨화학상 수상자 오토 한Otto Hahn은 1960년대 독일 부퍼탈에서 '현대의 연금술'이라는 재미있는 제목으로 강의를 했다. 이때 그는 금을 용융해 핵반응을 일으켜 금을 생산하는 게 가능하다고 보면서도 그렇게 되면 경제적 비용이 너무 높을 것이라고 했다.[5]

색의 상징적 가치의 바탕인 지구의 모든 금은 도대체 어디에서 나왔을까? 지구상의 금은 우리의 행성이 생겨나기 훨씬 이전에 중성자별 두 개가 용해되는 초신성 폭발을 통해서 만들어졌다. 금이 만들어졌을 때, 녹아내리는 별들은 마치 은하계 전체만큼이나 밝게 빛났다.[6] 하나의 색이 어떤 효과를 내는지에는 지식이 상당한 영향을 미친다! 하지만 찬란하게 반짝이며 아른거리는 빛에 대한 감탄은 선험적인 것이며, 이에 관해서는 은을 다룬 장에서 이미 설명한 바 있다.

금은 다른 그 어떤 색보다 우리를 매혹하는데, 태양 빛과 비슷하기 때문이다. 사람들은 이미 수천 년 전부터 '태양의 금속'을 정화하고 연마하고 광택을 냈는데, 이렇게 함으로써 황금빛 광택을 퍼뜨릴 수 있었다. 인간이나 사물 또는 공간을 금으로 장식하면, 햇빛의 마법 같은 아우라가 그 위로 지나갈 것이라고 사람들은 믿었다.

금색의 상징적 가치는 대체로 수요와 공급의 관계를 통해 정해진다. 세상에 있는 모든 금은 한 변이 20미터인 정육면체 속에 다 들어갈 수 있다고 한다. 희소한 귀금속에 대한 탐욕은 우리 인간에게 만족이란 걸 모르게 한다. 우리는 5,000미터 깊이를 파서 금을 캐내지만, 구입한 대부분의 금은 또다시 어두운 금고 속으로 들어가고 만다. 그리하여 세계에서 가장 큰 금 저장고는 금광이 아니라, 맨해튼 남단에 있는 미국 연방준비은행의 대형 금고다. 은행, 금고와 최고의 보안구역을 상상하는 것도 색의 작용에 영향을 미친다. 금이 가장 강력하게 작용하는 곳은 바로 어두어둑한 곳이다. 이와 같은 이유로 건축물과 공예품의 그림, 자수, 인쇄물과 장신구는 항상 검은색 배경에서 전시된다. 이처럼 빛이 없는 환경에서 금은 특히 신비롭고 가치 있어 보인다. 이런 내조를 이용하는 것은 신석기 후기로 거슬러 올라가는데, 이 시대의 것으로 보이는 귀중한 검은색 도자기 접시가 출토되었기에 알 수 있다. 이 접시는 6,000여 년 전에 만들어진 것으로 금가루를 이용해 기하학적인 무늬로 장식했다.[7] 따라서 금으로 만든 비싼 사치품과 마찬가지로 박물관의 예술품을 대개 검은색을 배경으로 희미한 빛을 비추며 전시하는 것이 절대 우연이 아니다. 금으로 된 액세서리가 검정 피부톤에서 가장 값비싸 보이는 것도 같은 이치다. 당장 보고 싶다면, 벨벳, 비단이나 메리노 모직과 같이 고급스러운 검은색 직물로 직접 시험해보라.

금을 소유한다는 것은 우리의 모든 소망과 꿈과 동경이 충족될 거라는 약속과 같다. 금을 찾고자 하는 노력은 보편적으로 행운을 추구하는 인간의 노력이라 할 수 있다. 골드러시에 '전염'된 사람은, 자신의 행운을 먼 곳에서 발견하는 데 모든 것을 거는 경우가 많다. 엘도라도 신화는 특히 유명하다. 원주민들의 이야기에서 나온 전설 같은 금광에 대한 소문은 16세기에 스페인 정복자들 사이에서 대대적인 히스테리로 발전했다. 사람들은 남아메리카의 열대우림 지역에 가라앉은 금으로 된 물건들, 사원 또는 황금도시를 찾기 위해 길을 나섰다. 이는 대륙 정복의 추진력으로 작동했다. 미국이 우스울 정도의 소액을 주고 멕시코로부터 사들였던 캘리포니아에서 엄청난 역사적 골드러시와 함께 도시화가 시작되었다. 행운을 좇던 수십만의 사람들이 새크라멘토로 향했다. 알래스카 클론다이크강에서 일어난 마지막 골드러시는 이미 전 세계적으로 언론을 통해 보도되었다. 잭 런던Jack London 같은 작가와 찰리 채플린Charlie Chaplin 같은 위대한 영화인도 이런 유의 사건에 전설적인 지위를 부여했다. 숨겨진 금을 찾는 모험은 어드벤처 장르를 온통 차지했고 이로써 인류의 집단기억 속에 고정되었다.

하지만 금색에도 이에 대한 인식을 지배할 수 있는 어두운 측면이 있다. 금은 민족의 이동을 유발하고, 세계적인 왕국을 세우고, 문화 전반을 파괴해버리는 무서운 힘이 있다. 15세기 에르난 코르테스Hernán Cortés를 중심으로 한 스페인인들은 중앙아메리카 사람들을 처음 만났을 때 그들이 별다른 생각 없이 금을 값싼 유리나 다른 반짝이는 하찮은 물건과 교환하는 모습을 보고 깜짝 놀랐다. 스페인인들은 즉각 아스텍인이 금을 필요 이상으로 가지고 있다는 사실을 알아차렸다. 금과 은은 스페인을 세계에서 가장 위대하고 부유하며 막강한 왕국으로 만들어 주었다. 반면 아메리카 민족들과 그들의 문화는 거의 사라지고 말았다. 문화사 전반에 걸쳐 금은 항상 끔찍한 범죄를 저지르게 하는 주된 동기였다. 금을 둘러싸고 전쟁이 일어났고, 금을 위해 거짓말을 하고 도둑질하고 살인을 저질렀다. 금을 보면 우리의 가장 저급한 욕망, 예를 들어 질투심, 탐욕과 시기심과 같은 욕망이 일어난다. 금에 대한 많은 실제 역사를 엿보면, 인간 영혼의 모든 몰락이 드러난다. 금은 전 세계적으로 유혹, 악덕, 죄를 상징한다. 그 결과 오늘날까지도 사람들은 금을 쉽게 내보이지 않는다.

2017년 100킬로그램이나 되는 금화 '빅 메이플 리프'를 도난당했던 베를린 보데 박물관은, 금이 암시하는 힘이 여전히 얼마나 강력한지를 실감했다.

글래머골드: 화려함의 금색
걸출한, 배타적인, 퇴폐적인

국제 올림픽위원회의 금메달이나 음악산업에서 탁월함을 존중해 수여하는 '골든디스크' 등 대부분의 상은 재료만 놓고 본다면 거의 가치가 없다. 금박의 세밀함은 오늘날 100나노미터에 이를 정도여서, 2그램만 있어도 1평방미터 전체를 금으로 입힐 수 있다. 금 2그램을 사기 위해 평균 근로소득 노동자라면 수십 시간을 일해야 한다.

금은 왜 이렇게 귀한 것일까? 승자에게는 무엇보다 색이 가진 상징적인 가치가 중요하다. 우리는 금으로 한 사람에게 사회가 줄 수 있는 최고의 지위를 수여한다. 금의 상징적 가치는 탁월한 사람을 주변 환경으로부터 끌어올려, 사회에서 명성을 얻었고 크게 성공했으며 권력을 가진 사람들의 수준으로 높여준다. 승자가 올라가는 단상은 이와 같은 상징적인 행위를 단지

보조할 따름이다. 혹여나 메달 없이 단상에 올라가 있는 승자를 상상할 수 있는가? 금을 얻은 자는 모든 것을 가진다. 가장 많이 주목받고, 가장 많은 돈을 벌고 가장 많은 명성을 얻는다. 금색은 승자에게 저명한 인물임을 인정하는 것이며, 이러한 유명세로부터 자본이 만들어진다. 물론 많은 사람들 중 돋보이는 개인에게 상을 수여하는 사람들은 하나의 목적을 추구한다. 금은 윤리적 나침반과 같은 역할을 하는데, 본보기가 되어 다른 사람들이 따르게 하는 것이 목적이다.

금은 사회적 성공을 표시한다. 화려한 모습으로 등장함으로써, 상류층으로 올라가는 데 성공했으며 부와 아름다움과 권력을 소유하게 되었음을 만천하에 드러낸다. 화려함이라는 것은 꼭 배타적인 사치를 의미하는 게 아니라, 눈부시게 매혹적인 광채도 뜻한다. 온갖 색으로 영롱한 돈의 세계에서 금으로 상징하는 지위는 정체성을 만들어준다. 이런 세상에서 눈에 띄고 싶다면, 금색을 아주 진하게 강조해야 한다. 일본 출신의 여성 디자이너 긴자 다나카Ginza Tanaka는 순금으로 직접 수작업해 양탄자와 옷, 액세서리를 만들었다. 금화 15,000개를 연결해 만든 드레스는 원룸 한 채 값이며, 금을 혼합해서 직조한 양탄자는 수백만 엔에 달했다. 그에 비하면 금을 엮어서 만든 수영복은 그나마 저렴하게 살 수 있는 제품에 속한다. 물론 평균 정도 수입을 올리는 노동자의 1년 치 급여를 몽땅 지불해야 하는 금액이지만 말이다. 조금 더 실용적인 것을 원하는 사람은 자신의 지위를 사치스러운 금시계나 금목걸이를 통해 보여줄 수 있다. 또한 샴페인의 경우 병에 금색이 많으면 많을수록 더 비싼 제품이다. 많은 생산자가 술병에 금박을 입히는 것은 놀라운 일이 아니다. 샴페인의 맛보다 더 중요한 것은, 그 술을 마시는 숙녀나 신사를 누가 쳐다보느냐이다. 상류사회는 금이라는 상징을 통해 자신의 정체성을 드러내기를 선호하는 집단이다.

그럼에도 금을 과시하는 것이 전혀 사치스러운 행위가 아니라, 권력을 소유하고 있다는 사실을 보여주는 효과적인 수단이기도 하다. 프랑스 왕 프랑수아 1세François I와 영국의 왕 헨리 8세Henry VIII가 만난 역사적인 장소라고 전해지는 금의 들판field of the cloth of gold은 '금의 외교'가 어떻게 이루어졌는지를 매우 잘 보여준다. 1520년에 이루어졌던 이 회합에 5,000명 이상의 귀족, 성직자, 궁정 신하들이 가족들을 데리고 참석했는데, 오로지 하나의 목적이 있었다. 두 국가의 관계를 개선함으로써 이 시기에 유럽의 많은 지역을 다스리던 합스부르크가의 황제 카를 5세Karl V에게 강렬한 인상을 남기는 것이었다. 이를 위해 허허벌판 위에 궁전을 세웠고, 궁전 전체를 완전히 금란으로 뒤덮었으며 창문도 금으로 장식했다. 붉은 포도주를 내뿜는 분수들은 금색과 화려한 대조를 이루었다. 궁전 앞에는 천막이 2,800개나 세워져 있었고, 그 안에서 손님들이 온종일 즐겼다.[8] 이러한 광경은 국가철학에 관한 니콜로 마키아벨리Niccolò Machiavelli의 정치적 이론을 따랐는데, 그에 의하면 평화란 강한 행동을 통해서 지킬 수 있다.

금은 지배욕을 정당화한다. 왕관과 왕홀은 순수하게 지위를 상징한 건 결코 아니었다. 금빛 왕실휘장은 세대에 걸쳐 국가의 법과 질서를 보장했다. 황제, 왕과 제후만 자신들의 권력에 대한 요구를 금이라는 상징적 힘으로 합법화한 것이 아니라, 신권정치 마찬가지였다. 기독교 세계에서 통치의 표식에는 교황의 금관, 목자의 지팡이와 어부의 반지가 있으며, 금색이 보이는 주교의 금속 허리띠도 마찬가지다. 교황이 승하하고 나면 추기경의 관리관은 교황의 반지를 은색 망치로 부숴버린다. 이처럼 상징적인 행위를 통해서 권력은 이제 조각난 반지를 가진 추기경 협의체의 손에 들어가며 이들이 새로운 교황을 선출한다. 신자들은 오늘날까지도 교황 앞에서 반지에 입을 맞추기 위해 무릎을 꿇는다. 존중의 표현은 동시에 교황이 권력을 지니고 있다고 인정하는 것이기도 하다. 프란치스코Franciscus 교황이 2013년 취임했을 때 도금된 은반지를 선택했다는 사실은, 물질적인 가치는 중요하지는 않다는 것을 말해준다. 이처럼 소박하고 상징적인 행동을 통해서 그는 바오로 6세Paulus VI[262대 교황으로, 1963~1978년 재위]의 행동에 근접했는데, 바오로 6세는 2차 바티칸공의회가 진행되는 동안 황금 교황관을 가난한 사람들을 위해 기부했다.

기원전 8세기 그리스 도시국가들에서 금은 최초로 시민계층의 권력을 드러내는 특징이 되었다. 귀족들뿐 아니라 부유한 상인들도 비싼 금 장신구를 하고 금실로 짠 직물로 옷을 입고 다닐 수 있었고 자신들의 사회적 명성과 정치적 권력을 보여주기 위해 금으로 장식된 예술품도 이용했다. 도시국가의 엘리트들은 흔히 황금 표장과 함께 매장되었으며, 많은 유물이 오늘날까지도 보존되어 있다. 시민계층은 그와 같은 전성기를 르네상스 시대에 다시 경험하게 되었다. 부유한 시민들은 집 외관, 마차와 배를 금으로 장식하는 데 그치지 않았다. 호화롭게 건축된 집의 실내도 금실을 섞어서 짠 직물, 금을 입힌 가구들과 장식품들로 꾸몄다. 점점 더 부유해졌던 베네치아의 상인들은 자신들의 곤돌라에 금을 입혔고, 그러자 총독은 더 이상 이런 행동을 참을 수 없었다. 1562년에 모든 곤돌라를 일괄적으로 검은색으로 칠하라는 명령이 내려졌는데, 퇴폐와 화려함을 동반한 공공연한 권력 과시를 중단하려는 조치였다.

같은 시기에 금은 회화에서 사라졌다. 르네상스 예술가들의 묘사는 점점 현실화되어갔다. 성화를 그릴 때 과거처럼 많은 양의 금을 사용하는 것은 갑자기 유행에 뒤처진 낡은 관습이 되어버렸다.[9] 이런 점은 오늘날까지 기본적으로 아무것도 변하지 않았다. 그림을 코드화하는 오래된 전통이 부활했던 유겐트 양식은 문화사에서 잠시 지속되었을 뿐이다. 이 양식으로 대중의 인기를 얻었던 화가가 구스타프 클림트Gustav Klimt다. 그의 '황금 시기' 작품은 책을 읽고 여행으로 알게 되어 강하게 매혹된 비잔틴 예술을 표현했다. 잘 알려진 클림트의 작품으로 〈키스〉

가 있다. 여기에서 클림트는 우리의 감각적-감정적인 이해력을 건드리기 위해, 성화에 사용된 전통에서 나오는 금의 마법과 같은 기운을 이용했다. 금이라는 상징을 통해서 사랑은 지상에서 가장 고귀한 보물로 재현되었다.

풀스골드: 바보의 금색
저속한, 과시하는, 비윤리적인

모세5경뿐 아니라 구약성서에는 이스라엘인들이 이집트에서 나온 뒤의 '금송아지 숭배'가 묘사되어 있다. 이교도의 황소신이 상징적인 행동에 의해 민족의 금 장식품으로 제작되었다. 이때 시나이산에서 십계명을 받은 모세는 우상숭배를 비난하고 '진정한 믿음'과 동떨어진 추종자들을 엄하게 벌했다. 모세가 레위 자손에게 각자 그 형제를, 친구를, 이웃을 죽이라고 외치자 3,000명이 목숨을 잃었다고 전해진다.[10] 이 우화가 전해주는 윤리적 교훈은 지극히 분명하다. 만일 금의 상징적인 힘이 부도덕에 이용되면, 죽음과 부패만을 가져온다는 의미다.

금은 오늘날에도 여전히 신성한 색이다. 어떤 방식으로든 오용하면 격앙, 시기심, 증오와 같은 감정을 불러온다. 잠시 최근의 경우를 한번 살펴보자. 영국 여왕을 국빈방문하는 프로그램에는 황금마차를 타고 런던의 화려한 거리인 더 몰The Mall을 지나는 전통이 있다. 버킹엄 궁전으로 가는 거리는 항상 환호하는 군중으로 메워진다. 미국 대통령 도널드 트럼프는 영국을 공식 방문했을 때 이전 대통령 버락 오바마Barack Obama와 달리 그와 같은 명예를 누리고 싶다고 표명했다. 그러자 언론매체들은 엄청나게 격앙했다. 수백만 명의 영국인은 금송아지 숭배를 저지하기 위해서 청원서에 서명했다.

영국 여왕은 평소 황금마차를 타는 경우가 드물었다. 그녀는 왕실마차로 롤스로이스에서 생산되는 레드와인색-검은색 벤틀리 국영 리무진을 이용했다. 비교적 눈에 띄지 않는 자동차의 도색은 1,100만 유로나 되는 리무진의 가격을 간과하게 해준다. 이 자동차 색은 여왕이 여전히 세계에서 가장 부유한 여성에 속한다는 사실을 고상한 방식으로 감춰준다. 상상해보라. 여왕이 국빈방문이 있을 때마다 금색 롤스로이스를 타고 다닌다면! 그렇게 했다면 여왕은 민주적으로 선출된 각국 대표자들이 타고 다니는 모든 검은색 리무진들을 압도하고 말았을 것이다. 그와 같은 모습으로 여왕이 등장하면 많은 사람을 자극할 수 있다. 통치에 관한 문제가 등장하면, 모든 색은 정치적이게 된다.

대부분의 사람은 색의 상징을 감지하는 탁월한 감각을 갖고 있는데, 그것이 바로 사회적 기능이기 때문이다. 색의 상징은 규범적인 효과가 있으며 사람들의 행동을 제어한다. 부자들과 권력자들은 오늘날 시민 대다수가 자신들의 행동을 비판적으로 관찰하며 그 어떤 사치도 윤리적으로 비난한다는 것을 감지하고 있다. 언론의 반응은 해임된 정치가들에게 지속적으로 작동하는 지진계로 사용된다. 오늘날 트럼프처럼 극단적으로 호불호가 갈리는 인물은 없다. 그리고 그 어떤 것도 금에 대한 관계처럼 갈등을 눈앞에 보여주지는 못한다. 트럼프는 추종자들에게는 아메리칸드림을 실현한 사람이다. 그의 사업모델은 부동산 투자를 기반으로 하며, 투자자의 수익 기대치를 달성하느냐 여부가 성공을 결정한다. 라스베이거스에 있는 금으로 장식한 트럼프 타워와 같은 지위의 상징은 단순히 퇴폐적인 낭비가 아니라, 그의 신용도를 받쳐주고 후원해준다.

뉴욕의 트럼프 타워 역시 그런 특징이 있다. 비록 은으로 꾸민 건물의 정면이 그다지 화려해 보이지는 않을지라도 말이다. 타워의 안마당으로 들어가면 금색 동화의 세계가 펼쳐져 있으며, 18미터 이상 되는 폭포가 바닥에까지 떨어진다. 금색 엘리베이터를 타면 초고층에 있는 펜트하우스까지 올라가는데, 신바로크풍으로 실내장식이 되어 있는 이곳에서 트럼프는 태양왕 루이 14세Louis XIV처럼 살고 있다. 어디를 쳐다보더라도 금장식, 고가구와 비싼 예술품을 볼 수 있다. 이로써 트럼프는 반대자들의 눈에는 금기를 깬 것으로 보인다. 반대자들의 생각에 의하면 그의 숨김없는 허풍, 그 모든 호화와 사치는 대통령이라는 직무를 수행하는 데 있어 체면을 손상시킨다. 수치를 모르는 그의 여성을 대하는 태도나 의심스러운 사업수완 역시 그러하다. 국가의 수장은 국민들에게 윤리적인 모범이 되어야 한다는

것이다.[11]

그러나 그와 같은 견해는, 성공이 지위의 상징이라고 정의하는 국민들에게는 더 이상 완벽한 동의를 얻지 못한다. 자본주의라는 소비세계에는 금송아지를 숭배하는 이른바 배금주의가 팽배하다. 인정받고자 하는 욕망은 오늘날 특히 대중적인 힙합문화에서 분명하게 나타난다. 자기중심적인 음악 아이콘들은 치아를 금으로 장식하고, 금 체인이나 금 반지, 자동차 같은 신분 상징물과 함께 무대에 등장한다. 이처럼 이른바 '블링블링Bling-Bling'은 오늘날 더는 모욕적인 말이 아니다. 금의 과도한 투입을 통해서 덧없음, 사치, 허풍, 떠벌림과 성과에 대한 갈망 같은 인간적인 나약함이 대중문화의 구성성분이 된 것이다. 조형예술 역시 자신을 위한 주제를 발견했다. 이전까지만 하더라도 경멸하고 퇴치하고자 노력했던 키치함과 모방이 윤리적으로 재평가되고 일상에서 정당하게 사용되게 되었다. 제프 쿤스Jeff Koons는 〈진부함〉 연작 중 하나로 1988년 금빛으로 빛나는 '마이클 잭슨과 버블비'라는 도자기 형상을 만들었다. 미국의 팝스타가 자신의 반려동물인 침팬지와 함께 꽃밭에 앉아 있는 모습이었다. 예술가는 이렇게 말했다. "나는 그를 신과 비슷한 성상聖像으로 창조하고자 했다."[12]

정치, 음악, 예술뿐 아니라 스포츠도 소비문화의 장으로 빠져들었다. 백만장자로 부상하게 된 운동선수들이 트레이닝복을 입고서 기꺼이 '금송아지 숭배'에 나선 것이다. 스타 축구선수인 프랑크 리베리Franck Ribéry는 금박으로 감싼 고기를 먹는 장면을 공개했는데, 이른바 '금박 스테이크 사건'은 사람들의 분노를 샀다. 또 다른 축구선수 피에르 에메리크 오바메양Pierre-Emerick Aubameyang은 인스타그램 프로필에 자랑스럽게 소개하기 위해 자신의 고급 스포츠카를 금으로 칠했다. 가식적이고 젠체하는 사람들은 그를 모방해서 금도금한 경주용 차를 몰고 고향 동네에서 몇 바퀴를 돌았다. 그러나 이번에는 운동선수를 윤리적으로 완벽한 우상으로 간주하는 사람들이 분개했다. 금의 상징성을 공공연하게 남용하면, 신성함은 오히려 도발하는 행동 또는 바보짓으로 변해버린다.

금은 문화사의 시작부터 현재까지 사회적 모범으로 기능해왔다. 당신은 금으로 도색한 자동차를 구입할 것인가, 아니면 황금 노트북에 당신의 생각을 기록할 것인가? 아마 그러지 않을 것이다. 그렇게 하면 당신은 많은 다른 사람들을 아무렇게나 대하거나 공공연하게 조롱하는 것이기 때문이다. 창의적인 아방가르드들은 예외로 삼아도 될 것 같지만, 이렇듯 바보스러운 자유를 즐기는 사람은 소수에 불과하다. 대부분의 사람은 직관적으로 색이 어떤 작용을 하는지 인지하며, 자신의 행동을 무의식적으로 그에 맞추게 된다. 왜냐하면 모든 색은 우리에 대해서, 우리의 주변 사람들에 대해서 그리고 우리의 주변 환경에 대해서 뭔가를 말해준다. 색의 본성을 이해하면, 마치 책을 읽듯 색의 문화를 읽을 수 있다. 색의 연상시키는 힘은 우리의 생각과 감정에 작용한다. 연상력은 우리의 가치관을 구성하고, 행동의 의도를 알려준다. 색이 어떤 것을 연상시키는지에 따라 우리의 행동이 정해진다는 것을 의심하지 말라. 그것은 색의 본성일 뿐 아니라 문화적 기능이니까.

내가 색의 힘에 대해서 말하면, 처음에는 늘 의심을 받곤 한다. 특히 금의 경우에 모순이 매우 많다. 물질의 가치가 상징적인 가치에서 나오고 그리하여 우리가 보는 즉시 색의 효과를 알아차린다고 하면, 많은 사람이 쉽게 믿지 못할 것이다. 하지만 보증하건대, 만일 이 귀한 금의 색이 계속 변해 흰색이나 녹색, 혹은 보라색을 띠게 된다면, 즉각 판매할 수 없게 되어 값어치가 사라져버릴 것이다.

7장

색채심리학과 색상 디자인

—어떻게 올바른 색을 발견할 수 있을까

지금까지 색이 우리의 체험과 감정과 행동에 어떤 영향을 주는지에 대해 함께 살펴보았다. 이에 대한 원인을 우리의 색 지각에게서 발견할 수 있다는 사실 또한 살필 수 있었다. 우리는 생물학적 요소뿐 아니라 문화적 요소를 바탕으로 색을 인지한다. 왜냐하면 지각은 우리가 자신과 주변을 어떻게 보는지를 결정할 뿐 아니라, 이때 무엇을 느끼고 생각하고 행하는지에 대해서도 상당한 영향력을 행사하기 때문이다. 지각에 대한 연구는 바로 색채심리학의 핵심이다.

색채심리학은 전문가들만의 영역이 아니다, 왜냐하면 일상에서도 색은 늘 우리 곁에 있기 때문이다. 아침에 옷장을 여는 순간을 한번 생각해보라. 이 순간에 우리는 기대감, 자신에 대한 평가, 편견을 가지고 옷장 안을 훑어본다. 우리는 타인들이 내가 선택한 색에 어떻게 반응할지 짐작할 수 있기 때문에 그날 입을 옷 색깔을 직관적으로 고른다. 이렇듯 개인이 선택하는 색은 대개 제한적이며 주변 세계의 인습에 상응하고 대부분의 일상에서 적합하다. 하지만 우리가 입는 옷의 색은 우리 자신과 상대방에게 무언의 영향력을 행사한다! 옷은 당신이 타인들에게 어떻게 지각되는지에 영향을 주고, 주변 사람들의 행동에 영향을 미칠 수 있는 것이다. 우리가 어떤 것을 어떻게 지각하는지는, 바로 우리의 감정, 사고, 행동과 사회적 상호작용에 반영된다.

그러므로 과감하게 색을 선택해서 그 색깔이 다양한 상황에서 어떤 작용을 하는지 시험해보라! 다른 사람들과 만났을 때 어떠한지 보고, 앞으로 처할 상황에서 어떠할지도 상상해보라. 이렇게 해야만 그때그때 상황에 가장 효과적인 색을 발견할 수 있다. 옷 색깔은 우리의 보디랭귀지에 속한다. 이는 다른 그 어떤 것보다 우리 행동과 상대와의 소통 과정에 긴밀하게 작용한다. 우리의 옷이나 생활공간의 색은 나의 성격이나 취향이 어떤지, 어떤 행동을 할 의도가 있는지 다른 사람들에게 보내는 신호와 같다. 나는 이에 관해서 수년에 걸쳐 수백 명과 실험을 했다. 그리고 늘 인과적인 원칙이 정확하다는 결과가 나오곤 했다. 이 책은 당신에게 색을 선택할 때를 위해 많은 정보와 기준을 제공하지만, 그렇다고 그것이 완벽한 표준은 아니다. 왜냐하면 색채심리학에는 레서피가 없는 까닭이다. 어떤 색이든 선택할 때 중심에 있는 것은 오로지 지각하는 사람일 뿐이다!

여기에서 좋아하는 색과 관련하여 보충 설명을 하고 싶다. 선호하는 색에 대해 토론할 때 어떤 결론이 나오는지는 매우 흥미 있는 주제니까 말이다. 어떤 색을 선호하느냐는 설문조사에서 독일인 가운데 대략 40퍼센트는 파란색, 20퍼센트가 빨간색, 18퍼센트는 녹색, 16퍼센트는 검은색, 11퍼센트가 노란색, 8퍼센트가 흰색이라고 답했다. 그리고 7퍼센트가 회색이나 갈색이었고, 6퍼센트는 오렌지색이나 보라색이었다.[1] 전 세계에서 비슷한 설문조사를 실시해보니, 남자들은 차가운 색을, 여자들은 따뜻한 색을 더 선호한다고 대답했다.[2] 그러나 구체적인 사물에 대해 어떤 색을 선호하는지 물어보면 완전히 다른 대답을 얻을 수 있다. 선호하는 색은 우리에 대해서 실제로 어떤 말을 할까?

특정한 맥락 없이 좋아하는 색에 대한 대답은 성격을 말해줄 수 있다. 전 세계적으로 설문조사를 해보면 파란색에 대한 선호도가 매우 높은데, 솔직함, 진실, 신뢰 같은 색의 특징이 우리 모두에게 중요하기 때문이다. 우리는 파란색이라고 대답함으로써 우리의 성격, 진술과 행동에 긍정적인 '프레임'이 생기기를 희망한다. 비록 우리가 그런 점을 의식하고 있지는 않더라도 말이다. 파란색 장을 다시 떠올려보면, 왜 이러한 대답이 완전히 무의식적으로 작동하는지 그 이유가 즉시 분명해진다. 사람들은 자기도 모르는 사이에 이 색을 푸른 하늘과 바다와 같은 자연현상의 탁월한 특징과 연결 짓는 것이다. 이와 같은 원칙을 이제 당신도 간단하게 이해할 수 있다.

물론 선호하는 색에 대한 대답은, 우리가 다른 사람들에게 어떻게 보이기를 원하는지만 밝혀주는 게 아니다. 많은 경우 그것을 넘어서서 억압되어 있던 소망과 성격이 나타날 수도 있다. 이 책을 마무리하기 얼마 전에 나는 어린이와 청소년을 위한 방송에 내보낼, 색의 힘을 알려주는 영상을 촬영했다. 이를 위해 중요한 실험을 한 가지 했다. 즉 대략 열두 살이 된 아이들에게 좋아하는 색을 말하게 하는 실험이었다. 그런 뒤 아이들에게 자신의 옷장에 있는 옷들을 몽땅 가져오게 한 다음 모든 아이의 옷을 색상별로 고리 모양 색상환에 맞게 분류하도록 했다. 이렇게 옷을 놓아두더라도 옷의 형태를 통해 누구의 옷인지 유추할 수 없게 했다. 이어서 아이들은 학급 친구들의 성격에 대해 이야기하도록 하고 친구가 어떤 색상에 속하는지 지정하도록 했다. 이로부터 매우 놀라운 결과가 나왔다. 흥미로운 점은, 아이들 중 절반가량은 애초 선호한다고 답했던 색이 옷을 통해 분류된 색상에 속하는 경우가 드물거나 아예 없었다. 특히 눈에 띄게 모순적이었던 것은 분홍, 노랑, 보라를 선호한다고 처음에 답했던 남자아이들의 경우였다. 또래집단의 영향력은 이 집단이 원하는 행동을 강화하고, 반대로 이례적인 특징과 행동은 시야에서 사라지게 하는 게 분명했다. 우리는 이로부터 무엇을 알 수 있는가? 우리는 색에 대한 선호를 소망, 취향, 꿈과 마찬가지로 덜 억압해야 한다는 점이다. 색은 모든 연령층에서 중요한데, 그것은 자기를 발견하는 수단이기 때문이다.

색상 디자인을 하려는 사람은, 가령 공간을 특정 색으로 칠하고자 하는 사람은, 구체적으로 이 책을 참고하면 된다. 기억지도는 이와 같은 목적을 위해 어떤 색이라고 하면 가장 자주 연상되는 것과 작용이 무엇인지 한눈에 볼 수 있도록 소개되어 있다. 물론 이런 연상과 작용은 서로 모순되는 경우도 적지 않다. 나는 기자들로부터 하나의 색이 어떻게 작용하는지를 자주 질문받는데, 사실 일괄적으로 대답할 수는 없다. 이제 당신은 그 이유를 알 것이다. 즉 하나의 색이 느낌, 생각과 행동에 어떤 영향을 주는지와 관련해서 결정적으로 중요한 것은, 색을 사용하는 상황과 맥락이다. 만일 당신이 이 책에 나오는 하나의 색 또는 여러 색을 골랐다고 해도, 작업은 아직 끝난 게 아니다. 왜냐하면 우리는 색이 가진 수백만 가지 뉘앙스를 지각할 수 있기 때문이다. 올바른 색의 톤을 정하거나 조화롭게 또는 매력적으로 색조를 조합하고자 하는 사람은, 색 구성에 대한 많은 경험이나 전문가의 도움이 필요할 것이다. 여기에서도 경험을 쌓고 자신의 지각능력을 훈련하려면, 색으로 실험을 해야만 한다.

나는 당신에게 용기를 북돋워주고 싶다. 눈을 크게 뜨고 색의 세계로 가서 스케치, 사진 또는 문장에 묘사된 내용을 통해 당신이 관찰한 바를 확고하게 붙잡아라. 왜냐하면 이를 통해 색에 대한 무의식적 지각이 의식적으로 변하기 때문이다. 자연의 다양한 색뿐 아니라 언론, 예술, 디자인과 건축의 색으로부터 영감을 받도록 하라. 나 역시 여행하는 도중에 스마트폰을 자주 이용하며, 사진을 찍을 때 특별한 색감, 조명효과와 세부적인 사항을 관찰한다. '색 수집'은 우리의 시선만 훈련하는 게 아니며, 필요할 때 색을 꺼내 쓸 수 있는 개인적인 색도서관을 만들어준다. 색의 힘을 이해할 수 있으려면 지식이 필요하다. 민감하게 색을 지각함으로써 우리는 주변 세계를 디자인할 때 그러한 지식을 사용할 수 있다.

감사의 말

이 책을 쓰면서 나는 많은 사람에게 도움을 받았다. 그들은 지난 10년 동안 연구를 하는 동안 학설을 세우고 실험을 할 때 나와 함께 해주었다. 우선 나는 색에 관한 전문가이면서 아내로서 충고를 아끼지 않았던 나의 아내 하이케 크라우스에게 감사를 전한다. 또한 색과 관련된 많은 학과와 분야에서 일하는 친구들과 전문가들에게 고마움을 전하고 싶다. 나는 10여 년 전부터 '독일 컬러센터' 회장을 맡아 그들과 자주 연락하고 지내왔다. 학과를 뛰어넘은 교류와 협업은 나에게 색의 본성과 문화를 전체적으로 볼 수 있게 해주었다. 나아가 할레의 부르크 기비헨슈타인 예술대학Burg Giebichenstein Kunsthochschule Halle에서 공부하는 학생들에게도 감사의 말을 전하고 싶다. 이곳에서 나는 '색 빛 공간'이라는 분야를 가르치며, 바우하우스의 대가였던 요하네스 이텐과 요제프 알베르스가 추구했던 바에 따라 학생들과 함께 연구하고 실험을 실시했다.

부퍼탈 대학 '시각 커뮤니케이션 교수학' 분야에서 일하는 나의 동료들은 물론, 물리학자 요하네스 그레베엘리스, 예술사학자 카를 샤벨가와 인지심리학자 카를 게겐푸르트너를 비롯한 많은 학과에서 일하는 동료들에게 감사드린다. 그리고 그래픽을 담당해준 라헬 브로흐하겐과 디나 퀴베크, 책 디자인을 담당한 율리아 하이저홀트에게도 감사드린다. 모든 그래픽은 오로지 이 책을 위해 특별히 작업했고 다른 책에서는 볼 수 없다. 문학 에이전시 지몬에 근무하는 길라 케플린에게도 진심으로 감사를 표하고 싶다. 그녀는 이 책의 콘셉트를 나와 함께 기획했다. 그리고 출판사에서 이 책이 만들어지는 과정에서 열정과 지식으로 임했던 이리스 포르스터 박사와 책의 내용을 교정해준 나디네 리프에게도 고맙다는 말을 전한다. 마지막으로 딸 한나 크라우스에게도, 이 책이 젊은 독자들에게도 읽힐 수 있도록 좋은 비판을 해준 데 고마움을 전한다. 아들 네오도 인내하고 참아준 점이 고마울 따름이다.

주

들어가는 말

1 Karl R. Gegenfurtner, *Gehirn und Wahrnehmung*(Frankfurt am Main: Fischer, 2005).

2 파울 바츨라빅이 원래 한 말은 다음과 같다. "사람들은 의사소통하지 않을 수 없다!" Paul Watzlawick, Janet H. Beavin, Don Do. Jackson, *Menschliche Kommunikation. Formen, Störungen, Paradoxien*(Bern u.a.: Verlag Hans Huber, 2007).

1부 | 색의 본성

1장 색의 7가지 생물학적 기능

1 Charles R. C. Sheppard et al., *The Biology of Coral Reefs*(Oxford: Oxford University Press, 2017).

2 Doris Freudig, *Lexikon der Biologie. Buntbarsche*(Heidelberg: Spektrum Akademischer Verlag, 2006).

3 O. M. Selz et al., "Differences in Male Coloration are Predicted by Divergent Sexual Selection Between Populations of a Cichlid fish", 2016, DOI: 10.1098/rspb.2016.0172.

4 R. A. Fisher: "The Evolution of Sexual Preference", *The Eugenics Review*, vol.7(3), October 1915, pp. 184-192.

5 C. Twohig-Bennett, A. Jones, "The Health Benefits of the Great Outdoors. A

Systematic Review and Meta-analysis of Greenspace Exposure and Health Outcomes", *Environmental Research*, vol.166, October 2018, pp. 628–637, Epub 5. July 2018, DOI: 10.1016/j.envres.2018.06.030.

6 Roger S. Ulrich et al., "Stress Recovery during Exposure to Natural and Urban Environments", *Journal of Environmental Psychology*, vol.11(3), September 1991, pp. 201–230.

7 공장에서 생산되는 음식물의 변색으로 인한 영향에 대해서는 건강과 관련된 장에서 다시 한번 다룰 것이다.

8 F. Foroni et al., "Food Color is in the Eye of the Beholder: The Role of Human Trichromatic Vision in Food Evaluation", *Scientific Reports*, vol.6(37034), 2016, DOI: 10.1038/srep37034.

9 색 인지에 관한 4장 〈색의 감각〉을 참고하라.

10 C. Jared et al., "Venomous Frogs Use Heads as Weapons", *Current Biology*, DOI: 10.1016/j.cub.2015.06.061.

11 Joachim Bauer, *Warum ich fühle, was du fühlst. Intuitive Kommunikation und das Geheimnis der Spiegelneurone*[우리나라에서는 《공감의 심리학》으로 출간됨] (Hamburg: Hoffmann und Campe Verlag, 2005).

12 Ádám Egrí, Miklós Blahó, György Kriska, Róbert Farkas, Mónika Gyurkovszky, Susanne Åkesson, Gábor Horváth, "Polarotactic Tabanids Find Striped Patterns with Brightness and/or Polarization Modulation Least Attractive: An Advantage of Zebra Stripes", *The Journal of Experimental Biology*, vol.215(5), 2012.

13 Marion Petrie, Tim Halliday, Carolyn Sanders, "Peahens Prefer Peacocks with Elaborate Trains", *Animal Behaviour*, vol.41(2), February 1991, pp. 323–331, DOI: 10.1016/S0003-3472(05)80484-1.

14 R. L. Trivers, "Parental Investment and Sexual Selection", B. Campbell(ed.), *Sexual Selection and the Descent of Man* (Chicago: Aldine-Atherton, 1972).

15 Gerald Borgia, "Complex Male Desplay and Female Choice in the Spotted Bowerbird: Specialized Functions for Different Bower Decorations", *Animal Behaviour*, vol.49(5), May 1995, pp. 1291–1301, DOI: 10.1006/anbe.1995.0161.

16 Janine M. Wojcieszek et al., "Theft of Bower Decorations among Male Satin Bowerbirds(Ptilonorhychus violaceus): Why are Some Decorations More Popular than Others?", *Emu*, vol.106(3), 2006, pp. 175–180, DOI: 10.1071/MU05047.

17 C. B. Frith, "Bowerbirds", *Encyclopedia of Animal Behavior*(2010), pp. 233-239, DOI: 10.1016/B978-0-08-045337-8.00051-6.

18 A. Zahavi, "The Cost of Honesty(further remarks on the handicap principle"(1977).

19 Marie A. Pointer, Peter W. Harrison, Alison E. Wright, Judith E. Mank, "Masculinization of Gene Expression Is Associated with Exaggeration of Male Sexual Dimorphism", August 2013, DOI: 10.1371/journal.pgen.1003697.

20 Felice Cimatti, *A Biosemiotic Ontology*(Berlin: Springer, 2018); Dario Martinelli, *A Critical Companion to Zoosemiotics. People, Paths, Ideas*(Springer, 2012).

21 Jérémie Teyssier, Suzanne V. Saenko, Dirk van der Marel, Michel C, Milinkovitch, "Photonic Crystals Cause Active Colour Change in Chameleons", *Nature Communications*, vol.6(6368), 2015.

2장 지구상에서 가장 거대한 의사소통 시스템

1 "A Letter of Mr. Isaac Newton, Professor of the Mathematicks in the University of Cambridge; Containing His New Theory about Light and Colors: Sent by the Author to the Publisher from Cambridge, 6. February 1671/72; In Order to be Communicated to the R. Society", *Philosophical Transactions*, vol.6(80), 19. February 1672, pp. 3075-3087.

2 Isaac Newton, *Opticks: Or, a Treatise of the Reflexions, Refractions, Inflexions and Colous of Light*.

3 Marc André Meyers, Po-Yu Chenm, *Biological Materials Science*(Cambridge: Cambridge University Press, 2017).

4 한스 뮈삼Hans Mühsam에게 보낸 편지, 1954.

5 Charles Darwin, *The descent of man, and selection in relation to sex*(Princeton: Princeton University Press, 1981).

6 Eva Jablonka, Marion Lamb, *Evolution in Four Dimensions. Genetic, Epigenetic, Behavioral, and Sybolic Variation in the History of Life*(Cambridge: MIT Press, 2005).

7 "Empfehlung zum Schutz von Badenden vor Cyanobakterien-Toxinen. Bekanntmachungen Amtliche Mitteilungen", *Bundesgesundheitsblatt*, vol.58, 2015, pp. 908-920, DOI: 10.1007/s00103-015-2192-8.

8 Austa Somvichian-Clausen, "Das unsichtbare Leuchten der Blumen", Craig P. Burrows,

National Geographic, www.nationalgeographic.de/fotografie/das-unsichtbare-leuchten-der-blumen.

9 F. Gary Stiles, "Geographical Aspects of Bird-Flower Coevolution, with Particular Reference to Central America", *Annals of the Missouri Botanical Garden*, vol.68(2), 1981, pp. 323-351, DOI: 10.2307/2398801.

10 Hanne H. Thoen et al., "A Different Form of Color Vision in Mantis Shrimp", *Science*, vol.343(6169), 24. January 2014, pp. 411-413, DOI: 10.1126/science.1245824.

11 S. Heerman, L. Schütz, S. Lemke, K. Krieglstein, J. Wittbrodt, "Eye Morphogenesis Driven by Epithelial Flow into the Optic Cup Facillitated by Modulation of Bone Morphogenetic Protein", *eLIFE*, 24. February 2015, DOI: 10.7554/eLife,05216.

3장 눈에서 뇌에 이르는 빛의 여행

1 Robert Saltonstall Mattison, *Robert Rauschenberg: Breaking Boundaries*(New Haven: Yale University Press, 2003).

2 Andreas Schwarz, *Die Lehren von der Farbenharmonie*(Northeim: Muster-Schmidt Verlag, 1999).

3 Olaf L. Muller, *Mehr Licht. Goethe mit Newton im Streit um die Farben*(Frankfurt am Main: Fischer, 2015).

4 Esther Bisset, Martin Palmer, *Die Regenbogenschlange. Geschichten vom Anfang der Welt und von der Kostbarkeit der Erde*(Bern: Zytglogge, 1998).

5 Wolf Singer, *Der Beobachter im Gehirn*(Frankfurt am Main: Suhrkamp, 2002).

6 Philip Steadman, *Vermeer's Camera. Uncovering the Truth Behind the Masterpieces*(Oxford: Oxford University Press, 2002).

7 Karl R. Gegenfurtner, *Gehirn und Wahrnehmung*(Frankfurt am Main: Fischer Verlag, 2011).

8 PRO RETINA Deutschland e. V., www.pro-retina.de/netzhauterkrankungen/zapfendystrophie/krankheitsbild/alltagsbewaeltigung.

9 Ralf Brandes, Florian Lang, Robert F. Schmidt(Hrsg.), *Physiologie des Menschen*(Berlin: Springer Verlag, 2019).

10 Johann Wolfgang von Goethe, *Faust I. Der Tragödie erster Teil*(Stuttgart: Reclam Verlag, 1992).

11 Olaf L. Müller, *Mehr Licht. Goethe mit Newton im Streit um die Farben*(Frankfurt

am Main: Fischer Verlag, 2015).

12 Jakob Steinbrenner, *Stefan Glasauer: Farben – Betrachtungen aus Philosophie und Naturwissenschaften*(Frankfurt am Main: Suhrkamp Verlag, 2007).

13 George Wald, "The Molecular Basis of Visual Excitation", *Nature*, vol.219, 1968, pp.800–807.

14 Robert F. Schmidt et al.(Hrsg.), *Physiologie des Menschen*(Heidelberg: Springer Verlag, 2010).

15 Jeremy Nathans, "The Genes of for Color Vision", *Scientific American*, vol.260(2), February 1989, pp.42–49.

16 Axel Beuther, *Wege zur kreativen Gestaltung*(Leipzig: Seemann Henschel Verlag, 2013).

17 Josef Albers, *Interaction of Color*(New Haven: Yale University Press, 2009).

18 David Hubel, Torsten Wiesel, *Brain and Visual Perception*(Oxford: Oxford University Press, 2004).

19 Andreas Schwarz, *Die Lehren von der Farbenharmonie*(Bern: Muster-Schmidt Verlag, 1999).

20 Oliver Sacks, *Eine Anthropologin auf dem Mars*(Reinbek bei Hambung: Rowohlt Verlag, 1998), S.19ff.

21 David H. Hubel, Torsten Wiesel, *Brain and Visual Perception, The Story of a 25-Year Collaboration*(Oxford: Oxford University Press, 2004).

22 A. D. Milner, M. A. Goodale, "Two Visual Systems Re-viewed", *Neuropsychology*, vol.46, 2008, pp.774–785.

23 2부의 '빨간색'을 참고하라.

24 인용, Dorothy Seiberling, "Abstact Expressionism, Part II", *Life*, 16. November 1959, p.82.

25 Gerhard Roth, *Aus Sicht des Gehirns*(Frankfurt am Main: Suhrkamp Verlag, 2003); Wolf Singer, *Der Beobachter im Gehirn*(Frankfurt am Main: Suhrkamp Verlag, 2002).

4장 색의 감각

1 Reid et al., "The Human Fetus Preferentially Engages with Face-like Visual Stimuli", *Current Biology*, vol.27, 19. June 2017, pp.1825–1828.

2 M. von Senden, *Raum- und Gestaltauffassung bei operierten Blindgeborenen vor und nach der Operation* (Leipzig: J. A. Barth Verlag, 1932), S.113.

3 영국 서리 대학의 신생아 연구. www.surrey.ac.uk/surrey-baby-lab/research.

4 Richard G. Coss, Saralyn Ruff, Tara simms, "All That Glistens: II. The Effects of Reflective Surface Finishes on the Mouthing Activity of Infants and Toddlers", *Ecological Psychology*, vol.15(3), 2003, pp.197-213, DOI: 10.1207/S15326969ECO1501_1.

5 1장 〈색의 7가지 생물학적 기능〉을 참고하라.

6 '프로젝트 프라카시 파운데이션'의 많은 연구와 작업에 관한 정보들에 관해서는 다음을 참고하라. www.projectprakash.org/.

7 Maria Montessori, *Grundlagen meiner Pädagogik und weitere Aufsätze zur Anthropologie und Didaktik* (Quelle & Meyer Verlag, 2014).

8 Hinderk M. Emrich, Udo Schneider, Markus Zedler, *Welche Farbe hat der Montag? Synästhesie* (Stuttgart: Hirzel Verlag, 2016).

9 Michael J. Scotter, *Colour Additives for Foods and Beverages* (Woodhead Publishing, 2015); David Julian McClements, *Future Foods. How Modern Science Is Transforming the Way We Eat* (Copernicus, 2019).

10 Armand Cardello, Cynthia N. DuBose, "Effects of Colorants and Flavorants on Identification, Perceived Flavor Intensity, and Hedonic Quality of Fruit-Flavored Beverages and Cake", *Journal of Food Science*, vol.45(5), August 1980, pp.1393-1399.

11 F. Foroni et al., "Food Color is in the Eye of the Beholder: The role of Human Trichromatic Vision in Food Evaluation", *Scientific Reports*, vol.6(37034), 2016, DOI: 10.1038/srep37034.

12 식료품과 포장의 색 문제에 대해서는 1장의 '건강—편안함과 영양 섭취'를 참고하라.

13 의학전문협의의 작업공동체, 2009.10.16. NPO, 44회 독일 신경방사성 학회의 연례회의(DGNR), 2009.10.8.-10 쾰른.

14 D. Oberfeld et al., "Ambient Lighting Modifies the Flavor of Wine", *Journal of Sensory Studies*, vol.24(6), 26.June 2009, pp.797-832.

15 M. von Senden, *Raum- und Gestaltauffassung bei operierten Blindgeborenen vor und nach der Operation* (Leipzig: Verlag J. A. Barth, 1932), S. 50.

16 4장 〈색의 감각〉을 참고하라.

17 Karl R. Gegenfurtner, Michael J. Hawken, "Interaction of Motion and Color in the

Visual Pathways", *Trends in Neuroscience*, vol.19(9), 1996, p.394-401; Karl R. Gegenfurtner, Daniel C. Kiper, Suzanne B. Fenstermaker: "Processing of Color, Form, and Motion in Macaque Area V2", *Visual Neuroscience*, vol.13, 1996, p.161-172.

18 Matthias Koddenberg, *Yves Klein: In/Out Studio*(Dortmund: Kettler Verlag, 2016).

19 C. Warden, E. Flynn, "The Effect of Color on Apparent Size and Weight", *American Journal of Psychology*, vol.37, 1926, p.398-401.

20 K. R. Alexander, M. S. Shansky, "Influence of Hue, Value, and Chroma on the Perceived Heaviness of Colors", *Perception & Psychophysics*, vol.19(1), 1976, p.72-74, DOI: 10.3758/BF03199388.

21 Nattha Savavibool, Chumporn Moorapun, "Effects of Colour, Area, and Height on Space Perception", *Environment-Behaviour Proceedings Journal*, vol.2, 2017, pp.351-359, DOI: 10.21834/e-bpj.v2i6.978.

22 Wassily Kandinsky, *Über das Geistige in der Kunst*(1911)(Salenstein: Benteli Verlag, 2004).

23 같은 자료.

24 Christian Wiest, "Biomedizinische Bildgebung der nächsten Generation: Multispektrale optoakustische Tomographie(MSOT); Vorhabenbezeichnung: GO-BIO 3; Laufzeit des Vorhabens: 2010.6.1.-2011.9.30.", DOI: 10.2314/GBV: 776145347.

25 Prof. Dr. Ferdinand Dudenhöffer, Henrike Koczwara(두 사람 모두 뒤스부르크 에센 대학의 자동차연구센터에서 근무함), "Klingt weiss leise? Von Farben und Geräuschen", https://www.uni-due.de/~hk0378/publikationen/2013/2013_03_Internationales_Verkehrswesen.pdf(2019년 7월 24일 실행).

26 Bettina Zeller, Ingo Begall, Nikolaus Nessler, *Paul Klee und die Musik*(Berlin : Nicolaische Verlag, 1986).

5장 기분 좋게 해주는 색

1 T. Bohn, T. Walczyk, S. Leisibach, R. F. Hurrell, "Chlorophyll-bound Magnesium in Commonly Consumed Vegetables and Fruits: Relevance to Magnesium Nutrition", DOI 10.1111/j.1365-2621.2004.tb09947.x.

2 Martha Clare Morris, Sarah L. Booth, "Nutrients and Bioactives in Green Leafy Vegetables and Cognitive Dicline", *Neuology*, vol.90(3), January 2018, Epub 2017.12.20., DOI: 10.1212/WNL.0000000000004815.

3 인용. "Sekundare Pflanzenstoffe und ihre Wirkung auf die Gesundheit", Deutsche Gesellschaft fur Ernahrung e. V. (연방 식량 및 농업부처의 지원을 받음).

4 Institut fur Ernahrungs- und Lebensmittelwissenschaften, Fachbereich Ernahrungsphysiologie, Universitat Bonn, "Tomaten, Tomatenprodukte und Lykopin in der Präventation und Therapie des Prostatakarzinoms – Was ist gesichert?", *Ernährungsumschau*, Bd.54(6), S.318-323.

5 Dachun Yang et al., "Activation of TRPV 1 by Dietary Capsaicin Improves Endothelium-Dependent Vasorelaxation and Prevents Hypertension", *Cell Metabolism*, vol.12(2), 4. August 2010, pp.130-141, DOI: 10.1016/j.cmet.2010.05.015.

6 함부르크 소비자보호연맹 본부가 전하는 충고. "Was bedeutetn die E-Nummern? Lebensmittel Zusatzstoffliste", https://shop.vzhh.de/ernaehrung/29901/was-bedeuten-die-e-nummern.aspx.

7 유럽식품안전청(EFSA), 이미 허용한 모든 식용 색소에 대한 새로운 평가. www.efsa.eu/de/topics/topic/food-colours.

8 D. McCann et al., "Food Additives and Hyperactive Behaviour in 3-jear-old and 8/9-year-old Children in the Community: A Randomised, Double-blinded, Placebo-controlled Trial", *The Lancet*, vol.370(9598), 2007, pp.1560-1567, DOI: 10.1016/S0140-6736(07)61306-3.

9 Bundesverband der Verbraucherzentralen und Verbraucherverbande, "Azofarbstoffe Warnhinweis fur bunte Lebensmittel", 27. January 2016, www.lebensmittelklarheit.de/informationen/azofarbstoffe-warnhinweis-fuer-bunte-lebensmittel.

10 Julia Merlot, "Bunt und gefahrlich. Farbstoffe in Lebensmitteln", *Spiegel Online*, 2013.07.14., www.spiegel.de/gesundheit/ernaehrung/aromen-und-farbstoffen-300-chemikalien-sind-in-der-eu-zugelassen-a=906851.html.

11 F. Huber, K. Vollhardt, F. Meyer, V. Vetter, M. Choi, *Nicht alles ist Gold, was glanzt. Die Bedeutung des Verpackungsdesigns am Beispiel von Lippenstiften* (Mainz: Center of Market-Oriented Product and Production Management, 2008).

12 "식품 포장의 인쇄 잉크에 주로 사용하는 향이 나는 아민과 관련한 질문과 대답", 22. Juine 2017. BfR의 FAQ, www.bfr.bund.de/de/fragen_und_antworten_zu_druckfarben_und_primaeren_aromatischen_aminen_in_lebensmittelbedarfsgegenstaenden-191493.html.

13 "'식품을 폐지로 포장할 때 원치 않는 재료로 인해 발생할 수 있는 두통의 정도'

에 관한 학문적 연구에 관련한 최종보고"(2010.3.2.-2012.5.31.). 연방 식품 및 농업과 소비자보호부처에서 의뢰하여, 슈투트가르트 화학 및 수의사 조사청, 작센주 건강 및 수의사 조사원, TU 드레스덴, 취리히 칸톤 실험실이 공동 조사함 ; Nicole Concin et al., "Mineral Oil Paraffins in Human Body Fat and Milk", *Food and Chemical Toxicology*, vol.46(2), February 2008, pp. 544-552.

14 foodwatch e.v., "Verpackungen im Test: Mineralol in Reis, Nudeln & Co.", www.foodwatch.org/de/aktuelle-nachrichten/2015/verpacktungen-im-test-mineraloel-in-reis-nudeln-co/.

15 Alfred J. Lewy et al., "Winter Depression. Integrating Mood, Circadian Rhythms, and the Sleep/Wake and Light/Dark Cycles into a Bio-Psycho-Social-Environmental Model", *Sleep Medicine Clinics*, vol.4(2), June 2009, p.285-299.

16 C. Barkmann, N. Wessolowski, M. Schute-Markwort, "Applicability and Efficacy of Variable Light in Schools", *Physiology & Behavior*, vol.105(3), 2012, pp.621-627; N. Wessolowski et al., "The Effect of Variable Light on the Fidgetiness and Social Behavior of Pupils in School", *Journal of Environmental Psychology*, vol.39(SI), 2014, pp.101-108.

17 D.-J. Dijk, S. N. Archer, "Light, Sleep, and Circadian Rhythms: Together Again", *PLoS Biology*, vol.7(6), e1000145, 2009, DOI: 10.1371/journal.pbio.1000145.

18 Johannes Kister(Hrsg.), Ernst Neufert, *Bauentwurfslehre, Grundlagen, Normen, Vorschriften*(Wiesbaden: Springer Vieweg Verlag, 2018).

19 Vitruv, *Zehn Bücher über Architektur: De architectura libri decem*(기원전 33, 22년 저작)(Marix Verlag, 2015).

20 Arthur Rüegg(Hrsg.), *Polychromie architecturale. Le Corbusiers Farbenklaviaturen von 1931 und 1959*(Basel: Birkhauser, 2015).

21 Klaus Spechtenhauser, Arthur Ruegg, Association Maison Blanche(Hrsg.), *Maison Blanche - Charles-Edouard Jeanneret. Le Corbusier: History and Restoration of the Villa Jeanneret-Perret 1912-2005*(Basel: Birkhauser, 2019).

22 Richard Wilhelm, *I Ging. Das Buch der Wandlungen*(Hamburg: Nikol, 2017) ; Alfred B. Hwangbo, "An Alternative Tradition in Architecture: Conceptions in Feng Shui and its Continuous Tradition", *Journal of Architectural and Planning Research*, vol.19(2), Summer 2002, pp. 110-130 ; Michael Y., S. Thomas, "The art and science of Feng Shui-a study on architects' perception", *Building and Environment*, vol.40(3),

march 2005, pp. 427-434.

23 두 군데 중환자실의 색상을 디자인하는 실험은 나의 동료인 하이케 크라우스 Heike Kraus와 함께했고, 부퍼탈 헬리오스 대학병원 중환자실 과장 뵈브커Wöbker 박사의 전문적인 도움도 있었다. 그와 나는 과학적인 연구도 함께 했다. 이 연구 결과는 교육플랫폼에 공개했으니 참조하라. colour.education: www.colour.education/farbe-im-gesundheitsbau/.

24 Ulrich Peter Andorfer, *Delir auf operativen Intensivstationen. Inzidenz und Bedeutung für das Behandlungsergebnis*, Dissertation Hohe Medizinische Fakultat Friedrich-Wilhelms-Universitat Bonn.

25 Dirk K. Wolter, "Risiken von Antipsychotika im Alter, speziell bei Demenzen. Eine Ubersicht", *Zeitschrift fur Gerontopsychologie & -psychiatrie*, Bd. 22(1), 2009, S. 17-56.

2부 | 색의 문화

6장 색의 상징적인 힘

1 K. B. Schloss, S. E. Palmer, "An ecological valence theory of human color preference", *Proceedings of the National Academy of Science*, vol.107, 2010, DOI: 10.1073/pnas.0906172107; K. B. Schloss, S. E. Palmer, "Aesthetic Response to Color Combinations: Preference, Harmony, and Similarity", *Attention, Perception & Psychophysics*, vol.73, 2010, DOI: 10.3758/s13414-010-0027-0.

2 Bertram Barth, Berthold B. Flaig, Nobert Schäuble, Manfred Tautscher, *Praxis der Sinus-Milleus: Gegenwart und Zukunft eines modernen Gesellschafts- und Zeielgruppenmodells* (Springer, 2017).

3 Brent Berlin, Paul Kay, *Basic Color Terms. Their Universality and Evolution* (Berkeley: University of California Press, 1991).

흰색 | 신적인, 무죄의, 둥둥 떠 있는, 경직된

1 Brian P. Meier, Michael D. Robinson, Gerald L. Clore, "Why Good Guys Wear White. Automatic Inferences About Stimulus Valence Based on Brightness", *Psychological Science*, vol.15(2), 2004, DOI: 10.1111/j.0963-7214.2004.01502002.x.

2 John Gage, *Colour and Culture*(London: Thames & Hudson, 1993).

3 Victoria Finlay, *The Brilliant History of Colous in Art*(New Haven: Yale University Press, 2014), p.21.

4 Gottfried Semper, *Vorläufige Bemerkungen über bemalte Architektur und Plastik bei den Alten*(Altona 1834) ; Gottfried Semper, *Die Anwendung der Farben in der Architectur und Plastik*, Heft 1(Rome, 1836).

5 독일연방법원, 2008년 6월 18일 재판 – VIII ZR 224/07.

6 *Mineral Commodity Summaries 2016*, U.S. Geological Survey 2016.

7 이와 관련해서 1부 4장의 '색의 무게'를 참고하라.

8 M. Carr Payne Jr., "Apparent Weight as a Function of Color", *The American Journal of Psychology*, vol.71(4), December 1958, pp.725-730.

9 다음의 사례를 비롯해, 매년 발표하는 연구를 참고하라. "DuPont Global Automotive Color Popularity Report" 또는 "Axalta Coating Systems Global Automotive Color Popularity Report".

10 *Earth & Space News*, American Geophysical Union 2018.

11 N. Kwallek, C. M. Lewis, J. W. D. Lin-Hsiao, H. Woodson, "Effects of Nine Monochromatic Office Interior Colors on Clerical Tasks and Worker Mood", *Color Research and Application*, vol.21(6), December 1996, pp.448-458, DOI: 10.1002/(SICI)1520-6378(199612)21:6〈448::AID-COL7〉3.0CO;2-W.

검은색|사악한, 드라마틱한, 암시적인, 가까이 다가갈 수 없는

1 '눈이 멀다'는 표현은 매우 단호하게 들리지만, 세계보건기구의 법규에 따르면 시각장애는 시력 0.02 이하인 사람에게 해당한다.

2 다음을 참고하라. G. Nissen, *Endogene Psychosyndrome und ihre Therapie im Kindes- und Jugendalter*(Bern u. a.: Hans Huber Verlag, 1992), S.65-73.

3 Andrew G. Reece, Christopher M, Danforth, "Instagram Photos Reveal Predictive Markers of Depression", *EPJ Data Science*, vol.6(15), 2017, DOI: 10.1140/epjds/s13688-017-0110-z.

4 Stephanie Rosenthal(Hrsg), *Black Paintings: Robert Rauschenberg, Ad Reinhardt, Mark Rothko, Frank Stella*(Ostfildern: Hatje Cantz, 2006).

5 Slavoj Žižek, *Ein Sachcomic*(Üblingen: TibiaPress, 2013).

6 이와 관련해서 카라바조Michelangelo da Caravaggio, 티치아노Vecellio Tiziano, 렘

브란트Rembrandt Harmenszoon van Rijn, 페르메이르Jan Vermeer, 루벤스Peter Paul Rubens와 벨라스케스Diego Velazquez의 작품을 참고하라.

7 S. Craig Roberts, Roy C., Owen, Jan Havlicek, "Distinguishing Between Perceiver and Wearer Effects in Clothing Color-Associated Attributions", *Evolutionary Psychology*, vol.8(3), 2010.

8 "…밴타블랙…은 극단적으로 검은색 층으로, 인간이 제조한 물질 가운데 가장 어두운 색으로서 세계기록을 가지고 있다", https://www.surreynanosystems.com/about/vantablack.

회색 | 중재하는, 소박한, 음울한, 오래된

1 D. Elger, H. U. Obrist(Hrsg.), *Gerhard Richter. Text 1961-2007; Schriften, Interviews, Briefe*(König: Verlag der Buchhandlung Walther 2008), S. 92.

2 Emanuel Bubla et al., "Seeing Gray When Feeling Blue? Depression Can Be Measured in the Eye of the Diseased", *Biological Psychiatry*, vol.68(2), 15. July 2010, pp.205-208.

3 IARC Working Group on the Evaluation of Carcinogenic Risk to Humans, IARC Monographs on the Evaluation of Carcinogenic Risks to Humans, vol.99, International Agency for Research on Cancer, Lyon 2010.

4 인용. www.zweisam.de Gfk 마케팅연구소와 함께함. 독일인 1,005명을 표본으로 하고, 2018년 5월 11~14일 실시했음.

5 19~26세 여성이 임신할 확률은 대략 50퍼센트이다. 35~39세 여성의 경우 30퍼센트, 45세 이후 여성은 2~3퍼센트로 떨어진다. D. B. Dunson, B. Colombo, D. D. Baird, "Change With Age in the Level and Duration of Fertility in the Menstrual Cycle", *Human Reproduction*, vol.17(5), May 2002, pp.1399-1403. 하지만 남자들은 평생 정자를 생산하는데, 정자의 건강과 번식능력은 나이가 들면서 눈에 띄게 줄어든다.

6 '회색 군중'이라는 표현은 일상 언어나 언론 또는 문학에서 자주 사용된다. 이 개념은 부정적(멸시)으로도 사용되며 긍정적(동감)으로도 사용된다.

빨간색 | 생동하는, 당혹스러운, 지배적인, 치명적인

1 R. W. Wrangham, "The Evolution of Sexuality in Chimpanzees and Bonobos", *Human Nature*, vol.4(1), March 1993, p.47-79, DOI: 10.1007/BF02734089; L. G. Domb, M. Pagel, "Sexual swellings advertise female quality in wild baboons", *Nature*, vol.410(6825), March 2001, pp.204-206.

2 Karl Schawelka, *Farbe. Warum wir sie sehen, wie wir sie sehen*(Weimar: Verlag der Bauhaus Universitat, 2007). 이에 관해 더 많은 정보는 '분홍색'을 참조하라.

3 Gad Saad, Eric Stenstrom, "Calories, Beauty, and Ovulation: The effects of the Menstrual Cycle on Food and Appearance-related Consumption", *Journal of Consumer Psychology*, vol.22(1), January 2012. pp.102-113.

4 Robert P. Burriss et al., "Changes in Women's Facial Skin Color Over the Ovulatory Cycle are Not Detectable by the Human Visual System", *Plos One*, DOI: 10.1371/journal.pone.0130093; 참고로, 얼굴의 홍조를 컴퓨터 사진으로 판단하지 않고, 자연광을 받는 상태에서 실제 여성들을 대상으로 판단하게 한 테스트였다면, 홍조는 훨씬 더 분명하게 나타났을 수도 있다. 대낮의 빛은 훨씬 더 밝고 강렬하며, 보다 넓은 범위의 색을 보여주고, 보다 더 색을 잘 재생하고, 더 분명한 대조를 보여주었을 것이다.

5 Alec T. Beall, Jessica L. Tracy, "Women Are More Likely to Wear Red or Pink at Peak Fertility", *Psychological Science*, vol.24(9), pp.1837-1841.

6 William Shakespeare, *Die Sonette – The Sonnets*, Klaus Reichert(übers.)(Fischer 2016), S. 130.

7 Meg Cohen, Karen Kozlowski, *Read My Lips: A Cultural History of Lipsticks*(San Francisco: Chronicle Books, 1998).

8 Andrew J. Elliot, Adam D. Pazda, "Dressed for Sex: Red as a Female Sexual Signal in Humans", *PLos One*, vol.7(4), e34607, April 2012.

9 같은 자료.

10 Nicolas Guéguen, "Color and Women Hitchihikers' Attractiveness: Gentlemen Drivers prefer Red", *Color. Research and Application*, vol.37(1), 2012, pp.76-78. DOI: 10.1002/col.20651.

11 Nicolas Guéguen, Céline Jacob, "Clothing Color and Tipping: Gentlemen Patrons Give More Tips to Waitresses With Red Clothes", *Journal of Hospitality and Tourism Research*, vol.38(2), 2014, p.275-280; Nicolas Guéguen, Céline Jacob, "Lipstick

and Tipping Behavior: When Red Lipstick Enhance Waitresses Tips", *International Journal of Hospitality Management*, vol.31(4), 2012, pp.1333-1335.
12 Charles Darwin, *The Expression of the Emotions in Man and Animals*(1872).
13 Diana Wiedemann, D. Michael Burt, Russell A. Hill, Robert A. Barton. "Red Clothing Increases Perceived Dominance, Aggression and Anger", 2015, https://royalsocietypublishing.org/doi/full/10.1098/rsbl.2015.0166.
14 S. Dickerson, M. E. Kemeny, "Acute Stressors and Cortisol Responses: A Theoretical Integration and Synthesis of Laboratory Research", *Psychological Bulletin*, vol.130(3), June 2004, pp.355-391, DOI: 10.1037/0033-2909.130.355; Corine Dijk, Peter J. de Jong, Madelon L. Peters, "The Remedial Value of Blushing in the Context of Transgressions and Mishaps", *Emotion*, vol.9(2), 2009, pp.287-291.
15 Peggy Zoccola, Sally Dickerson, Sue Lam, "Eliciting and Maintaining Ruminative Thought: The Role of Social-Evaluative Threat", *Emotion*, vol.12(4), 2012, pp.673-677, DOI: 10.1037/a0027349.
16 Lee Shepherd, Russell Spears, Antony S. R. Manstead, "When Does Anticipating Group-based Shame Lead to Lower Ingroup Favoritism? The Role of Status and Status Stability", *Journal of Experimental Social Psychology*, vol.49(3), May 2013, pp.334-343.
17 Mandrill-Affen, 개코원숭이의 전투력 표시-수컷의 코가 붉으면 붉을수록, 그만큼 더 공격적이다. 다음을 참고하라. www.researchgate.net/publication/229528487_Dominance_Status_Signals_and_Coloration_in_Male_Mandrills_Mandrillus_sphinx.
18 I. D. Stephen, F. H. Oldham, D. I. Perrett, R. A. Barton, "Redness Enhances Perceived Aggression, Dominance and Attractiveness in Men's Faces", *Evolutionary Psychology*, vol.10(3), 2012, pp.562-572.
19 Melissa L. Meyer, *Thicker Than Water. The Origins of Blood as Symbol and Ritual*(Routledge, 2005).
20 Tim Marshall, *Im Namen der Flagge. Die Macht politischer Symbol*(dtv, 2017).
21 "예수에게 자색 옷을 입히고 가시관을 엮어 씌우고 경례하여 이르되 유대인의 왕이여 평안할지어다 하고", 신약성서 마가복음 15장 17절.
22 Jean-Gabriel Causse, *Die unglaubliche Kraft der Farben*(Hanser Verlag, 2015), p.67; N. Hagemann, B. Strauss, L. Leißing, "When the Referee Sees Red…", *Psychological Science*, vol.19(8), 2008, pp.769-771, DOI: 10.1111/j.1467-9280.2008.02155.x.

23 "Is Red an Innate or Learned Signal of Aggression and Intimidation?", *Animal Behaviour*, vol.78(2), August 2009, pp.393-398, DOI: 10.1016/j.anbehav.2009.05.013.

24 Richard Dukes, Heather Albanesi(University of Colorado, Colorado Springs), "The Social Science Journal", Online-Vorabveröffentlichung, DOI: 10.1016/j.soscij.2012.07.005.

녹색|자연스러운, 건강한, 낭만적인, 덜 익은

1 Guy Deutscher, *Im Spiegel der Sprache: Warum die Welt in anderen Sprachen anders aussieht*(München: C. H. Beck, 2013).

2 Michel Pastoureau, *Green. The history of a color*(Princeton: Princeton University Press, 2014).

3 Agnes Keil, ETH Zürich, "Ist Grün gleich Grün? Die Wirkung der Farbe Grün als Verpackungselement auf die Wahrgenommene Ökologische Nachhaltigkeit von Produkten", DOI: 10.13140/RG.2.2.20086.50249/1.

4 맥도널드 독일 대표 홀거 벡Holger Beeck이 회장의 대리인으로서 잡지 《파이낸셜 타임스 도이칠란트*Financial Times Deutschland*》에 그렇게 언급했다.

5 DIN EN ISO 7010.

6 1980~1988년 이란과 이라크의 전쟁.

7 Michel Pastoureau, *Green. The history of a color*(Princeton: Princeton University Press, 2014).

8 A. E. van den Berg, C. G, van den Berg, "A Comparison of Children with ADHD in a Natural and Built Setting", *Child: Care, Health and Development*, DOI: 10.1111/j.1365-2214.2010.01172.x; Annakarin Olsson et al., "Persons with Early-stage Dementia Reflect on Being Outdoors: A Repeated Interview Study", *Aging & Mental Health*, vol.17(7), 2013, DOI: 10.1080/13607863.2013.801065.

9 Daniela Haluza, Renate Cervinka, "Greem Public Health & Green Care: Gesundheitsfördernde Wirkung von Wald", *NATUR. RAUM.MANAGEMENT Journal*, vol.25, 2015, p.4-5.

10 M. M Hansen, R, Jones, K. Tocchini, "Shinrin-Yoku(Forest Bathing) and Nature Therapy: A State-of-the-Art Review", *International Jounal of Environmental Research and Public Health*, vol.14(8), 28.July 2017, p.851, DOI: 10.3390/ijerph 14080851.

11 이에 관해서 1부 4장의 '색은 취향의 문제'를 참고하라.

12 Joost Mertens, "Arsengrüner Walzer", *Kultur & Technik*, 2/2015.

13 Stephane Lichtenfeld et al., "Fertile Green: Green Facilitates Creative Performance", DOI: 10.1177/0146167212436611.

파란색 | 진실한, 무한한, 애수에 찬, 서늘한

1 Barry J. Babin et al., *Color and Shopping Intentions: the Intervening Effect of Price Fairness and Perceives Affect*(University of Southern Mississippi, 2003).

2 "Why Google Has 200m Reasons to Put Engineers Over Designers", *The Guardian*, 5. February 2014.

3 Matthias Koddenberg, *Yves Klein. In/Out Studio*(Dortmund: Kettler, 2016).

4 Takeshi Hatta, Hirotaka Yoshida, Ayako Kawakami, Masahiko Okamoto, "Color of Computer Display Frame in Work Performance, Mood, and Physiological Response", *Perceptual and Motor Skills*, vol.94(1), 2002, pp.39-46, DOI: 10.2466/PMS.94.1.39-46.

5 Antoine Viola, Lynette M. James, Luc Schlangen, Derk-Jan Dijk, "Blue-enriched White Light in the Workplace Improves Self-reported Alertness, Performance and Sleep Quality", *Scandinavian Journal of Work, Environment & Health*, vol.34(4), pp.297-306, DOI: 10.5271/sjweh.1268; University of Surrey, "Office Workers Given Blue Light To Help Alertness", *ScienceDaily*, 30. October 2008.

6 George H. van Doorn, Dianne Wuillemin, Charles Spence, "Does the Colour of the Mug Influence the Taste of the Coffee?", *Flavour*, vol.3(10), 2014, DOI: 10.1186/2044-7248-3-10.

7 Michel Pastoureau, *Blau. Die Geschichte einer Farbe*(Berlin: Klaus Wagenbach Verlag, 2013), pp.42-44.

8 "Lektion XII: Michelangelo als Künstler der Päpste. Maltechnik, Farben und Restaurierung", arthistoricum.net.

9 Michel Pastoureau, *Blau. Die Geschichte einer Farbe*(Berlin: Klaus Wagenbach Verlag, 2013), pp.110-111.

10 Nicolas Guéguen, "The Effect of Glass Colour on the Evaluation of a Beverage's Thirst-Quenching Quality", *Current Psychology Letters*, vol.2(11), 2003, http://cpl.revues,org/398.

11 M. Ziat, C. A. Balcer, A. Shirtz, T. Rolison, "A Century Later, the Hue-Heat Hypothesis: Does Color Truly Affect Temperature Perception?", F. Bello, H. Kajimoto, Y. Visell(Hrsg.), *Haptics, Perception, Devices, Control, and Applications*, EuroHaptics 2016. Lecture Notes in *Computer Science*, vol.9774, Springer.

12 NTT Communication Science Lavoratories, Nippon Telegraph and Telephone Corporation, 3-1 Morinosato Wakamiya, Atsugi, Kanagawa, 243-0198, Japan, Graduate School of Engineering Science, Osaka University, 1-3 Machikaneyama, Toyonaka, Osaka, 560-8531, Japan.

노란색 | 활발한, 명랑한, 신선한, 예민한

1 D. E. Moerman, W. B. Jonas, "Deconstructing the Placebo Effect and Finding the Meaning Response", *Animals of Internal Medicine*, vol.136, 19. March 2002.

2 Susanne Brugel, "Farben in mittelalterlichen Minnereden", 2008년 강연, 스위스상징연구협회에서 열린 '색의 상징'에 관한 회의.

3 Dr. Letizia Monico, Prof. Koen Janssens et al., "Evidence for Degradation of the Chrome Yellows in Van Gogh's Sunflowers: A Study Using Noninvasive In Situ Methods and Synchrontron-Radiation-Based X-ray Techniques", 2015, DOI: 10.1002/anie.201505840.

4 Helen R. Carruthers, Julie Morris, Nicholas Tarrier, Peter J. Whorwell, "The Manchester Color Wheel: Development of a Novel Way of Identifying Color Choice and Its Validation in Healthy, Anxious and Depressed Individuals", *BMC Medical Research Methodology*, 2010, DOI: 10.1186/1471-2288-10-12.

5 Johannes Itten, *Kunst der Farbe*, Studienausgabe(Seemann, 2001).

6 "Global Cosmetic Products Market-Analysis of Growth, Trends and Forecasts(2018-2023)", OrbisResearch.com.

7 Yves Schumacher, Carmen Gasser Derungs(Hrsg.), *gelb! Das Buch zur Ausstellung einer Farbe*(Das Gelbe Haus Flims, 2016).

갈색 | 자연스러운, 믿을 수 있는, 쾌적한, 편협한

1 독일에서만 해도 50만 명 이상이 인위적인 선탠 도구를 사용한다. Statista Bevölkerung in Deutschland nach Häufigkeit der Verwendung von Selbstbräunern von 2015 bis 2018(in Millionen).

2 "Michael Jackson: Mit Kälte wurde seine Haut gebleicht", *Arzte Zeitung*, 26.06.2009, Springer Medizin Verlag.

3 Margaret Hunter, "The Persistent Problem of Colorism: Skin Tone, Status, and Inequalty", *Sociology Compass*, vol.1(1), 2007, pp.237-254, DOI: 10.1111/j.1751-9020.2007.00006.x.

4 2019년 아프리카 29개 국가에서 207명의 알비노가 눈에 띄는 밝은 피부색, 머리카락과 눈의 색 때문에 죽임을 당했고, 366명이 팔다리가 잘리거나 강간을 당하거나 상처를 입었다. 인용, Living under the same sun, "Reported Attacks of Persons with Albinism(PWA) - 1 Page Summary, Date of report: January 7, 2019".

5 E. J. Gibson, R. D. Walk, "The 'Visual Cliff'", *Scientific American*, vol.202(4), 1960, pp.64-71; Joseph J. Campos, Alan Langer, Alice Krowitz, "Cardiac Responses on the Visual Cliff in Prelocomotor Human Infants", *Science*, 9. October 1970, pp.196-197, DOI: 10.1126/science.170.3954.196.

6 D. R. Fell, *Wood in the Human Environment: Restorative Properties of Wood in the Built Indoor Environment(T)*, University of British Columbia 2010, DOI: 10.14288/1.0071305.

7 Jennifer Rice, Robert A. Kozak, Michael J. Metiner, David H. Cohen, "Apperance of Wood Products and Psychological Well-being", *Wood and Fiber Science*, vol.38(4), 2006, pp.644-659.

8 Y. Tsunetsugu, Y. Miyanaki, H. Sato, "Physiological Effects in Humans Induced by the Visual Stimulation of Room Interiors with Different Wood Quantities", https://link.springer.com/content/pdf/10.1007/s10086-006-0812-5.pdf.

9 Christoph Johannes Häberle, *Farben in Europa. Zur Entwicklung individueller und kollektiver Farbpräferenzen*, Dissertation Bergische Universitat Wuppertal 1999.

10 Eva Heller, *Wie Farben wirken. Farbpsychologie - Farbsymbolik - Kreative Farbgestaltung*(Reinbek bei Hamburg: Rowohlt, 2004).

11 아돌프 히틀러, 에우틴에서 1926년 5월 9일에 했던 연설. 뤼베크 후작령을 위한 표지판, 1926.5.15.

12 인종차별주의와 반유대주의에 맞서 싸우는 GRA 재단, 2015.

13 "진행자 요헨 브라이어의 셔츠로 인한 혼란: 올리브녹색 셔츠는 텔레비전에서는 사실 갈색으로 보였습니다, 죄송합니다!", *ZDF-Morgenmagazin*(@morgenmagazin), 2014.10.28.

분홍색 | 여린, 상처 입기 쉬운, 여성적인, 관능적인

1 Caroline Kaufmann, *Zur Semantik der Farbadjektive rosa, pink und rot*(Dissertation Ludwig-Maximilians-Universitat Munchen)(Munchen: Herbert Utz Verlag, 2006).

2 바르톨로메 에스테반 무리요Bartolomé Esteban Murillo, 〈두 개의 삼위일체〉. 1675~1682년경에 그려진 그림에서 소년 같은 예수는 분홍색 옷을 입었고, 하늘에 계신 아버지 신은 분홍색 숄을 두르고 있다. 가장 초기의 묘사들은 13세기와 14세기 피렌체의 치마부에Cimabue의 그림들과 시에나의 화가 두초 디 부오닌세냐Duccio di Buoninsegna의 그림들에서 찾아볼 수 있다.

3 프란츠 사버 빈터할터Franz Xaver Winterhalter, 〈1846년의 왕실 가족-빅토리아 여왕과 앨버트 공, 그리고 자녀들〉.

4 V. Jadva, M. Hines, S. Golombok, "Infants' Preferences for Toys, Colors, and Shapes: Sex differences and Similarities", *Archives of Sexual Behavior*, vol.39(6), 2010, pp.1261-1273, DOI: 10.1007/s10508-010-9618-z.

5 Derek Jarman, *Chroma. A Book of Colour*(London: Vintage Classics, 1995).

6 Nina G. Jablonski, George Chaplin, "The Evolution of Human Skin Coloration", *Journal of Human Evolution*, vol.39(1), 1. July 2000, p.57.

7 Robert J. Pellegrini, Alexander G. Schauss, Michael E. Miller, *Room Color and Aggression in A Criminal Detention Holding Cell: A Test of the "Tranquilizing Pink" Hypothesis*(New York: 1978).

8 Karl Schawelka, *Farbe. Warum wir sie sehen, wie wir sie sehen*.

9 Otis L. Guernsey Jr., *New York Herald Tribune*.

10 Kassia St. Clair, *Die Welt der Farben*(Hamburg: Tempo, 2017).

11 Pinkstinks Germany e. V., Hamburg. 인용, https://pinkstinks.de/was-wir-tun/ (13.03.2019).

12 Jo B. Paoletti, *Pink and Blue. Telling the Girls from the Boys in America*(Indiana University Press, 2012).

13 Elizabeth V. Sweet, *Boy Builders and Pink Princesses: Gender, Toys, and Inequality over the Twentieth Century*, Dissertation Department of Sociology University of California 2013.

14 팬톤Pantone LLC은 뉴저지에 본사를 둔 미국 기업으로, 매년 '팬톤 올해의 컬러'를 발표한다.

15 Nobert Blech, NRW, "Skandal um Rosa Liste bei Polizei", *queer.de*, 19. Mai 2005. 이

기사를 소개한 매체는 게이와 레즈비언을 위한 잡지다.

16 Karl Schawelka, "Showing Pink", Barbara Nemitz, *Pink. The Exposed Color in Contemporary Art and Culture*(Ostfildern: Hatje Cantz, 2006).

17 Gesa Dane, *Zeter und Mordio. Vergewaltigung in Literatur und Recht*(Göttingen: Wallstein Verlag, 2005).

18 Verkürztes Zitat aus der Frage-Antwort-Plattform, gutefrage.net

오렌지색 | 이국풍의, 정신적인, 반항하는, 경고하는

1 팀 배린저Tim Barringer, 제이슨 로젠펠트Jason Rosenfeld, 앨리슨 스미스Alison Smith, 라파엘 전파, 빅토리안 아방가르드 전시회 카탈로그, 런던 테이트 브리튼, 2012.9.12.-2013.1.13.

2 "Letter from Vincent van Gogh to Emile Bernard Arles", 6.-11. June 1888.

3 P. Willard, *Secrets of Saffron. The Vagabond Life of the World's Most Seductive Spice*(Boston: Beacon Press, 2002).

보라색 | 풍성한, 강력한, 신비로운, 관조적인

1 오스카 와일드Oscar Wilde의 소설 《도리언 그레이의 초상*The Picture of Dorian Gray*》에서 인용함.

2 Ines Bogensperger, "Purpur. Eine Farbe als Statussymbol", *Mitteilungen der Anthropologischen Gesellschaft in Wien*, Bd. 145, 2015, S. 155–172.

3 같은 자료.

4 인용. Stella Paul, *Chromaphilia. The Story of Colour in Art*(Phaidon, 2017).

은색 | 우아한, 자기애적인, 미래지향적인, 마법의

1 Richard G. Coss, Saralyn Ruff, Tara Simms, "All Thea Glistens: II. The Effects of Reflective Surface Finishes on the Mouthing Activity of Infants and Toddlers", *Ecological Psychology*, vol.15(3), 2003, pp.197-213, DOI: 10.1207/S15326969ECO1501_1.

2 Maria Schilder, *Die Kaurischnecke*(Leipzig: Geest & Portig, 1952), S.45.

3 Tzilla Eshel, Yigal Erel, Naama Yahalom-Mack, Ofir Tirosh, Ayelet Gilboa, "Lead Isotopes in Silver Reveal Earliest Phoenician Quest for Metals in the West Mediterranean", *PNAS*, vol.116(13), 26. March 2019, pp.6007-6012, 최초 공개

2019.2.25.

4 미국의 래커 생산회사 듀퐁DuPont에서 매년 실시하는 연구 자료를 참고하라.

5 Christian Cajochen et al., "Evidence that the Lunar Cycle Influences Human Sleep", Centre for Chronobiology, Psychiatric Hospital of the University of Basel, 4012 Basel, Switzerland, *Current Biology*, vol.23(15), 5. August 2013, pp.1485-1488.

금색 | 숭고한, 부유한, 성공한, 저속한

1 Corinna Rossi, *Architecture and Mathematics in Ancient Egypt*(Cambridge University Press, 2004).

2 Virginia Hughes, "Hagia Sophia. Shaken, Not Stirred", *Nature*, vol.443, September 2004.

3 Anne Schloen, *Die Resaissance des Goldes. Gold in der Kunst des 20. Jahrhunderts*, Dissertation Universitat zu Koln 2006.

4 Johann Wolfgang Goethe, *Faust I. Der Tragödie erster Teil*, Kapitel 11(Stuttgart: Reclam, 1992).

5 *Moderne Alchemie*, Wuppertal: 1960(글란츠토프Glanzstoff 주식회사에서 공개함).

6 J. D. Lyman et al., "The Optical Afterglow of the Short Gamma-ray Burst Associated with GW170817", *Nature Astronomy*, vol.2, 2018, pp.751-754.

7 불가리아 바르나 박물관의 도자기 접시, 바르나 묘지 출토지, 무덤 4, 기원전 3900년.

8 Joycelyne Gledhill Russell, *The Field of Cloth of Gold, Men and Manners in 1520*(New York: Barnes & Noble, 1969).

9 Anne Schloen, *Die Renaissance des Goldes. Gold in der Kunst des 20. Jahrhunderts*, Dissertation Universitat zu Koln 2006.

10 구약성서 출애굽기 32장 25-28절.

11 전 대통령 오바마는 2018년 9월 7일 강연에서 정부에 대해 "정직함, 예의와 적법성을 재복구"하기를 촉구했다. 강연문서는 다음을 참조하라. https://eu.usatoday.com/story/news/politics/elections/2018/09/07/president-barack-obamas-speech-transcript-slamming-trump/1225554002/.

11 이 예술작품에 관한 정보는 다음을 참고하라. http://www.sfmoma.org/artwork/91.1/.

7장 색채심리학과 색상 디자인

1 2002년 알렌스바흐 여론조사기관이 실시한 설문조사, Allensbacher Jahrbuch für Demoskopie 1998-2002.

2 Anya Hurlbert, Yazhu Ling, "Biological Components of Sex Differences in Color Preference", *Currunt Biology*, DOI: 10.1016/j.cub.2007.06.022.

옮긴이 이미옥

경북대학교 독어교육과를 졸업하고, 독일 괴팅겐 대학교에서 독문학 석사학위를, 경북대학교에서 독문학 박사학위를 받았다. 인문, 경제·경영, 에세이 등 다양한 분야의 출판 기획과 번역 일을 하고 있다. 옮긴 책으로《여성 선택》《독일개미가 한국개미에게》《비밀정보기관의 역사》《어느 날 갑자기 공황이 찾아왔다》《겨울잠을 자는 동물의 세계》《위장환경주의》《과학으로 쓰는 긍정의 미래》《무엇을 먹고 어떻게 분배할 것인가》《불안의 사회학》등 80여 권이 있다.

색, 빛의 언어

초판 1쇄 발행 2022년 5월 10일

지은이 악셀 뷔터
옮긴이 이미옥
펴낸이 이혜경

펴낸곳 니케북스
출판등록 2014년 4월 7일 제300-2014-102호
주소 서울시 종로구 새문안로 92 광화문 오피시아 1717호
전화 (02) 735-9515
팩스 (02) 6499-9518
전자우편 nikebooks@naver.com
블로그 nikebooks.co.kr
페이스북 www.facebook.com/nikebooks
인스타그램 www.instagram.com/nike_books

ISBN 979-11-89722-53-1 (03400)

책값은 뒤표지에 있습니다.
잘못된 책은 구입한 서점에서 바꿔 드립니다.